山东省技能型特色名校建设工程成果 系列教材

计算机技术素养

主　编　高　慧　付瑞芬
副主编　王锋政　周永波
主　审　王建良

山东大学出版社

图书在版编目(CIP)数据

计算机技术素养/高慧,付瑞芬主编. —济南:山东大学出版社,2015.12

山东省技能型特色名校建设工程成果系列教材

ISBN 978-7-5607-5418-5

Ⅰ.①计… Ⅱ.①高… ②付… Ⅲ.①计算机技术—高等职业教育—教材 Ⅳ.①TP3

中国版本图书馆 CIP 数据核字(2015)第 306026 号

责任策划:刘 彤

责任编辑:李 港

封面设计:牛 钧

出版发行:山东大学出版社

社 址 山东省济南市山大南路 20 号

邮 编 250100

电 话 市场部(0531)88364466

经 销:山东省新华书店

印 刷:泰安金彩印务有限公司

规 格:787 毫米×1092 毫米 1/16

16.75 印张 386 千字

版 次:2015 年 12 月第 1 版

印 次:2015 年 12 月第 1 次印刷

定 价:27.00 元

总　序

为加强对山东省内高等学校的分类指导，强化内涵和特色发展，提高人才培养质量，发挥名校带动作用，增强高等教育服务我省经济社会发展的能力，2011年，山东省教育厅、财政厅联合组织实施了“山东省高等教育名校建设工程”。山东交通职业学院是山东省技能型特色名校首批立项建设单位之一，共有汽车运用技术、道路桥梁工程技术、物流管理、机械设计与制造、工程机械运用与维护、轮机工程技术6个专业成为省财政重点支持建设专业和工程造价、公路运输与管理、机电一体化、航海技术4个专业列入非省财政重点支持建设专业。

项目建设初期，学院牵头成立了山东省交通运输职业教育专业建设指导委员会，邀请省内外教育专家和行业企业的技术骨干，对名校工程10个专业的建设方案及任务书进行了充分论证。我院项目建设期间，各专业主动适应行业企业加快经济发展方式转变、产业结构调整和优化升级的需要，主动服务山东半岛蓝色经济区和黄河三角洲高效生态经济区两个国家战略的实施，以提高质量为核心，不断创新校企合作体制机制，大力推进人才培养模式转型，优化课程体系构建，全面提升了学校的专业建设水平和人才培养质量。

经过三年建设，10个专业积累形成了一批紧密结合生产实际、独具行业企业特色的专业教材，成为“山东省高等教育名校建设工程”建设项目的重要成果之一，也是“课程体系构建与核心课程建设”内容的重要载体。为了该系列教材的出版，各专业多次召开教材编写会议，组织各课程负责人及参编人员认真学习领会“山东省高等教育名校建设工程”建设精神，深入行业企业进行专业调研和分析，以培养适应区域经济社会发展的高素质技能型人才和我省行业企业急需的高级技能型人才。根据各专业实际需求，重新架构、设计教材体系，以力求做到理论知识学习和职业技能训练的合二为一。

衷心希望名校工程的建设成果，能为我省交通运输主干专业建设和人才培养起到积极的推动和引导作用。

2015年12月

前　言

随着计算机的迅速普及和计算机技术的迅猛发展，计算机文化及其应用已经渗透到人类生活的各个方面，并正在改变着人们的工作、学习和生活方式，所以，提高计算机应用能力已经成为培养高素质技能人才的重要组成部分。为了适应社会改革发展的需要，顺应山东省名校建设要求，突出职业素养的培养，并满足高职院校计算机应用教学的需求，我们组织编写了本教材。

本书编委由多年在教学一线从事计算机基础课程教学和教育研究的教师组成。在编写过程中，将长期积累的教学经验和体会融入到知识系统的各个部分，采用项目化教学的理念设计课程标准，并组织全书内容。

在编写过程中，注重实践操作，力求语言精练、内容实用、操作步骤详细，并附有大量图片，以方便教学和学生自学。全书共分5个项目，每个项目都有多个精心选择的针对性、实用性较强的工作任务，并将知识点融会于各个工作任务中。全书主要内容包括认识计算机、Word 2010的应用、Excel 2010的应用、PowerPoint 2010的应用和Photoshop图形、图像处理。

本书由山东交通职业学院高慧、付瑞芬担任主编，山东交通职业学院王锋政、周永波任副主编，山东交通职业学院王建良教授担任主审。其中，项目一由王锋政编写，项目二、项目四由高慧编写，项目三由周永波编写，项目五由付瑞芬编写，由高慧、付瑞芬负责全书通稿。

在编写过程中，参考了一些文献和书籍，在此向各位作者表示感谢！由于编者水平有限，书中难免存在不足，敬请读者批评指正。

编者

2015年12月

目　录

项目一　认识计算机

项目综合任务

假设你现在需要购置一台计算机，并对计算机进行各种所需软件安装、打印机等硬件连接并实现网络共享，同时你希望掌握计算机日常维护及故障排除等技术。那么需要获取哪些信息，如何通过这些信息的处理解决实际问题，这将是本项目要探讨学习的内容。本项目将从正确打字、查看计算机配置、系统重装与日常维护等几个任务，教会大家如何"玩转"计算机。

职业素质与技能分析

1. 职业素质

随着计算机及网络技术的飞速发展，Internet应用在全球范围内日益普及，当今社会正快速向信息化社会前进，不会使用网络和计算机的人将成为新时代文盲。作为新时代的员工，计算机成了日常生活和工作必需品，能够根据个人或公司需要购置计算机，并同时掌握计算机的日常维护、计算机日常故障排除、计算机网络组建和设置等技能将成为从事各行各业所必备的能力。

2. 技能分析

通过本项目的学习，能够根据不同需求配置适合的计算机，并能够对计算机进行日常维护、网络配置、重装系统、故障排除等。

项目实施

任务一　正确打字

任务描述

学习计算机前一定要掌握键盘的正确使用方法，使用标准指法打字对打字速度有着极大影响，是成为一名打字高手的必备武器；正确的打字姿势对身体各部位的健康有着重要的保护作用；养成正确打字的良好习惯会使你受益匪浅。

任务目标

(1)学会正确打字姿势。

(2)学会标准指法打字。

(3)能够姿势正确地使用标准指法快速打字。

任务知识

◎打字入门

打字入门

(一)认识键盘

常见的键盘有101键、104键等若干种。为了便于记忆，按照功能的不同，把这101个键划分成主键盘区、功能键区、控制键区、状态指示区和数字键区5个区域，如图1-1所示。

图1-1　键盘分区

(二)打字姿势

1. 正确的打字姿势

(1)头正，颈直，身体挺直，双脚平踏地面。

(2)身体正对屏幕，调整屏幕，使眼睛舒服。

(3)眼睛平视屏幕，保持30～40cm的距离，每隔10min将视线从屏幕上移开一次。

(4)手肘高度和键盘高度相同，手腕不要靠在桌子上，双手要自然垂放在键盘上。

2. 打字姿势口决

打字姿势归纳为："直腰、弓手、立指、弹键"，如图1-2所示。

图1-2　正确的打字姿势

（三）基准键位

主键盘区有 8 个基准键，分别是【A】【S】【D】【F】【J】【K】【L】【;】。

打字之前要将左手的食指、中指、无名指、小指分别放在【F】【D】【S】【A】键上，将右手的食指、中指、无名指、小指分别放在【J】【K】【L】【;】键上，双手的拇指都放在空格键上。

【F】和【J】键上都有一个凸起的小横杠或小圆点，盲打时可以通过它们打到基准键位，如图 1-3 所示。

图 1-3 【F】和【J】键

（四）手指分工

打字时双手的 10 个手指都有明确的分工，只有按照正确的手指分工打字，才能实现盲打和提高打字速度，如图 1-4 所示。

图 1-4 手指分工

（五）击键方法

（1）击键之前，10 个手指放在基准键上。

（2）击键时，要击键的手指迅速敲击目标键，瞬间发力后立即反弹，不要一直按在目标键上。

（3）击键完毕后，手指要立即放回基准键上，准备下一次击键，如图 1-5 所示。

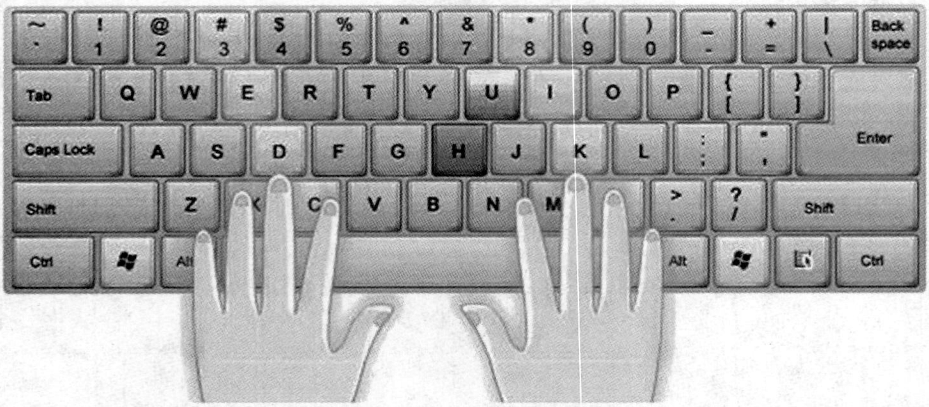

图 1-5 正确击键

任务实施

掌握适当的练习方法，对于提高自己的打字速度，成为一名打字高手是非常必要的。

(1)一定把手指按照分工放在正确的键位上。

(2)有意识慢慢地记忆键盘各个字符的位置，体会不同键位上的字键被敲击时手指的感觉，逐步养成不看键盘的输入习惯。

(3)进行打字练习时必须集中注意力，做到手、脑、眼协调一致，尽量避免边看原稿边看键盘，这样容易分散注意力。

(4)初级阶段的练习即使速度慢，也一定要保证输入的准确性。

总之：

正确的指法＋键盘记忆＋集中精力＋准确输入＝打字高手

任务拓展

◎速录小知识

速录小知识

(一)速　录

速录是由具备相当的信息辨别、采集和记忆能力及语言文字理解、组织、应用等能力的人员运用速录机对语音或文本信息进行实时采集、整理的工作。由于工作环境、工作内容、工作要求的巨大差异，速录完全不同于打字，速记是会议、论坛经济的产物，速录是网络经济的产物。

职业名称：速录师。

职业等级：速录员、速录师、高级速录师。

等级证书：证书 A，速录师职业资格证书证书；证书 B，速录技能鉴定等级证书。

（二）速录职业标准

速录师按照《速录师国家职业标准》，分为 3 个等级，即速录员、速录师、高级速录师。速录员对语音信息的采集速度是每分钟不低于 140 字，速录师每分钟不低于 180 字，高级速录师则要求每分钟不低于 220 字，3 个等级的准确率都必须达到 95%以上。

中国中文信息学会对速录技能的鉴定为：每分钟 70～140 字为初级证书，每分钟 140～180字为中级证书，每分钟 180 字以上为高级证书。这是对速录技能最早的、也是难度较小的一种认证。一般情况下，学员最先得到的证书就是中国中文信息学会颁发的。

（三）速录技术

目前，中国的速录技术主要有外接键盘输入和普通键盘速录两种技术。

外接键盘输入是用 USB 线接到计算机上的专用键盘，再在计算机上安装专用的速录机软件，安装完毕后，打开速录机的电源及在计算机上运行这个软件即可使用。这种外接键盘即速录机，可以双手多指并击，一次击打就可以打出一个词，并且还有很多的简码和略码，输入速度大大快于普通输入法。目前市场上比较畅销的速录机主要有亚伟速录机、E 讯速录机、索恒速录机等，其中以亚伟速录机的市场占有份额最大。

普通键盘速录是通过计算机标准键盘实现速录，不需要外接键盘，主要是通过速录软件来提升输入速度。目前用于教学的普通键盘速录软件主要有国际国育速录软件、超音速录软件、双文速记软件、飞耀速录软件等。

（四）速录应用领域

1. 会议记录

在报告、演讲、座谈、议事、汇报等各种会议中，都可以运用速录做记录工作。运用速录可完整、准确地记录会议内容，留下与会者自身风格的报告、讲话记录。会议结束后，即可形成与会议发言内容相同的完整文字资料，对于一些重要领导人的讲话可立即归档保存，甚至可马上见报发表。

2. 文秘工作

办公室的文秘工作以文字工作为主，如记录领导口授意见、接转电话、接洽事物等。应用速录可以大大提高工作效率。在一些发达国家，速录是文秘人员必须掌握的专业技能。我国的文秘人员也逐渐被要求掌握此项技能。

3. 新闻机构

新闻机构需要很多的速录人员，以整理采访磁带、录像带等资料。另外，速录也是采访记者必备的技能之一。应用速录可以准确、及时地记录下受访者完整的语言，并及时合成采访稿。

4. 网络媒体

许多大型网站每天都有许多文字录入工作，尤其有一些网站（如新浪、百度等）还有一些网上文字直播的栏目，如直播体育比赛、明星访谈等。在这样的情况下，其他文字录入方法和非专业录入人员是望尘莫及的，只有速录员使用优秀的速录软件才可以胜任这一工作。

5. 电影字幕

从中央到地方，电视台不下一千家。各电视台制作的节目中大多配有字幕，包括访谈节目、娱乐节目、电视剧、电影等。只有应用速录，才能以语音的速度把节目中的声音转化为文字材料。这些在行业里俗称“扒词”。

6. 司法系统

在法庭上，调查记录、审讯记录、辩护记录等文字材料要求详细、准确，只有采用速录才能详细记录审判过程以及调查取证，依法保护双方当事人的权益。

任务二　查看计算机配置

任务描述

计算机的配置，是衡量一台计算机好坏的标准，主要看中央处理器(CPU)、显卡、主板、内存、硬盘、显示器等。在软件安装、系统重装之前，应该首先了解计算机是否符合目标程序的要求，需要查看配置。在购买计算机之前，需要了解查看配置是否满足用户需求。

任务目标

(1)了解计算机的发展。

(2)掌握计算机系统组成。

(3)掌握计算机工作原理。

(4)掌握进制及常见进制间的转换。

(5)学会查看计算机配置。

任务知识

◎计算机的发展
◎计算机系统

一、计算机的发展

(一)第一台计算机

第一台计算机(1946 年)是美国军方定制、专门为了计算弹道和射击特性表面而研制的，承担开发任务的“莫尔小组”由 4 位科学家和工程师(埃克特、莫克利、戈尔斯坦、博克斯)组成。这台计算机主要元器件采用的是电子管。该机使用了 1500 个继电器、18800 个电子管，占地 $170m^2$，重达 30 多吨，耗电 150kW，造价 48 万美元。开机时让周围居民暂时停电。这台计算机每秒能完成 5000 次加法运算、400 次乘法运算，比当时最快的计算工具快 300 倍，是继电器计算机的 1000 倍、手工计算的 20 万倍，如图 1-6 所示。用今天的标准看，它是那样的“笨拙”和“低级”，其功能远不如一台掌上可编程计算器，但它使科学家们从复杂的计算中解脱出来，它的诞生标志着人类进入了一个崭新的信息革命时代。

图 1-6 第一台计算机

（二）第一代计算机

第一代计算机是电子管计算机（1946～1957 年）。这一阶段计算机的主要特征是采用电子管元件作基本器件，用光屏管或汞延时电路作存储器，输入或输出主要采用穿孔卡片或纸带，体积大，耗电量大，速度慢，存储容量小，可靠性差，维护困难且价格昂贵，如图 1-7 所示。在软件上，通常使用机器语言或汇编语言来编写应用程序，因此这一时代的计算机主要用于科学计算。

这时计算机的基本线路采用电子管结构，程序从人工手编的机器指令程序过渡到符号语言。第一代计算机是计算工具革命性发展的开始，它所采用的二进位制与程序存储等基本技术思想，奠定了现代电子计算机技术的基础。此类计算机以冯・诺依曼发明的为代表。

（三）第二代计算机

第二代计算机是晶体管计算机（1958～1964 年），如图 1-8 所示。晶体管的出现使计算机生产技术得到了根本性的发展，由晶体管代替电子管作为计算机的基础器件，用磁芯或磁鼓作存储器，在整体性能上，比第一代计算机有了很大的提高。同时程序语言也相应地出现了，如 Fortran、Cobol、Algo160 等计算机高级语言。晶体管计算机被用于科学计算的同时，也开始在数据处理、过程控制方面得到应用。

图 1-7 第一代计算机

图 1-8 第二代计算机

在 20 世纪 50 年代之前，计算机都采用电子管作元件，因其自身的原因，使计算机发展受到限制。于是，晶体管开始被用来作计算机的元件。晶体管不仅能实现电子管的功能，而且具有尺寸小、重量轻、寿命长、效率高、发热少、功耗低等优点。使用晶体管后，电子线路的结构大大改观，制造高速计算机就更容易实现了。

（四）第三代计算机

第三代计算机是中小规模集成电路计算机（1965～1971 年），如图 1-9 所示。随着半导体工艺的发展，成功制造了集成电路。中小规模集成电路成为计算机的主要部件，主存储器也渐渐过渡到半导体存储器，使计算机的体积更小，大大降低了计算机计算时的功耗。由于减少了焊点和接插件，进一步提高了计算机的可靠性。在软件方面，有了标准化的程序设计语言和人机会话式的 Basic 语言，其应用领域也进一步扩大。

（五）第四代计算机

第四代计算机是大规模和超大规模集成电路计算机（1971～2015 年），如图 1-10 所示。随着大规模集成电路的成功制作并用于计算机硬件生产过程，计算机的体积进一步缩小，性能进一步提高。集成更高的大容量半导体存储器作为内存储器，发展了并行技术和多机系统，出现了精简指令集计算机（RISC），软件系统工程化、理论化，程序设计自动化。微型计算机在社会上的应用范围进一步扩大，几乎所有领域都能看到计算机的“身影”。

图 1-9　第三代计算机

图 1-10　第四代计算机

二、计算机系统

计算机系统分为计算机硬件系统和计算机软件系统。

（一）计算机硬件系统

如图 1-11 所示，计算机在运行时，先从内存中取出第一条指令，通过控制器的译码，按指令的要求，从存储器中取出数据进行指定的运算和逻辑操作等加工，然后再按地址把结果送到内存中去。接下来，再取出第二条指令，在控制器的指挥下完成规定操作。依此进行下去，直至遇到停止指令。

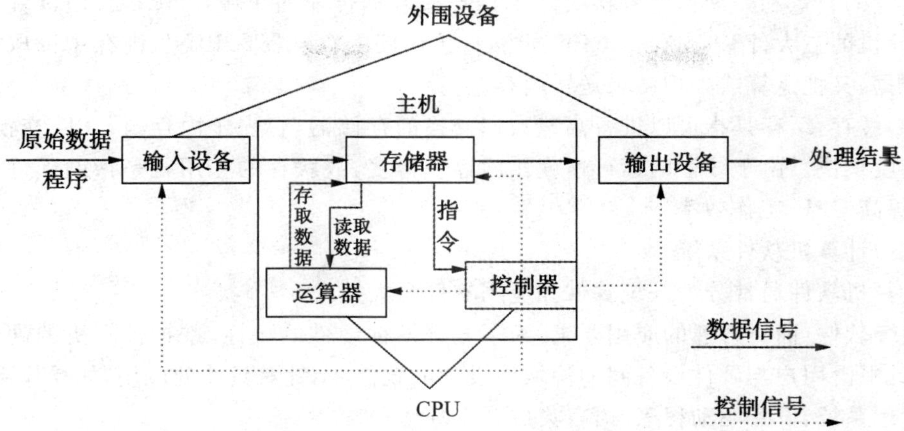

图 1-11 计算机运行原理图

程序与数据一样存储，按程序编排的顺序，一步一步地取出指令，自动地完成指令规定的操作是计算机最基本的工作原理。这一原理最初是由美籍匈牙利数学家冯·诺依曼于 1945 年提出来的，故称为“冯·诺依曼原理”。

冯·诺依曼提出的存储程序工作原理决定了计算机硬件系统由以下 5 个基本部分组成，即运算器、控制器、存储器、输入设备和输出设备。几十年来，尽管计算机硬件在各个方面都发生了很大的变化，但计算机的基本结构却没有变化。

1. 输入、输出设备

输入设备用来接受用户输入的原始数据和程序，并将它们变为计算机能识别的二进制存入到内存中。常用的输入设备有键盘、鼠标、扫描仪、光笔等。输出设备用于将存入在内存中的由计算机处理的结果转变为人们能接受的形式输出。常用的输出设备有显示器、打印机、绘图仪等。

2. 中央处理器(CPU)

中央处理器(CPU)包括控制器和运算器，负责运算和控制中心，是计算机的最关键部位，是计算机的头脑。在计算机中进行的任何操作(数据的输入、存储，程序的运行，屏幕的显示，结果的打印)，都是在 CPU 的控制下完成的。CPU 比计算机中任何部件都更能决定计算机的工作速度和效率。

3. 存储器

存储器按照在计算机系统中的作用分为三大类：主存储器(内存)、辅助存储器(外存)、缓冲存储器(缓存)。

(1)外存：外存包括计算机硬盘、移动硬盘、U 盘、光盘等除计算机内存及 CPU 缓存以外的储存器，主要协调 CUP 和主存工作步调，提高 CPU 工作效率。硬盘是我们熟知的计算机配件之一，简单地说就是一个大容量存储器，与主机通信速度很快，已成为现代计算机不可缺少的配件。由于计算机在工作时 CPU、输入输出设备与存储器之间要大量地交换数据，因此，存储器的存储速度和容量也是影响计算机运行速度的主要因素之一。

(2)内存：内存是计算机的一个临时存储器，它只负责计算机数据的中转而不能永久保存。它的容量和处理速度直接决定了计算机数据传输的快慢，和 CPU、硬盘一起并称为“计算机的三大件”。内存是 CPU 能够直接访问的存储器，CPU 从内存中读取操作指令和数据，又把运算或处理结果送回内存。

(3)缓存：缓存是指可以进行高速数据交换的存储器，它先于内存与 CPU 交换数据，因此速度很快。由于缓存的运行速度比内存快得多，故缓存的作用就是帮助硬件更快地运行，提高 CPU 工作效率。

(二)计算机软件系统

计算机软件通常分为系统软件和应用软件两大类。

系统软件：面对普遍的应用要求，为了充分发挥硬件的特性，维护计算机的硬件和软件系统，平滑用户与硬件设备间的沟坎而设计的软件，不针对具体的应用，如操作系统、数据库管理系统、设备驱动程序、语言集成开发环境等。

应用软件：在系统软件的基础上开发出来的用于解决具体问题所编制的各种具体应用程序，如办公系统、飞机订票系统、图书管理系统等。

任务实施

Windows 7 操作系统下查看计算机配置有如下 3 种常用方法。

方法 1：Windows 7 系统命令提示符。

(1)单击【开始】→在开始界面中的搜索框中输入“cmd”→按下【Enter】键，如图 1-12 所示。

图 1-12　搜索界面

(2)在出现的 cmd 命令提示符界面中输入“systeminfo”→按下【Enter】键，如图 1-13 所示。

图 1-13　cmd 命令提示符界面

(3)此时,所需要的计算机配置信息就出现在界面里了,如图 1-14 所示。

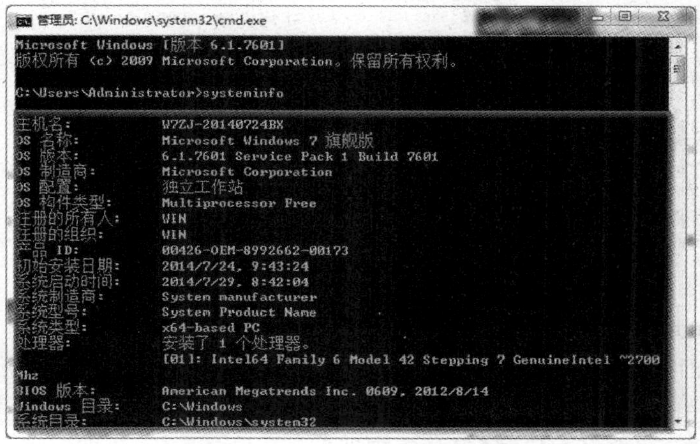

图 1-14　计算机配置信息界面

方法 2:Windows 7 系统 DirectX 诊断工具。

(1)同时按下键盘上的【Windows】键和字母键【R】→在出现的【运行】窗口中,输入“dxdiag”→单击【确定】,如图 1-15 所示。

(2)接着会出现【DirectX 诊断工具】窗口→选择【否】即可。

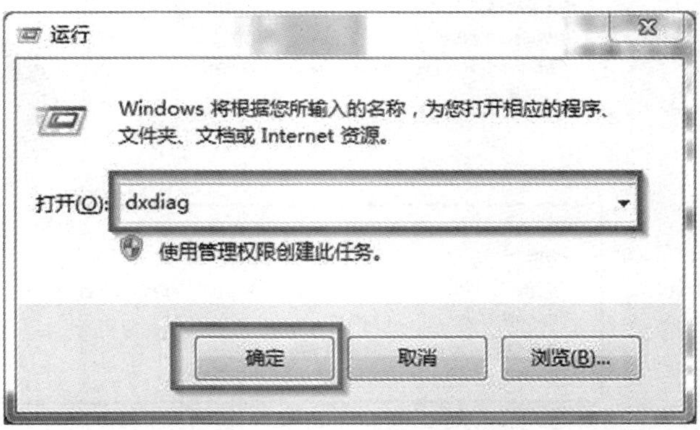

图 1-15　【运行】窗口

(3)在 DirectX 诊断工具的【系统】和【显示】栏目可以看到所要的计算机配置情况,如图 1-16 所示。

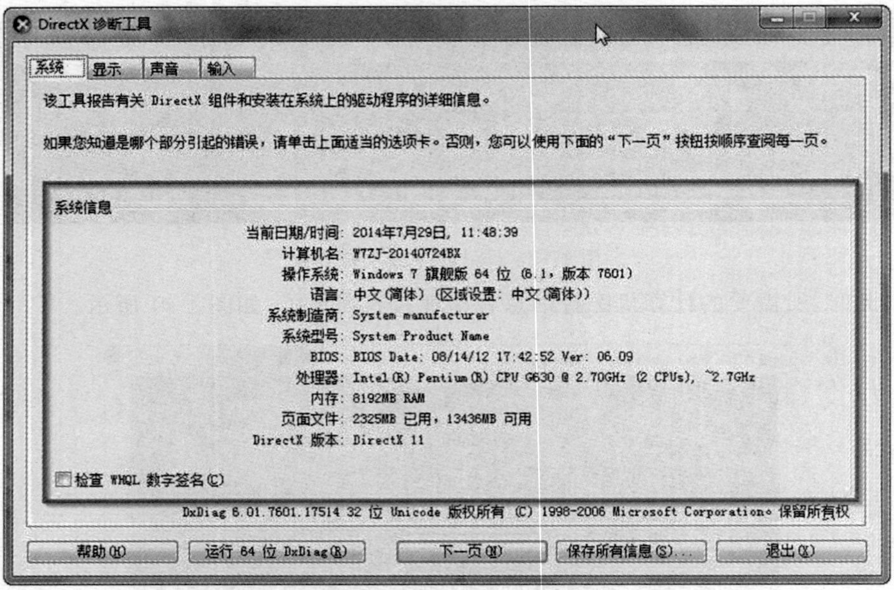

图 1-16　【DirecX 诊断工具】窗口

方法 3：Windows 7 系统多界面组合查看计算机配置。

(1)选中桌面上的【计算机】→单击右键→选择【属性】，查看计算机的 CPU 和内存，如图 1-17 所示。

(2)查看完毕后，选择左边的【设备管理器】。

(3)选择设备管理器界面中的【处理器】和【显示适配器】，可以看到更详细的 CPU 信息和显卡信息，如图 1-18 所示。

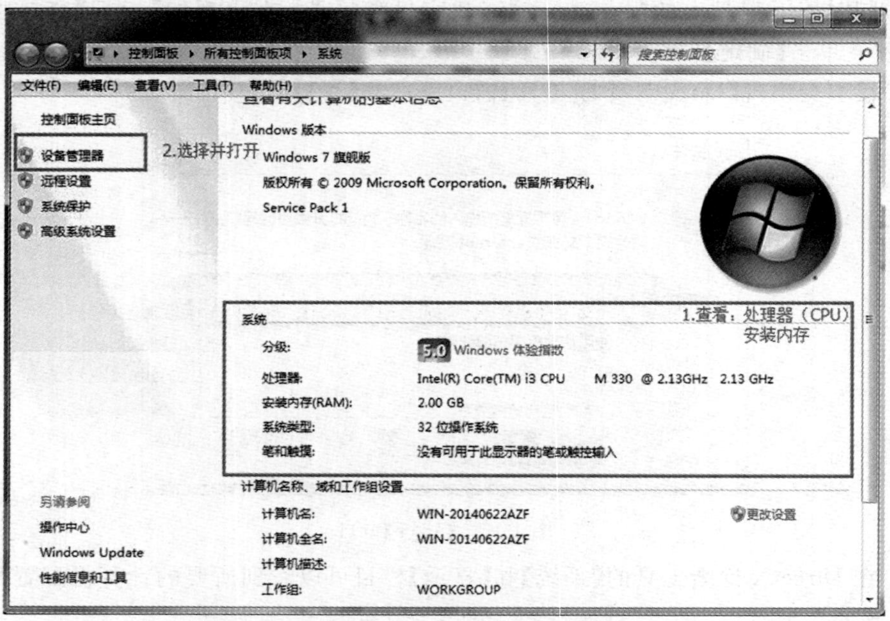

图 1-17　【系统属性】窗口

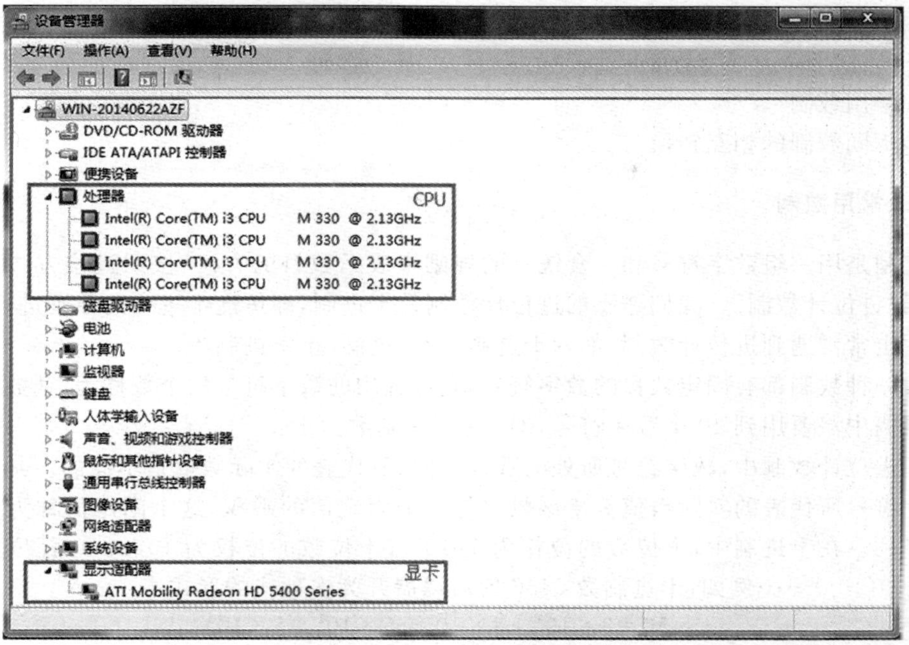

图 1-18 【设备管理器】窗口

(4)选中计算机→单击右键→选择【管理】→在打开的计算机管理界面左侧树形图中选择【磁盘管理】,在界面右边出现的各个磁盘进行点选,就可以查看各个磁盘容量大小及分配情况,如图 1-19 所示。

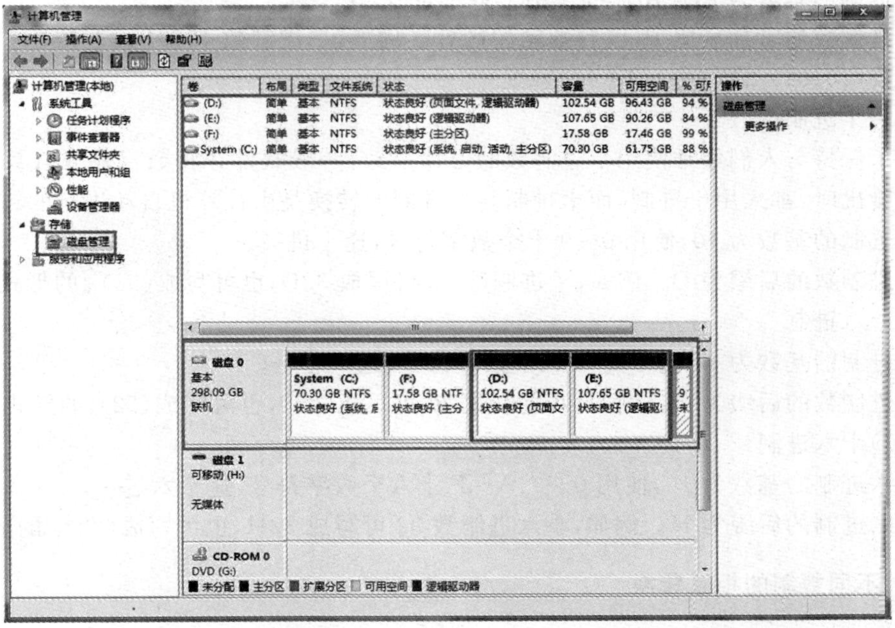

图 1-19 【计算机管理】窗口

任务拓展

◎常用数制

◎不同数制的相互转换

一、常用数制

数制是用一组数字符号和一套统一的规则来表示数目的方法，按照进位方式计数的数制叫“进位计数制”。我们熟悉的进位计数制是十进制，即按逢十进一的原则进行计数。生活中也常常遇到进位计数制，如六十进制、十二进制、十六进制等。

每一种数制都有固定数目的数字符号，允许选用的数字符号的个数称为“基数”，例如在十进制中需要用到 10 个数字符号，即 0～9，其基数为 10。

在进位计数制中，数字符号所处的数位不同，所代表的实际数值是不同的。某一数位的数字符号所代表的实际数值等于该数字与一个固定值的乘积，这个固定值称为该设置的“位权”。在十进制中，个位数的位权为 $1(10^0)$，十位数的位权为 $10(10^1)$，百位数的位权为 $100(10^2)$……例如，十进制数 3456 就可以展开为多项式的形式：

$$3456=3\times10^3+4\times10^2+5\times10^1+6\times10^0$$

与计算机有关的数制主要有二进制、十进制、八进制和十六进制。

(一)二进制

在计算机内部采用二进制，不论数字、字符、音像、声音，都必须转为二进制才能在计算机里存储。

二进制的基数为 2，使用 0 和 1 两个数字符号，逢二进一。

二进制数通常加后缀 B，以与数制相区分。例如，二进制数 10101 可写成 10101B，也可改写成 $(10101)_2$ 的形式。

(二)十进制

为了保持与人们经常使用十进制数的习惯一致，一般软件在将数字输入计算机和从计算机输出时，都采用十进制，而十进制与二进制的转换是由计算机自动进行的。

十进制的基数为 10，使用 0～9 十个数字符号，逢十进一。

十进制数的后缀为 D。例如，十进制数 32 可写成 32D，也可写成 $(32)_{10}$ 的形式。

(三)八进制

八进制的基数为 8，使用 0～7 八个数字符号，逢八进一。

八进制数的后缀为 O。例如，八进制数 32 可写成 32O，也可写成 $(32)_8$ 的形式。

(四)十六进制

十六进制的基数为 16，使用 0～9、A～F 十六个数字符号，逢十六进一。

十六进制的后缀为 H。例如，十六进制数 32 可写成 32H，也可写成 $(32)_{16}$ 的形式。

二、不同数制的相互转换

(一)二进制数、八进制数、十六进制数转换为十进制数

非十进制数转换为十进制数的基本方法就是将非十进制数按权展开，然后按十进制

数的运算规则进行累加。

实例 1:分别将$(1101)_2$、$(135)_8$、$(4A3B)_{16}$转换为十进制数。

解:分别按权展开,然后累加。

$$(1101)_2=1\times2^3+1\times2^2+0\times2^1+1\times2^0=13$$

$$(135)_8=1\times8^2+3\times8^1+5\times8^0=93$$

$$(4A3B)_{16}=4\times16^3+10\times16^2+3\times16^1+11\times16^0=19003$$

(二)十进制数转换为二进制数、八进制数、十六进制数

十进制整数转换为其他数制的基本方法是“除基取余法”,即将需转换的十进制整数不断被基数整除取其余数,直到商为 0 时结束。把所得的余数按先余为低位、后余为高位的原则组成数字序列,此数列即为转换后的数值。

实例 2:将$(13)_{10}$转换为二进制数。

解:用除 2 取余法。

商	余数
13/2=6	1(低位)
6/2=3	0
3/2=1	1
1/2=0(结束)	1(高位)

结果为:$(13)_{10}=(1101)_2$

实例 3:将$(93)_{10}$转换为八进制数。

解:用除 8 取余法。

商	余数
93/8=11	5(低位)
11/8=1	3
1/8=0(结束)	1(高位)

结果为:$(93)_{10}=(135)_8$

实例 4:将$(19003)_{10}$转换为十六进制数。

解:用除 16 取余法。

商	余数
19003/16	11(即 B,低位)
1187/16	3
74/16=4	10(即 A)
4/16=0(结束)	4(高位)

结果为:$19003=(4A3B)_{16}$

(三)八进制数、十六进制数转换为二进制数

八进制数转换为二进制数的方法是将八进制数的每一位都展开为 3 位二进制数,其对应关系如表 1-1 所示。

表 1-1　　八进制数与二进制数转换对照表

八进制数	0	1	2	3	4	5	6	7
二进制数	000	001	010	011	100	101	110	111

实例 5:将$(315)_8$ 转换为二进制数。

解:将八进制数的每一位都展开为 3 位二进制数。

$$(315)_8=(011001101)_2$$

十六进制数转换为二进制数的方法是将十六进制数的每一位都展开为 4 位二进制数,其对应关系如表 1-2 所示。

表 1-2　　十六进制数与二进制数转换对照表

十六进制数	0	1	2	3	4	5	6	7
二进制数	0000	0001	0010	0011	0100	0101	0110	0111
十六进制数	8	9	A	B	C	D	E	F
二进制数	1000	1001	1010	1011	1100	1101	1110	1111

实例 6:将$(2A36)_{16}$转换为二进制数。

解:将十六进制数的每一位都展开为 4 位二进制数。

$$(2A36)_{16}=(0010101000110110)_2$$

(四)二进制数转换为八进制数、十六进制数

二进制整数转换为八进制数的方法是:从小数点左侧第 1 位开始,向高位每 3 位为一组转换成为一位八进制数,不够 3 为向高位补 0 凑足 3 位;同理,从小数点右侧第 1 位开始,向低位每 3 位一组转换成为一位八进制数,不够 3 位向低位补 0 凑足 3 位。

实例 7:将$(1011101.01)_2$ 转换为八进制数。

解:按每 3 位二进制数转换为一位八进制数的办法转换。

$$(1011101.01)_2=(001\ 011\ 101.010)_2=(135.2)_8$$

二进制整数转换为十六进制数的方法是:每 4 位一组,分组方法与二进制数转换八进制数相同。

实例 8:将$(1011101.01)_2$ 转换成十六进制数。

解:按每 4 位二进制数转换为一位十六进制数的办法转换。

$$(1011101.01)_2=(0101\ 1101.0100)_2=(5D.4)_{16}$$

任务三　计算机重装系统

任务描述

计算机使用时间长了,就会出现各种各样的问题,比如系统要升级、系统太卡、系统崩

溃了、系统不正常且不知道如何处理、中了病毒杀不了等，这时就需要重装系统。学会快速、简单地重装系统的方法，是现代人们必备的能力。

任务目标

(1)了解计算机日常维护技巧。
(2)掌握计算机常见故障及处理方法。
(3)学会计算机常见重装系统方法。

任务知识

◇重装系统的常见方法
◇计算机日常维护

一、重装系统的常见方法

(一)U盘方式安装

从互联网中下载操作系统文件，通过U盘方式引导安装。

优点：U盘设备成本低。

现状：主流重装系统方法，广受笔记本用户的欢迎。

(二)光驱方式安装

最原始的重装系统方法，只需要一台光驱外设就可以完成整个过程。

优点：光驱设备成本低，安装效率高。

现状：随着互联网应用发展，处于淘汰的边缘。

(三)GHOST软件还原

第一次安装完操作系统，进行镜像文件备份存储，10min即可恢复到备份系统状态。

优点：时间快，可保留用户设置。

现状：主流重装系统方法，对用户有一定技术门槛。

(四)金山卫士

金山卫士由金山网络精心打造，金山网络前身是金山网络安全公司，拥有十余年安全技术沉淀，使得保障数据安全拥有天然优势。

优点：时间快，免光盘，操作简易。

现状：主流重装系统方法，免费，Windows工作环境下图形化操作。

金山卫士系统重装，速度快还免费，重要的是解决好了Windows工作环境下图形化重装操作，使得重装系统抛弃技术门槛，深入大众。

(五)雨过天晴、还原精灵

雨过天晴、还原精灵是多点还原影子类软件，用户操作建立在虚拟系统之上，不对用户造成不良影响。

优点：时间最快。

现状：付费，重装成本过高。

二、计算机日常维护

(一)液晶显示器维护

液晶显示器不仅能提供可靠的显示效果,使用户获得较好的视觉享受,还能保护用户的眼睛。

正确使用液晶显示器要注意如下几个方面。

1.分辨率的设置

在设置分辨率时,最好使用产品所推荐的分辨率。

2.不要用手摸屏幕

LCD 的面板由许多液晶体构成,很脆弱,如果经常用手触摸屏幕,面板上会留下指纹,同时会在元器件表面积聚大量的静电电荷。

3.正确清洁污渍

如果 LCD 显示屏上出现了一些污渍,可以用柔软的棉质布料蘸少许酒精轻轻擦拭,但不能太频繁地擦拭。

4.适度使用

长时间不间断使用会加速晶体的老化,而一旦液晶体老化,形成暗点的可能性会大大增加,而这同样不可修复。但并不是说液晶显示器就不能长时间使用,厂家都会给出规定的连续使用时间,一般是 72 小时,所以用户不必过分在意连续使用时间,适度使用即可。

5.尽量不要在 LCD 上运行屏保程序

液晶显示器的成像需要液晶体的不停运动,运行屏保不但不会保护屏幕,还会加快它的老化,很不可取。正确的方法是,该关就关,该用就用。

6.避免强烈的冲击和震动

LCD 显示屏非常脆弱,在强烈的冲击和震动中会损坏,同时还有可能破坏显示器内部的液晶分子,使显示效果大打折扣。所以,使用时要尽量小心。

7.不要随意拆卸

同其他电子产品一样,在 LCD 的内部会产生高电压。LCD 背景照明组件中的 CFL 交流器在关机很长时间后,依然可能带有高达 1000V 的电压,对于只有 36V 的人体抗电性而言,它可能对人体造成很大的伤害。因此,最好不要拆卸或更改 LCD 显示屏。即使不会对人体产生危害,对 LCD 而言,也很有可能使其损坏。

(二)机箱维护

随着使用时间的增加,计算机各个部件上的灰尘积聚得越来越多,尤其是风扇和风扇下的散热片上更容易积累灰尘,这样会直接影响风扇的转速和整体散热效果。一般来说,一台每天都使用的计算机,每隔半年就要进行一次除尘操作。

(三)主板维护

在实际使用计算机过程中遇到的频繁死机、重启、找不到键盘和鼠标、开机报警等情况,多数是由于主板上积累了大量灰尘导致的。主板上给 CPU、内存等供电的是大大小小的电容,电容怕高温,温度过高很容易造成电容击穿而影响正常使用。

在购机时就要有意识地选择宽敞、通风的机箱。另外,定期开机箱除尘也必不可少,一般用毛刷轻轻刷去主板上的灰尘即可。主板上一些插卡、芯片采用插脚形式，常会因为引脚氧化而接触不良，可用橡皮擦除表面氧化层并重新插接。当然，有条件时可以用挥发性较好的三氯乙烷来清洗主板。

（四）CPU 维护

CPU 作为计算机的心脏，如图 1-20 所示，从计算机启动时就不停地运作，因此对它的保养显得尤为重要。在 CPU 的保养中，散热是最关键的。虽然 CPU 有风扇保护，但随着耗电量的增加，所产生的热量也随之增加，CPU 的温度也将随之上升。

CPU 的正常工作温度在 50℃以下，具体工作温度根据不同的 CPU 的主频而定。散热片质量要好，并且带有测速功能，这样与主板监控功能配合监测风扇工作情况。散热片的底层以厚的为佳，这样有利于主动散热，同时保障机箱内外的空气流通顺畅。

（五）内存维护

内存是系统临时存放数据的地方，一旦出现问题，将会导致计算机系统的稳定性下降、黑屏、死机和开机报警等故障。

内存条和各种适配卡的清洁包括除尘和清洁电路板上的金手指，除尘用油画笔即可。

（六）光驱维护

在所有计算机配件产品中，光驱属于比较容易损耗的配件，如图 1-21 所示。一般使用期限为 2～3 年，如果使用频繁或运用不当，使用寿命会缩短。要使光驱保持良好的运行状态，减少故障并延长使用寿命，日常的保养和维护非常重要。

图 1-20　集成在主板上的 CPU

图 1-21　光盘驱动器

使用光驱要尽量避免频繁换盘。另外，也不要用手将光盘托盘推进仓门，因为这样做对光驱的进/出仓机械部分危害很大，会加速机械部件的磨损和老化。

光驱出现读盘速度变慢或不读盘的故障，主要是由于激光头出现问题所致。除激光头自身寿命有限的原因外，灰尘也是影响激光头寿命的主要因素。灰尘不仅影响激光头的读盘质量和寿命，还会影响光驱内部各机械部件的精度。所以，保持光驱的清洁尤为重要。

（七）键盘维护

键盘是常用的输入设备之一，平时使用键盘切勿用力过大，以防按键的机械部件受损而失效。但由于键盘是一种机电设备，使用频繁，加之键盘底座和各按键之间有较大的间隙，因此容易积聚灰尘。所以，定期对键盘进行清洁维护也是十分必要的。

最简单的维护是将键盘反过来轻轻拍打，让其中的灰尘落出；或用湿布清洗键盘表面，但注意湿布一定要拧干，以防水进入键盘内部。使用时间较长的键盘则需要拆开进行维护。拆卸键盘比较简单，拔下键盘与主机连接的电缆插头，将键盘正面向下放到工作台上，拧下底板上的螺钉，即可取下键盘后盖板。

（八）硬盘维护

当组装好一台新计算机且能正常启动之后，需要先对硬盘分区格式化，再安装操作系统和应用软件，然后开始使用。因此，硬盘的管理、优化工作十分重要。

由于现在的硬盘容量越来越大，因此出现了两个重要的问题：空间问题和速度问题。硬盘容量的增大使得很多用户节约空间的概念消失，忽视经常整理硬盘中文件的必要性，导致垃圾文件（无用文件）过多而侵占了硬盘空间。这就是用户会觉得剩余空间莫名其妙变少了的缘故。垃圾文件过多还会导致系统寻找文件的时间变长。

用户要经常整理硬盘，比如两个星期或一个月一次。当硬盘的使用空间连续分布时，其工作效率会大大提高。如果一次删除了100MB以上的文件，建议在删除后马上整理硬盘，可以使用 Windows 自带的磁盘检测整理工具，也可以使用第三方磁盘整理工具。

（九）笔记本计算机屏幕维护

随着时间的推移，笔记本计算机的屏幕会发黄，这是由于液晶显示器老化造成的。如果用户做好了笔记本计算机屏幕的维护工作，就能使屏幕的使用时间更长。笔记本计算机屏幕的维护工作一般包括以下几个方面。

1. 不要使用屏幕保护程序

液晶屏幕主要依靠液晶分子的排列来控制光线的通过以及通过程度，每次图像变化，液晶分子排列就会出现一次改变。例如电源开关，用户在长期频繁使用的情况下，很容易出现故障。液晶屏幕也一样，频繁地出现分子排列变化，会加快液晶屏幕的老化。在笔记本计算机中，屏幕保护程序不停地变化会造成液晶分子的排列变化，这样也会加快笔记本计算机屏幕的老化。因此在使用笔记本计算机时，尽量不要使用屏幕保护程序。

2. 尽量减少强光照射

笔记本计算机屏幕在强光照射后，会导致屏幕温度升高，加快笔记本计算机屏幕老化。所以，我们在使用笔记本计算机时，应尽量避免强光直接照射笔记本计算机屏幕。

3. 注意笔记本计算机的使用时间

通常情况下，笔记本计算机连续使用96小时后，就容易造成屏幕衰老。所以，用户还需要注意笔记本计算机的使用时间。

（十）笔记本计算机散热注意事项

用户在使用笔记本计算机的过程中，有一些操作可能导致笔记本计算机散热能力下降，使笔记本计算机寿命减短。所以，在对笔记本进行散热处理的过程中要注意以下几点：

（1）不要在被褥上使用笔记本计算机。

（2）不要连夜下载文件。

（十一）关闭系统通知

（1）打开【所有控制面板项】窗口，单击【通知区域图标】超链接。

（2）在窗口中可以设置行动中心、网络、声音、Windows 资源管理器、媒体中心小程序托盘和 Windows 自动升级的通知和图标。

(十二)关闭安全通知

(1)打开【控制面板】窗口,依次单击【系统和安全】→【操作中心】超链接,在打开的【操作中心】窗口的左侧导航栏中单击【更改操作中心设置】超链接,打开【更改操作中心设置】窗口,如图 1-22 所示。

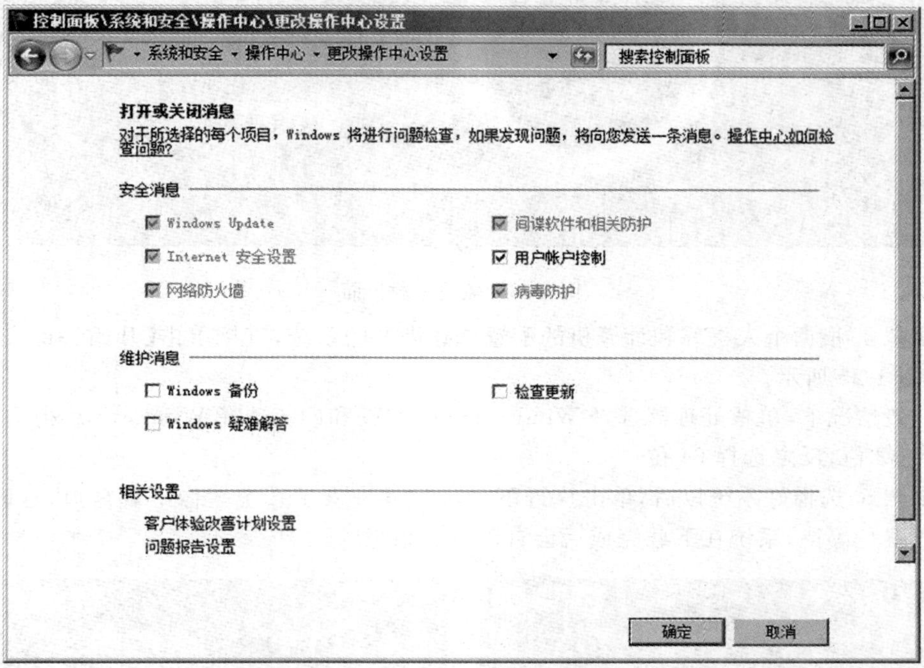

图 1-22 【更改操作中心设置】窗口

(2)在该窗口中可以关闭一些通知,包括 Windows 升级、网络安全设置、防火墙、间谍软件和相关保护、用户账户控制、病毒防护、Windows 备份、Windows 问题诊断以及查找更新等。

任务实施

两种常见重装系统方法。

方法 1:在线重装系统。

步骤 1. 如果你的计算机需要重装系统,且你的显示器能够正常显示以及计算机能上网,在浏览器窗口输入地址 http://www.aixitong.net/index.html,在打开页面中单击【免费下载】,如图 1-23 所示。

步骤 2. 下载后双击下载程序"isu_v16",单击【下一步】,直至安装完成。

步骤 3. 双击桌面【极速一键重装系统】图标,单击软件主界面的【点此开始重装系统】,如果你本机中已经有过 GHOST 镜像文件,则可以用"备份/还原镜像"来还原,如图 1-24 所示。

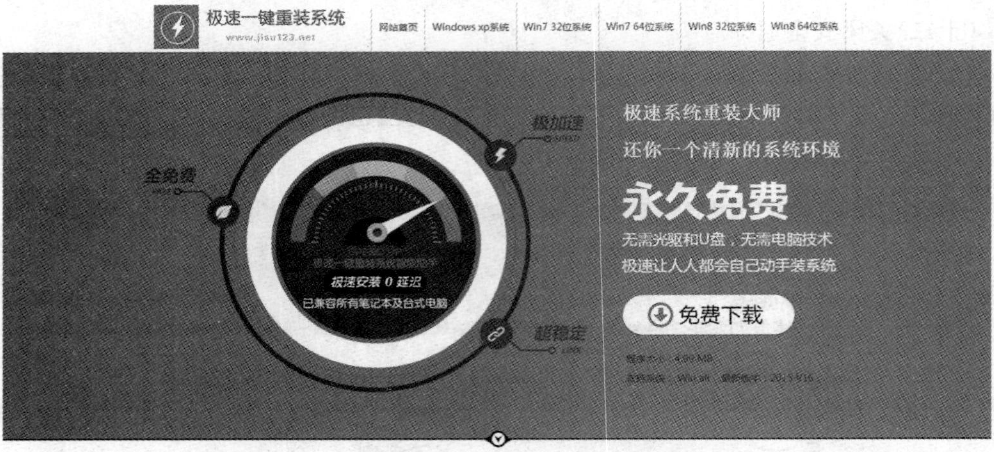

图 1-23　免费下载界面

步骤 4. 根据个人喜好和计算机的配置选择需要的系统，直接单击【开始一键安装】即可，如图 1-25 所示。

一般情况下，单核处理器选择 Windows XP，双核和四核选择 Windows 7；小于 2G 内存选择 32 位，反之选择 64 位。

步骤 5. 选择好系统以后，单击执行下一步后就进入了系统镜像下载窗口，这时候你能做的就是等待，系统在下载完成后会自动安装系统的。

图 1-24　极速一键重装系统界面

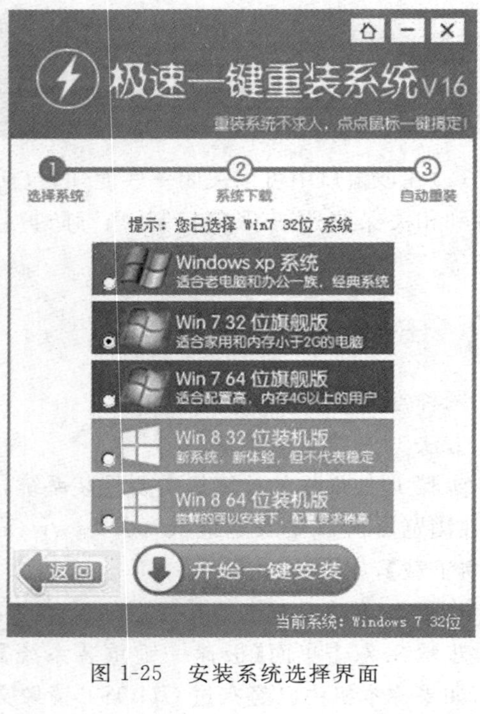

图 1-25　安装系统选择界面

方法 2：U 盘启动重装系统。

工具准备：

(1)U 启动 v6.3 版 U 盘启动盘制作工具 Install_UQDv6_3.exe，从相应网站下载。

(2)一个容量大于 4G 的 U 盘，便于系统镜像文件存放。

(3)一个 Ghost 版 Windows 7 系统镜像文件，并存入制作好的 U 启动 U 盘启动盘，硬盘模式更改为 ahci 模式。

步骤 1. U 盘启动制作方法。

(1)把准备好的 U 盘插在计算机 USB 接口上，然后打开 U 启动 v6.3 版 U 盘启动盘制作工具，工具会自动选择插入计算机的 U 盘，其他属性建议按默认设置，再单击【一键制作启动 U 盘】按钮，如图 1-26 所示。

图 1-26 启动 U 盘制作界面

(2)随即弹出“执行此操作会删除 U 盘中所有数据，且不可恢复”的警告提示，单击【确定】按钮，继续操作。

(3)耐心等待 U 启动相关数据完成写入 U 盘即可；直到弹出一键制作启动 U 盘完成信息提示，单击【是】按钮，如图 1-27 所示。

(4)完成以上操作后，进入到 U 启动主菜单模拟界面，按【Ctrl＋Alt】即可释放鼠标。

U 启动 v6.3 版 U 盘启动盘制作工具制作 U 启动 U 盘启动盘制作完毕。

图 1-27　启动 U 盘制作完成提示窗口

步骤 2. 用 U 盘启动盘安装 Windows 7 操作系统。

(1)把存有 Windows 7 系统镜像文件的 U 启动 U 盘启动盘插在计算机 USB 接口上,然后重启计算机,在出现开机画面时用一键 U 盘启动快捷键的方法进入到 U 启动主菜单界面,选择【[02]运行 U 启动 Windows8PE 防蓝屏(新计算机)】,按【Enter】键确认选择,如图 1-28 所示。

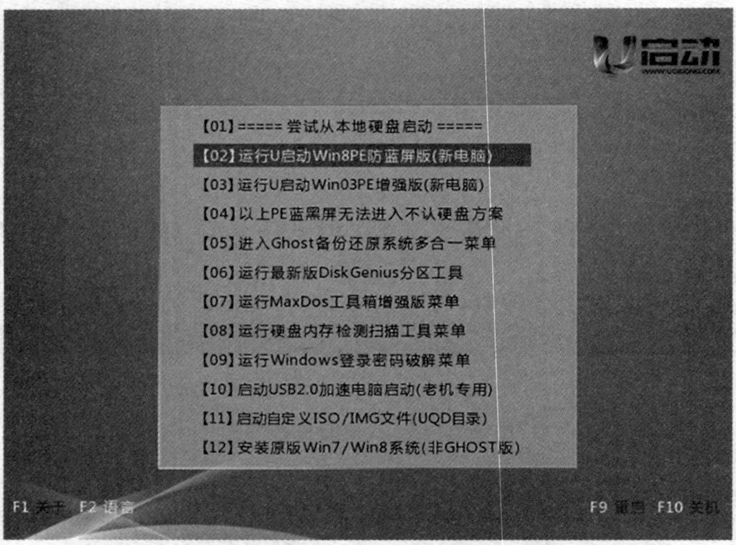

图 1-28　U 启动主菜单界面

(2)进入 U 启动 Windows 8PE 系统后,U 启动 PE 装机工具会自动打开,单击【浏览】按钮。

(3)在打开的窗口中,找到并选择存储在 U 启动 U 盘中的 Windows 7 系统镜像文件，再单击【打开】按钮，如图 1-29 所示。

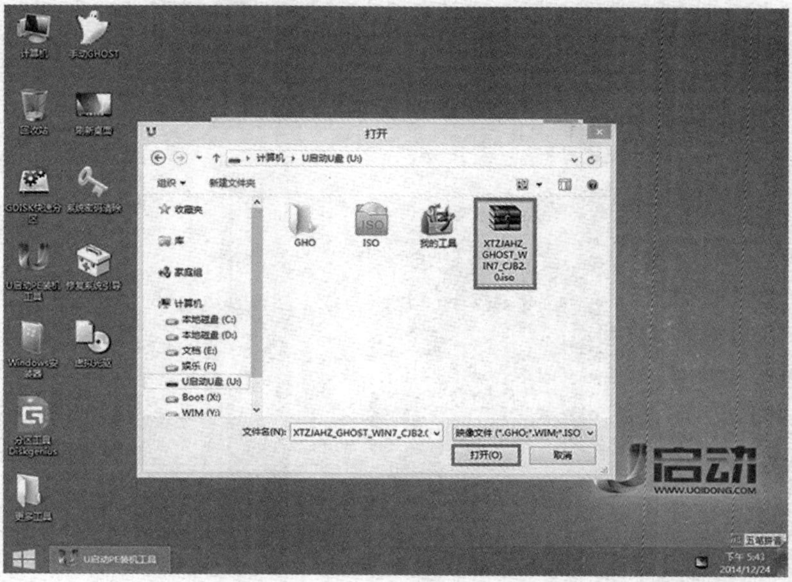

图 1-29　U 启动打开窗口

(4)选择好 Windows 7 系统镜像文件，单击选择 C 盘为系统安装盘，再单击【确定】按钮；随即会弹出一个询问提示窗口，单击【确定】按钮，继续操作，如图 1-30 所示。

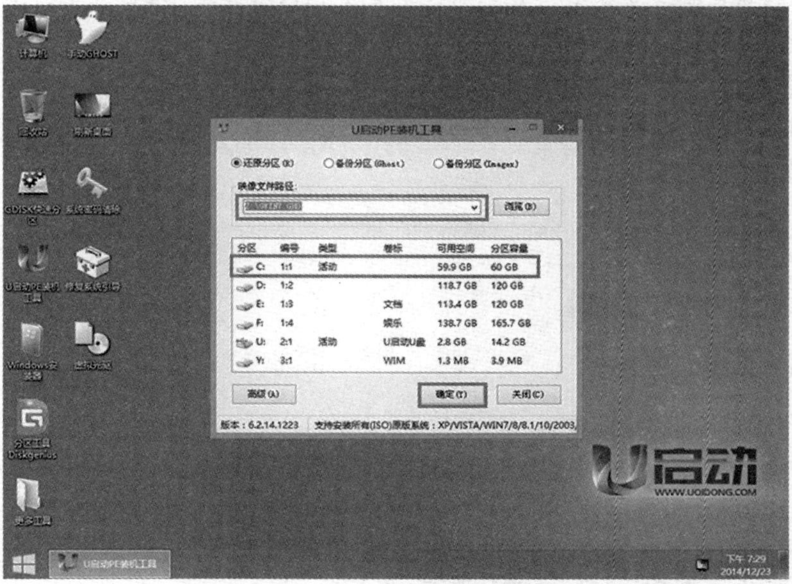

图 1-30　U 启动安装盘选择界面

(5)然后耐心等待 Windows 7 系统镜像文件安装程序释放完成即可，如图 1-31 所示。

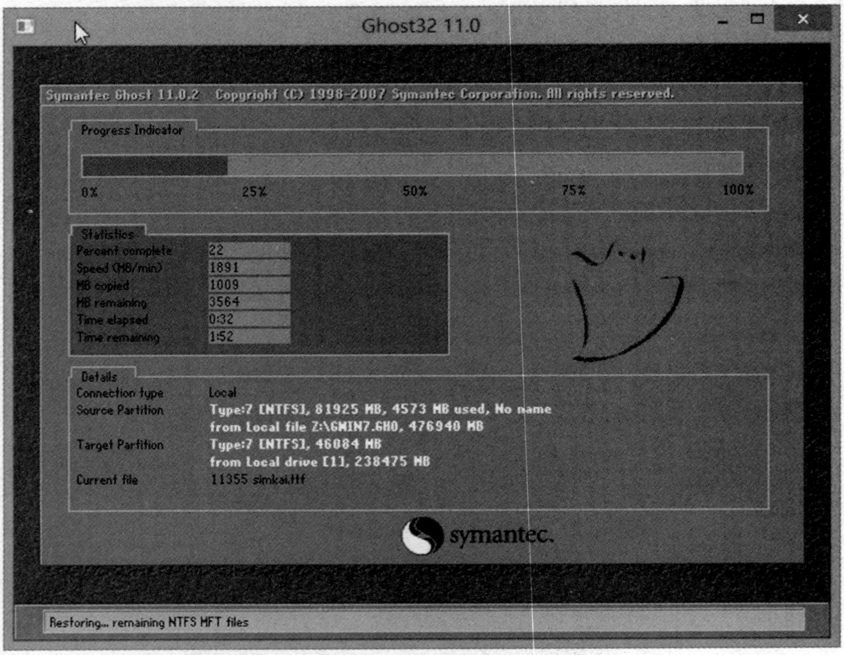

图 1-31 安装进程界面

(6)系统镜像文件释放完成后，会弹出一个询问是否重启计算机的窗口提示，单击【是】按钮，确认重启计算机，或等待 10s 自动进入重启计算机。

重启计算机后耐心等待 Windows 7 系统后续程序安装完成，直到进入 Windows 7 系统桌面即可。

在实际操作过程中，大家需要懂得如何使用一键 U 盘启动快捷键的方法或设置 U 盘为第一启动项，并且注意硬盘模式是否为 ahci 模式，这些都会造成 U 启动 U 盘安装 Windows 7 系统失败的现象发生。

任务拓展

◈计算机常见故障及处理

计算机常见故障及处理

(一)计算机关机后自动重启

故障表现：在 Windows 7 系统中关闭计算机，计算机却自动重新启动，同时在操作系统中不能关机。

故障分析：导致这一故障的原因很有可能是用户对操作系统的错误设置，或利用一些系统优化软件修改了 Windows 7 系统的设置。

故障处理：根据分析，排除故障的具体操作步骤如下：

(1)单击【开始】按钮，在弹出的【开始】菜单中选择【控制面板】菜单命令。打开【控制面板】窗口，单击【系统和安全】超链接。

（2）在打开的窗口中单击【系统】超链接，打开【系统】窗口，如图 1-32 所示，单击【高级系统设置】超链接。

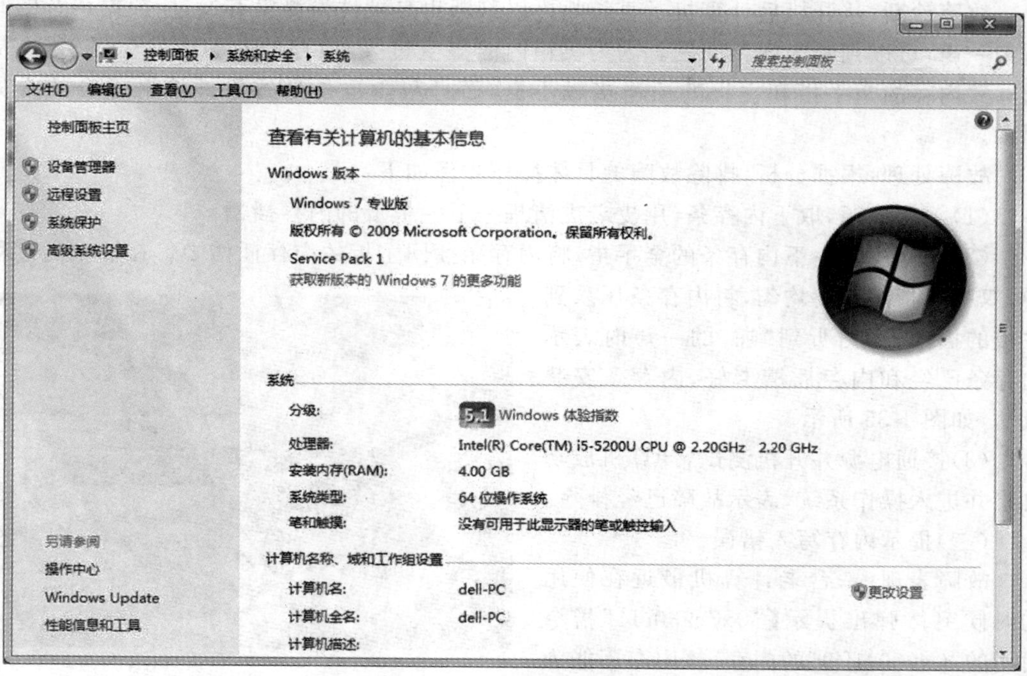

图 1-32　【系统】窗口

（3）弹出【系统属性】对话框，如图 1-33 所示，选择【高级】选项卡，在【启动和故障恢复】选项组中单击【设置】按钮。

（4）弹出【启动和故障恢复】对话框，如图 1-34 所示，在【系统失败】选项组中选中【自动重新启动】复选框，单击【确定】按钮。重新启动计算机，即可排除故障。

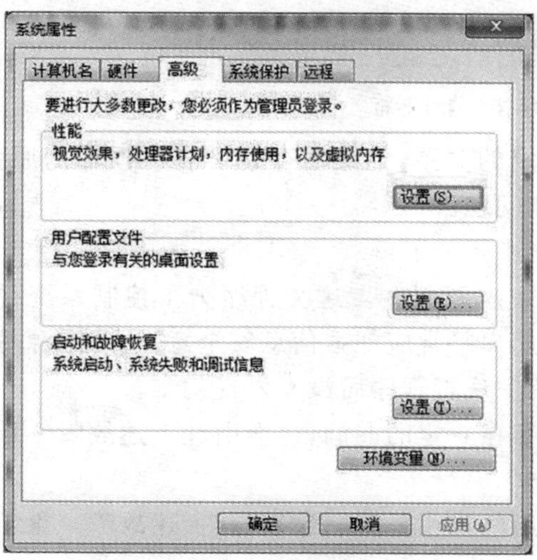

图 1-33　【系统属性】对话框

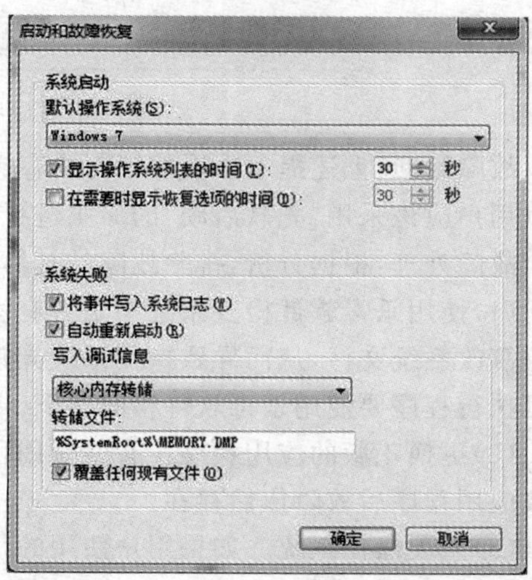

图 1-34　【启动和故障恢复】对话框

(二)内存引起开机长鸣

故障表现:计算机开机后一直发出“嘀,嘀,嘀……”的长鸣,显示器无任何显示。

故障诊断:从开机后计算机一直长鸣可以判断出是硬件检测没有通过,根据声音的间断为一声,可以判断为内存问题。因为机箱内的湿度过大,内存的金手指发生了氧化,从而导致内存的金手指和主板的插槽接触不良,而且灰尘也是导致原件接触不良的常见因素。

故障处理:根据分析,排除故障的具体操作步骤如下:

(1)关闭电源,取下内存条,用皮老虎清理一下主板上的内存插槽。

(2)用橡皮擦一下内存条的金手指,将内存条插回主板的内存插槽中。在插入的过程中,双手拇指用力要均匀,将内存条压入到主板的插槽中,当听到“啪”的一声时表示内存条已经和内存插槽卡好,内存条安装成功,如图 1-35 所示。

图 1-35 内存条安装方法

(3)接通电源并开机测试,计算机成功自检并进入操作系统,表示故障已经排除。

(三)提示内存写入错误

故障表现:一台老计算机最近在使用的时候突然弹出提示【“0x7c930ef4”指令引用的“0x0004fff9”的内存,该内存不能为“read”】,如图 1-36 所示,单击【确定】按钮后,打开的软件自动关闭。

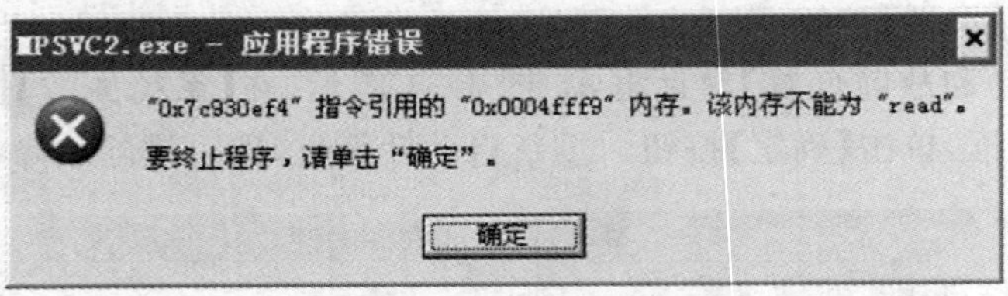

图 1-36 【应用程序错误】对话框

故障诊断:上述提示表明故障与内存有一定的关系,但是内存是不容易损坏的原件,所以用户应该采用“先软后硬”的原则进行排除问题。

故障处理:根据分析,排除故障的具体操作步骤如下:

(1)使用杀毒软件检查系统中是否有木马或病毒程序。这类程序为了控制系统往往任意篡改系统文件,从而导致操作系统异常。用户平常应加强信息安全意识,对来源不明的可执行程序要使用杀毒软件检测一下。查杀完病毒程序后没有发现病毒。

(2)更换正版的应用程序。有些应用程序存在一定的漏洞,也会引起上述故障。重新安装应用程序后故障依然存在。

(3)重装操作系统。如果用户使用的是盗版的操作系统,也会引起上述故障。重新安装操作系统后,故障排除,说明故障与操作系统有关。

(四)关机时出现蓝屏

故障表现:在关闭计算机的过程中,显示屏突然显示蓝屏界面,按键盘上的任何按键也没有反应。

故障分析:这种情况很可能是由于 Windows 系统缺少某些重要系统文件或驱动程序所致,也可能是由于没有关闭系统的应用软件直接关机所致。

故障处理:在关闭计算机前先关闭所有运行的程序,然后再关机。

如果故障没有排除,则按照以下操作步骤进行操作:

(1)单击【开始】按钮,从弹出的【开始】菜单中选择【所有程序】→【附件】→【运行】菜单命令。弹出【运行】对话框,在【打开】组合框中输入“sfc/scannow”命令。

(2)单击【确定】按钮,按照提示完成系统文件的修复即可。

(五)按电源按钮不能关机

故障表现:计算机本来关机一直正常,但最近在按下电源的开关后没有反应,以前都是按上几秒钟就会关机的,现在却不行。

故障处理:排除故障的具体操作步骤如下:

(1)单击【开始】按钮,在弹出的【开始】菜单中选择【控制面板】菜单命令。打开【控制面板】窗口,单击【系统和安全】超链接。

(2)在打开的窗口中单击【电源选项】超链接,打开【电源选项】窗口,单击【选择电源按钮的功能】超链接,如图 1-37 所示。

(3)打开【系统设置】窗口,单击【按电源按钮时】下拉列表框,在弹出的下拉列表中选择【关机】选项,如图 1-38 所示,单击【保存修改】按钮。重启计算机后,故障排除。

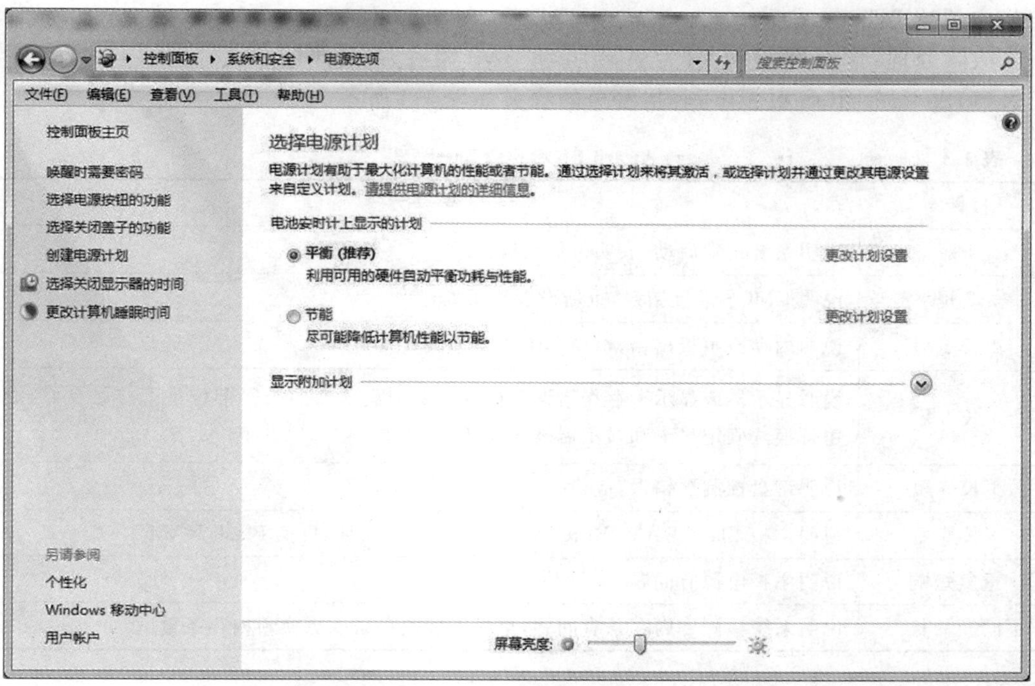

图 1-37 【电源选项】窗口

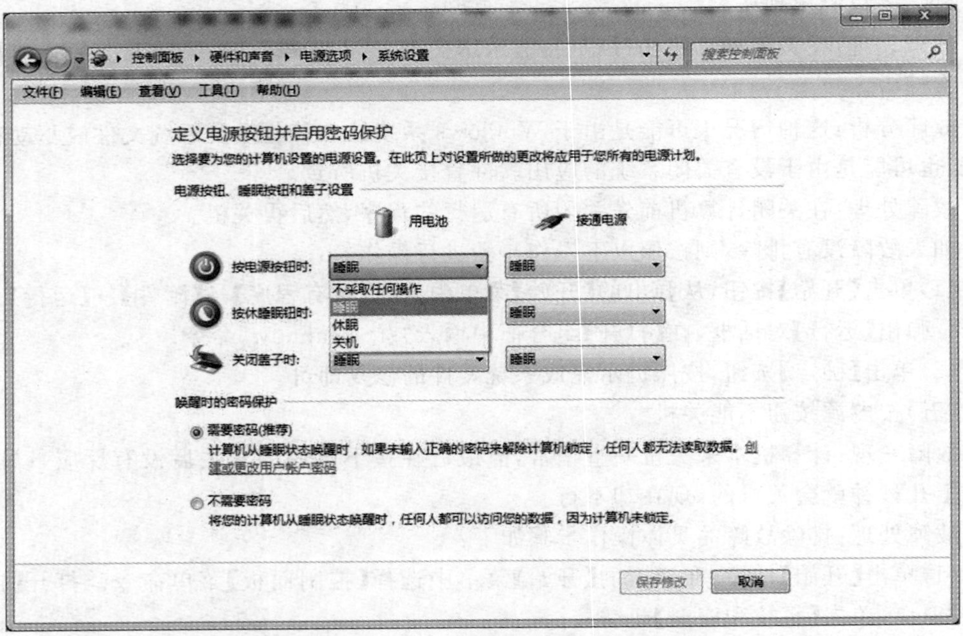

图 1-38 【系统设置】窗口

(六)不能开机并有报警声

故障表现:计算机在启动的过程中突然死机,并有报警声。

故障分析:不同的主板 BIOS,其报警声的含义也有所不同,根据不同的主板说明书判定相应的故障类型。

故障处理:常见的 BIOS 分为 Award 和 AMI 两种,报警声的含义分别如下:

(1)Award BIOS 报警声,其报警声的含义如表 1-3 所示。

表 1-3 **Award BIOS 报警声一览表**

报警声	含 义
1 短	说明系统正常启动,表明机器没有问题
2 短	说明 CMOS 设置错误,重新设置不正确选项
1 长 1 短	说明内存或主板出错,更换一个内存条试试
1 长 2 短	说明显示器或显示卡存在错误。检查显卡和显示器插头等部位是否接触良好,或用替换法确定显卡和显示器是否损坏
1 长 3 短	说明键盘控制器错误,应检查主板
1 长 9 短	说明主板 Flash RAM、EPROM 错误或 BIOS 损坏,更换 Flash RAM
重复短响	说明主板电源有问题
不间断的长声	说明系统检测到内存条有问题,重新安装内存条或更换新内存条重试

(2)AMI BIOS 报警声,其报警声的含义如表 1-4 所示。

表 1-4　　AMI BIOS 报警声一览表

报警声	含　义
1 短	说明内存刷新失败,更换内存条
2 短	说明内存 ECC 校验错误,在 CMOS 中将要内存 ECC 校验的选项设为 Disabled 或更换内存
3 短	说明系统基本内存检查失败,更换内存条
4 短	说明系统时钟出错,更换芯片或 CMOS 电池
5 短	说明 CPU 出现错误,检查 CPU 是否插好
6 短	说明键盘控制器错误,应检查主板
7 短	说明系统实模式错误,不能切换到保护模式
8 短	说明显示内存错误,显示内存有问题,更换显卡试试
9 短	说明 BIOS 芯片检验和错误
1 长 3 短	说明内存错误,即内存条已损坏,更换内存条
1 长 8 短	说明显示测试错误,显示器数据线没插好或显卡没插牢

(七)开机要按【F1】键

故障表现:开机后停留在自检界面,提示按【F1】键进入操作系统。

故障分析:开机需要按【F1】键才能进入,主要是因为 BIOS 中的设置与真实硬件数据不符,可以分为以下几种情况:

(1)实际上没有软驱或软驱坏了,而 BIOS 里却设置有软驱,这样就导致要按【F1】键才能继续。

(2)原来安装了两个硬盘,在 BIOS 中设置成了双硬盘,后来卸下其中一个硬盘的时候却忘记将 BIOS 设置改回来,也会出现这个问题。

(3)主板电池没电造成数据丢失,从而出现这个故障。

(4)重新启动计算机,进入 BIOS 中,发现软驱设置为【1.44MB】,但实际上机箱内并无软驱,将此项设置为【NONE】后,故障排除。

故障处理:

(1)开机按【Del】键,进入 BIOS 设置,选择第一个基本设置,把【floopy】项设置为【Disabel】即可。

(2)刚开始开机时按【Del】键进入 BIOS,按【Enter】键进入基本设置,将【DriveA】项设置为【None】,保存后退出 BIOS。重启计算机后检查,如果故障依然存在,可以更换电池。

(八)硬盘提示灯不闪,显示器提示无信号

故障表现:开机时显示屏没有任何信息,也没有发出轻微的“唰”声,硬盘和键盘指示灯完全不亮,硬盘提示灯没有闪,也没有任何报警声。

故障分析:故障可能是由于曾经在 BIOS 程序中错误地修改过相关设置,如 CPU 的频率和电压等。此外,也很可能是由于 CPU 没有插牢,出现接触不良的现象,或选用的 CPU 不适合当前的主板,或 CPU 安装不正确,或在主板中硬件 CPU 调频设置错误。

故障处理:检查 CPU 的型号和频率是否适合当前的主板使用,以及检查 CPU 是否按照正确方法插牢。如果是 BIOS 程序设置错误,可以使用放电方法,将主板上的电池取出,1 小时后再将其装回原来的地方。如果主板上具有相关 BIOS 恢复技术,也可使用这些功能。如果是主板的硬件 CPU 调频设置错误,则应该对照主板说明书仔细检查,按照正确的设置将其调回适当的位置。

(九)网卡驱动丢失

故障表现:启动计算机后,系统提示不能上网,在【设备管理器】中看不到网卡驱动。

故障分析:首先可以重新安装网卡驱动程序,并且进行杀毒操作,因为有些病毒也可以破坏驱动程序。如果还不能解决问题,可以考虑重新安装系统,然后从官方网站下载驱动程序,并安装驱动程序。运行一段时间后,又出现网卡驱动丢失的现象。

故障排除:从故障现象可以看出,应该是主板的问题,先卸载主板驱动程序,重新启动计算机后安装驱动程序,故障排除。

(十)可以使用 QQ 聊天但网页无法打开

故障表现:在一台计算机上浏览网页时,主页能打开,二级网页打不开。过一段时间后,能使用 QQ 聊天,但所有网页打不开。

故障分析:从故障现象可以看出,主要是因为恶意代码(网页病毒)以及一些木马病毒。

故障排除:在任务管理器里查看进程,查看 CPU 的占用率,如果是 100%,初步判断是感染了病毒,这就要查看是哪个进程占用了 CPU 资源。找到后,记录名称,然后结束进程。如果不能结束,则启动到【安全模式】下把该程序结束,然后选择【开始】→【所有程序】→【附件】→【运行】命令。弹出【运行】对话框,在【打开】组合框中输入“regedit”命令,在打开的注册表窗口中查找记录的程序名称,然后删除即可。

(十一)上网经常掉线

故障表现:在使用一台计算机上网的过程中经常掉线,特别是打开网页时,系统的速度更慢,必须输入网址才能打开网页。

故障分析:从故障的现象可以初步判断是病毒的原因,或网卡驱动被破坏。

故障排除:在开机状态下升级杀毒软件的病毒库,然后对全盘进行杀毒操作,故障依然存在。卸载网卡驱动程序后,重新安装最新的网卡驱动程序,故障消失。

(十二)网页不能显示图片

故障表现:使用 FTP 上传主页后,在 IE 浏览器中浏览主页时,应该显示图片的地方却显示不出来。

故障分析:这种现象可能是由于 IE 浏览器的部分管理加载项被禁用了。

故障排除:用户可以按照以下方法进行解决:

(1)在浏览器中选择【工具】→【Internet 选项】命令,弹出【Internet 选项】对话框。

(2)选择【高级】选项卡,在【Internet 选项】列表框的【多媒体】选项组中选中【显示图片】复选框,如图 1-39 所示。

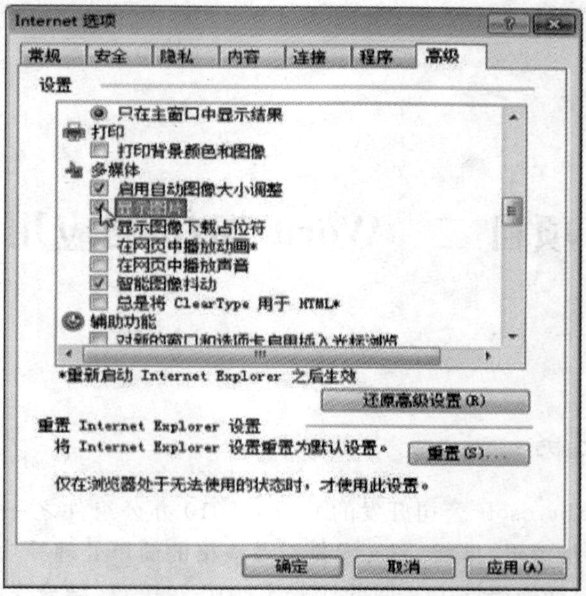

图 1-39 【Internet 选项】对话框

(3)单击【确定】按钮，返回 IE 浏览器，刷新页面可以显示图片。

(4)如果还不能显示，可以右键单击图片，在弹出的快捷菜单中选择【属性】命令，之后查看图片的路径是否正确。

项目二　Word 2010 的应用

项目综合任务

Word 2010 是 Microsoft 公司开发的 Office 2010 办公组件之一，主要负责文字处理工作，拥有文字录入与编辑、排版、图文混排以及表格的简单处理等功能。

本项目主要是根据需要学生掌握的 Word 2010 知识点，结合学院的实际情况，提炼出 4 个比较典型的工作任务，即学院概况文档的制作与美化、课程表的制作与美化、社团活动流程图的制作与美化及毕业论文的编排。通过本项目的学习，学生不仅能够掌握 Word 2010 的基本使用方法和高级应用，还能灵活应用所学知识进行实际工作任务的制作。

职业素质与技能分析

1. 职业素质

Word 广泛应用于文字处理领域。在工作中，可以用 Word 来制作招标书、投标书、产品说明书、报告、协议、合同、会议记录、人事档案、统计表格、公司组织结构图、宣传单和名片等；在生活中，可以用 Word 来写信和制作请柬、邀请函、房屋出租或求租广告等；在学习中，可以用 Word 写作文、申请书、毕业论文和制作求职信等。综上所述，无论是工作还是生活、学习，都需要掌握 Word 的应用。

2. 技能分析

通过本项目的学习，能够掌握以下几项技能：

(1)文字处理：输入日常生活和工作中的各种文字资料，并可使用其强大的编辑能力对各种资料进行修改处理。

(2)文档排版：为文本的字体、段落设置各种格式，规划页面及设置页面格式，使文档版面美观、结构清晰、重点突出，制作出各类文档。

(3)文档输出：通过打印机将编排后的文档打印到纸张、制版印刷或通过网络发送到指定地址等。

(4)图片处理：插入图片、剪贴画、形状图形、艺术字等图形对象，并可对这些对象进行编辑和设置，从而轻松制作出图文并茂的文档或专业刊物等。

(5)表格制作:制作各种专业表格。

(6)处理长文档等:利用 Word 较强的长文档排版功能编排书籍等长文档。

项目实施

任务一 学院概况文档的制作与美化

任务描述

为了更好地宣传学院,让大家在最短的时间了解学院的办学情况,现需要制作一份介绍学院概况的宣传文档,要求简明扼要、条理清晰、重点突出。学院概况宣传文档的最终效果如图 2-1 所示。

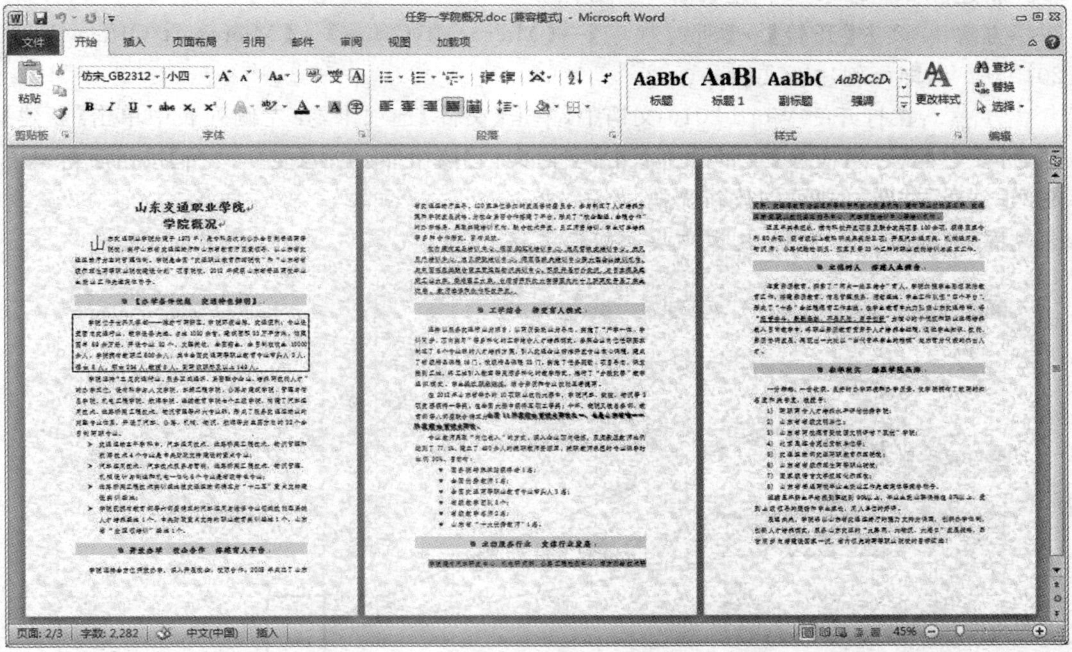

图 2-1 学院概况宣传文档的最终效果图

任务目标

(1)熟悉 Word 2010 程序的界面组成和常用命令的使用。

(2)掌握创建、打开和保存文档的基本操作。

(3)能熟练进行文档的录入、复制、移动、查找和替换等编辑操作。

(4)熟练进行文字格式、段落格式设置。

(5)熟练进行页面设置并掌握打印设置。

任务知识

◈Word 2010 的基本操作
◈文档内容的基本操作
◈字体格式、段落格式
◈边框和底纹
◈项目符号和编号
◈页面设置
◈打印预览与打印文档

一、Word 2010 的基本操作

（一）新建文档

新建 Word 2010 文档主要有 3 种方法。

方法 1：单击【开始】→【所有程序】→【Microsoft Office】→【Microsoft Office Word 2010】命令，即可创建新文档。

方法 2：在打开的 Word 2010 文档中，单击【文件】选项卡，在左侧列表中单击【新建】按钮，在右侧【可用模板】列表框中双击【空白文档】按钮（或单击【空白文档】按钮后再单击右侧【创建】按钮），即可创建新文档，如图 2-2 所示。

提示：按【Ctrl＋N】快捷键可快速新建文档。

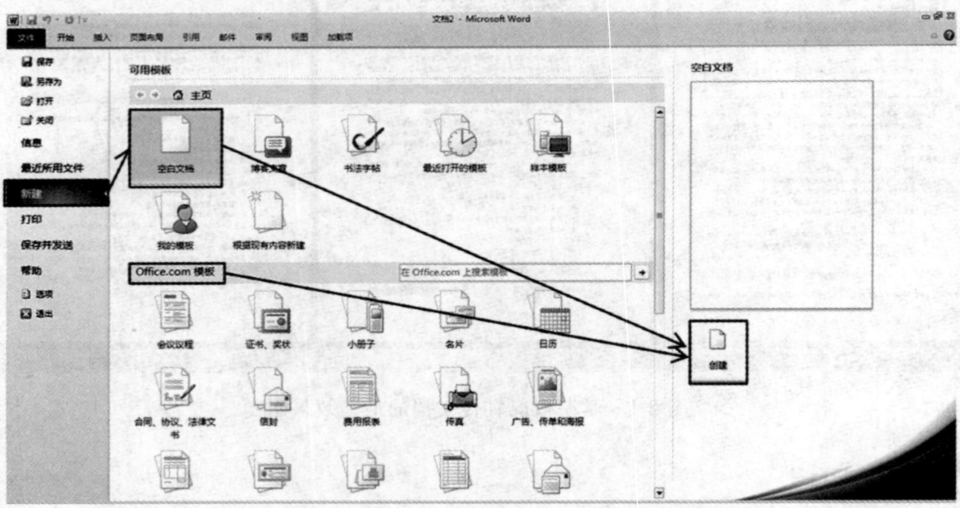

图 2-2 【新建】按钮新建文档

提示：如图 2-2 所示，在【可用模板】列表框中，可以选择多种类型的文档，如博客文章、书法字帖、样本模板等。

方法 3：在 Windows 桌面或文件夹的空白处单击右键，在弹出的快捷菜单中选择【新建】→【Microsoft Word 文档】命令，即可创建一个 Word 文档，用户可以重新命名该新建

文档，如图 2-3 所示。

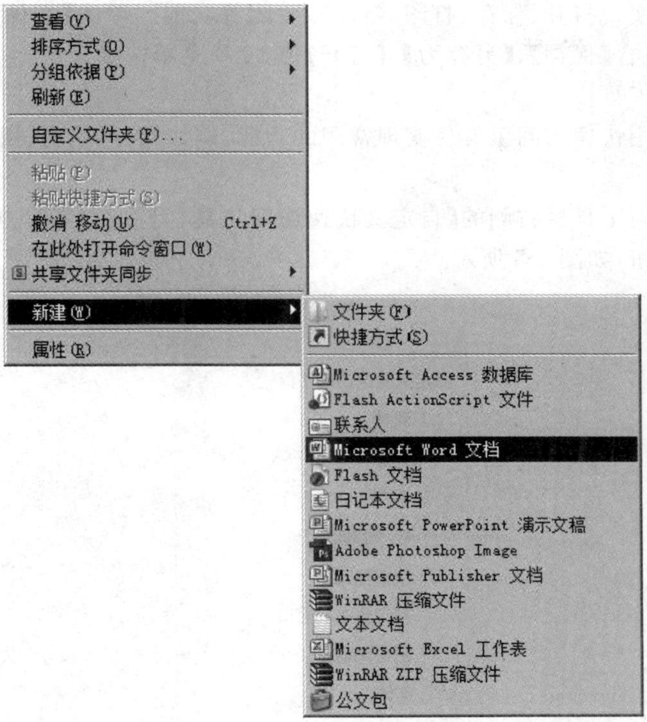

图 2-3　快捷菜单新建文档

（二）文档的窗口组成

Word 2010 文档窗口由标题栏、功能区、工具栏、文档编辑区和状态栏等部分组成，如图 2-4 所示。

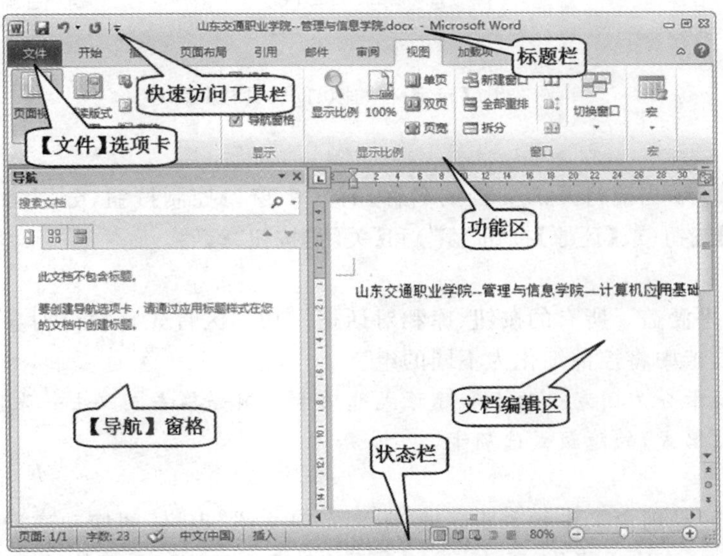

图 2-4　Word 2010 文档窗口

1.【文件】选项卡

此选项卡可实现打开、保存、打印、新建和关闭等功能。单击【文件】选项卡弹出下拉列表，该列表中包含【保存】、【另存为】、【打开】等 12 项菜单选项。

2. 快速访问工具栏

用户可以使用快速访问工具栏实现常用的功能，例如保存、撤销、恢复、打印预览和快速打印等。

单击快速访问工具栏右侧的【自定义快速访问工具栏】按钮"▼"，在弹出下拉菜单中可以选择工具按钮，如图 2-5 所示。

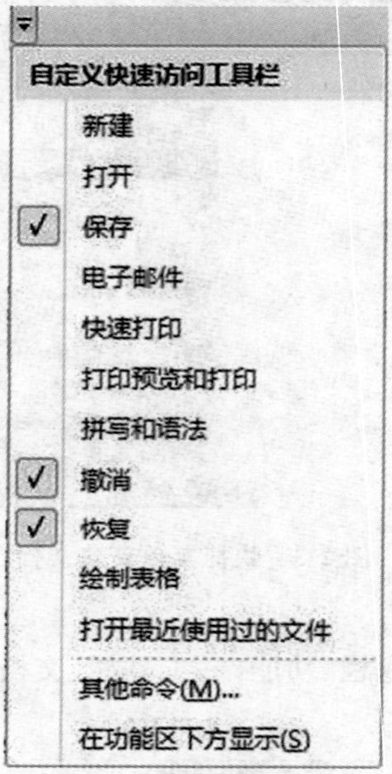

图 2-5 【自定义快速访问工具栏】窗口

3. 标题栏

标题栏显示了当前打开的文档的名称，有 3 个窗口控制按钮，分别为【最小化】按钮"▭"、【最大化】按钮（或【还原】按钮"🗗"）和【关闭】按钮"✕"。

4. 功能区

功能区几乎涵盖了所有的按钮、库和对话框。功能区首先将控件对象分为多个选项卡，然后在选项卡中将控件细化为不同的组。

提示：选项卡分为固定选项卡和隐藏式选项卡。例如单击或双击一张图片，则会显示【图片工具】或【格式】的隐藏式选项卡。

5. 编辑区

文档编辑区是用户工作的主要区域，用来实现文档、表格、图标和演示文稿等的显示和编辑。另外，还有水平标尺、垂直标尺、水平滚动条和垂直滚动条等辅助功能。

6.【导航】窗格

【导航】窗格中的上方是搜索框，用于搜索文档中的内容。在下方的列表框中通过单击“ ”按钮，可以分别浏览文档中的标题、页面和搜索结果，如图 2-6 所示。

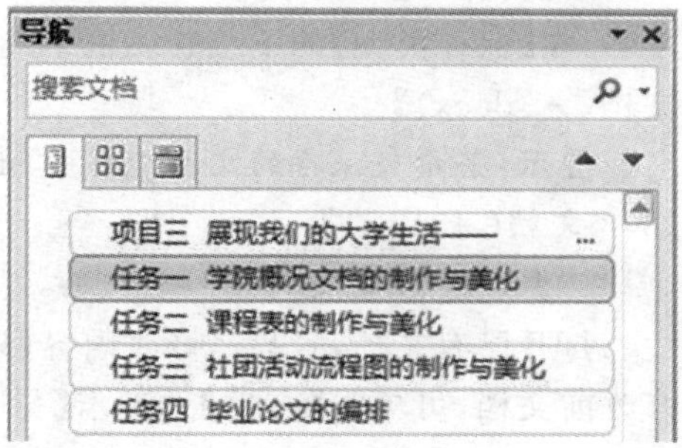

图 2-6 【导航】窗格

7. 状态栏

状态栏提供页码、字数统计、拼音、语法检查、改写、视图方式、显示比例和缩放滑块等辅助功能，以显示当前的各种编辑状态。

（三）保存文档

在文档处理过程中要养成随时保存文档的习惯，这样可以避免因误操作、计算机死机或断电而造成的数据损失。

1. 保存新建文档

单击【文件】选项卡，在左侧的列表中单击【保存】按钮，或单击【自定义快速访问工具栏】中的【保存】按钮，或按【Ctrl+S】快捷键。

若是第 1 次保存当前文档，会弹出【另存为】对话框，如图 2-7 所示。

图 2-7 【另存为】对话框

在【另存为】对话框中可以选择保存位置，在【文件名】下拉列表框里输入要保存的文件名，在【保存类型】的下拉列表框中选择要保存的文档类型，一般默认保存类型为【Word 文档(*.docx)】。

提示：若希望保存的文档能在 Word 97-2003 版本中打开，【保存类型】选择【Word 97-2003 文档(*.doc)】。

2. 保存已有文档

打开已有文档，若只是修改内容，只需保存即可；若修改后文档需要另外保存，不覆盖修改前文档，可单击【文件】选项卡【另存为】按钮，弹出如图 2-7 所示对话框，可更改修改后文档的【保存位置】及【文件名】等信息。

提示：【另存为】文档即已有文档保持不变，又保存了一份修改后的文档。

二、文档内容的基本操作

(一)内容输入

1. 文本输入

将光标定位在需要输入文本的地方，按【Ctrl+Shift】键选择合适的输入法，例如：搜狗输入法“”，输入中文，按【Shift】键切换到英文状态“”，输入英文。

2. 日期和时间输入

单击【插入】选项卡中【文本】组的【日期和时间】按钮，如图 2-8 所示，打开【日期和时间】对话框，如图 2-9 所示。若在图 2-9 中选中【自动更新】复选框，日期和时间会自动更新；若未选中，插入的日期和时间始终不变。

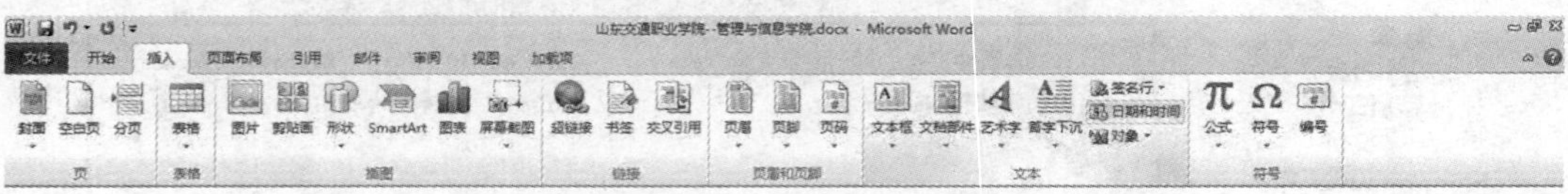

图 2-8 【日期和时间】按钮

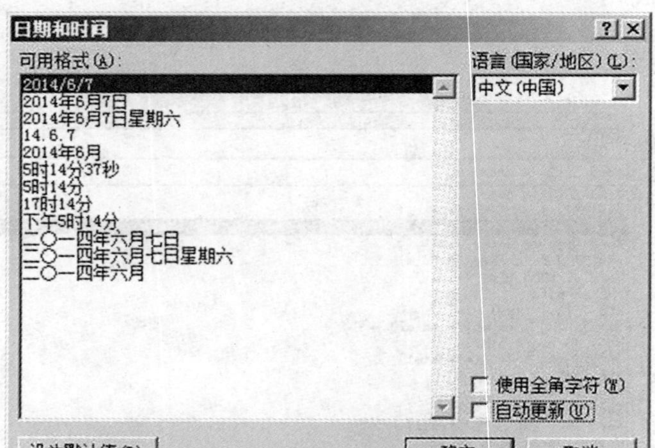

图 2-9 【日期和时间】对话框

3. 符号输入

编辑 Word 文档时会使用到符号，如标点符号、单位符号和数字符号等。常用符号可以直接通过键盘输入，一些特殊符号可通过以下两种方法插入。

方法 1：在输入法上单击右键，在弹出的快捷菜单中选择【软键盘】→【特殊符号】命令或其他命令，如图 2-10 所示。

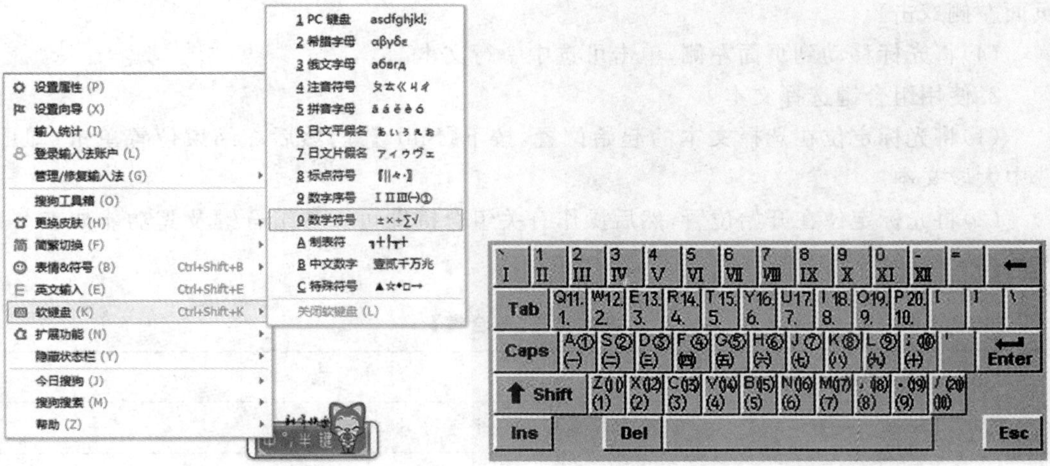

图 2-10 【软键盘】插入符号

方法 2：单击【插入】选项卡中【符号】组的【符号】按钮，如图 2-11 所示，在下拉选项中选择使用过的符号按钮，也可单击【其他符号】按钮，选择更多符号按钮，如图 2-12 所示。

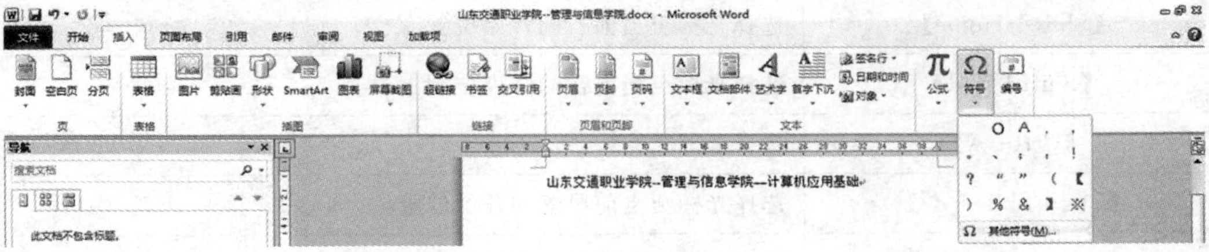

图 2-11 【符号】按钮

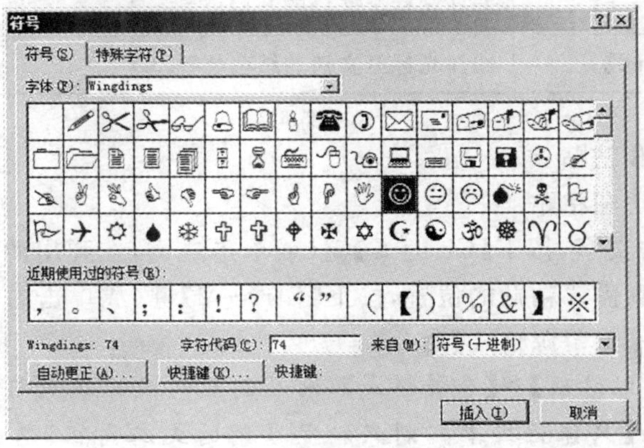

图 2-12 【符号】对话框

（二）文本选择

1. 使用鼠标选择文本

(1)按住左键拖曳选中文本。

(2)双击可以选择某个字符、词语或词组。

(3)将光标定位在一段的任意位置，快速单击 3 次可选中整段文本（或将光标移动到页面左侧双击）。

(4)将光标移动到页面左侧，单击可选中一行文本。

2. 使用组合键选择文本

(1)将光标定位在选择文本的起始位置，按下【Shift】键，然后在结束位置单击，即可选中大段文本。

(2)将光标定位在开始位置，然后操作有关组合键即可。各组合键及其功能如表 2-1 所示。

表 2-1　　文本选择【组合键】

组合键	功　能
【Shift＋←】	选择光标左边的一个字符
【Shift＋→】	选择光标右边的一个字符
【Shift＋↑】	选择光标至光标上一行同一位置之间的所有字符
【Shift＋↓】	选择光标至光标下一行同一位置之间的所有字符
【Shift＋Home】	选择光标至当前行的开始位置
【Shift＋End】	选择光标至当前行的结束位置
【Ctrl＋A】	选择全部文档
【Ctrl＋Shift＋↑】	选择光标至当前段落的开始位置
【Ctrl＋Shift＋↓】	选择光标至当前段落的结束位置
【Ctrl＋Shift＋Home】	选择光标至文档的开始位置
【Ctrl＋Shift＋End】	选择光标至文档的结束位置

（三）复制、剪切和粘贴

1. 快捷复制、剪切和粘贴

选择需要复制的文字，按下【Ctrl＋C】键（或单击右键，在弹出的快捷菜单中选择【复制】命令），移动光标到需要粘贴的位置，按下【Ctrl＋V】键（或单击右键，在弹出快捷菜单中选择【粘贴选项】→【保留源格式】命令）。

提示：若选择【粘贴选项】→【合并格式】，则复制后的内容格式与粘贴位置格式相同；若选择【粘贴选项】→【只保留文本】，则只粘贴复制的文本内容，不包含格式，如图 2-13 所示。

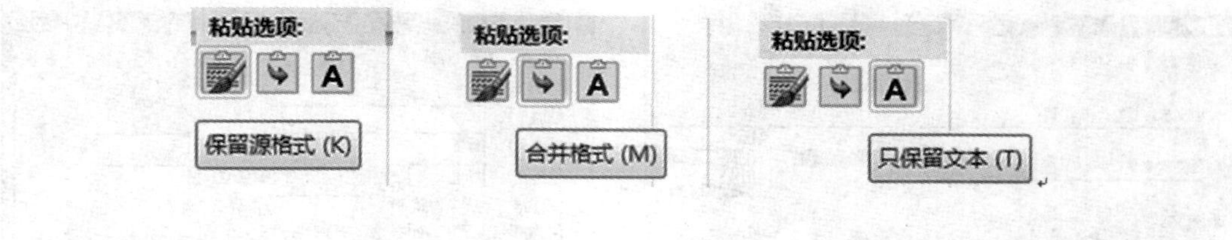

图 2-13 【粘贴】选项

选择需要剪切的文字，按下【Ctrl+X】键（或单击右键，在弹出的快捷菜单中选择【剪切】命令），移动光标到需要粘贴的位置进行粘贴即可。

2. 使用“拖动”复制、剪切和粘贴

选择需要剪切或复制的内容，按住左键拖曳到目标位置，则剪切内容；若按住【Ctrl】键拖曳，则复制内容。

（四）撤销和重复

1. 撤　销

使用【撤销】按钮能够撤销之前做过的一步或多步操作，每按一次【撤销】按钮（或按【Ctrl+Z】键），可以撤销前一步的操作。若要一次撤销连续的前几步操作，则可单击【撤销】按钮右边的倒三角按钮“▼”，在弹出的下拉菜单中选择要撤销的前几步操作，如图 2-14 所示。

若后悔了撤销操作，可使用【恢复】按钮进行恢复，每按一次【恢复】按钮（或按【Ctrl+Y】键），可恢复一次撤销操作，如图 2-15 所示。

2. 重　复

将上一步操作进行重复，可以单击【重复】按钮，如图 2-16 所示。

图 2-14 【撤销】按钮

图 2-15 【恢复】按钮

图 2-16 【重复】按钮

三、字体格式、段落格式

（一）字体格式

1. 设置字体、字形、字号、字符间距

第 1 步：选中需要设置格式的文本，单击【开始】选项卡中【字体】组的【字体】按钮“⧉”或按【Ctrl+D】键，或单击右键在弹出的快捷菜单中选择【字体】命令。

第 2 步：在弹出【字体】对话框中，选择【字体】选项卡，如图 2-17 所示，可以设置字体、字形、字号、字体颜色等。选择【高级】选项卡，弹出【高级】选项卡，如图 2-18 所示，可以设置字符间距等。

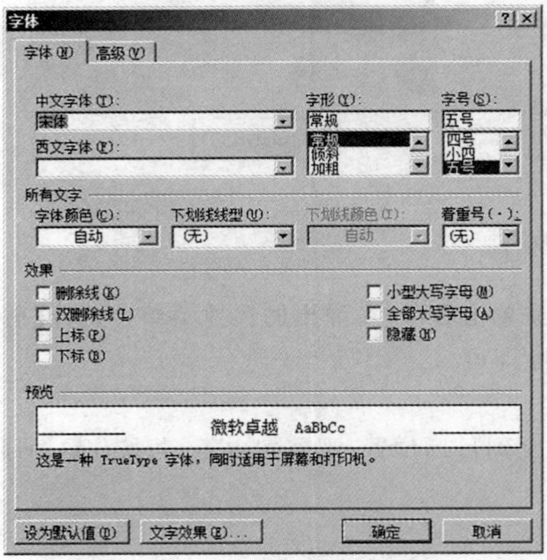

图 2-17 【字体】选项卡

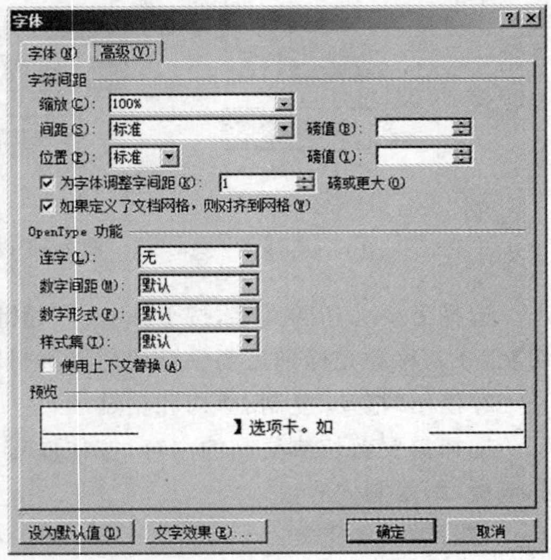

图 2-18 【高级】选项卡

第 3 步：如图 2-18 所示，单击下方【文字效果】按钮，弹出【设置文本效果格式】对话框，可以设置文本填充、文本边框等样式，如图 2-19 所示。

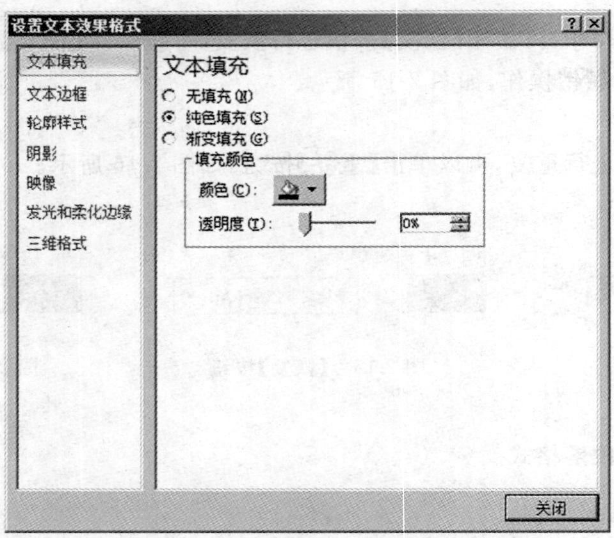

图 2-19 【设置文本效果格式】对话框

2. 设置首字下沉

将光标置于需要首字下沉的段落的任意位置，单击【插入】选项卡中【文本】组的【首字下沉】按钮，如图 2-20 所示。若选择【首字下沉选项】，可以进行详细设置，如图 2-21 所示。

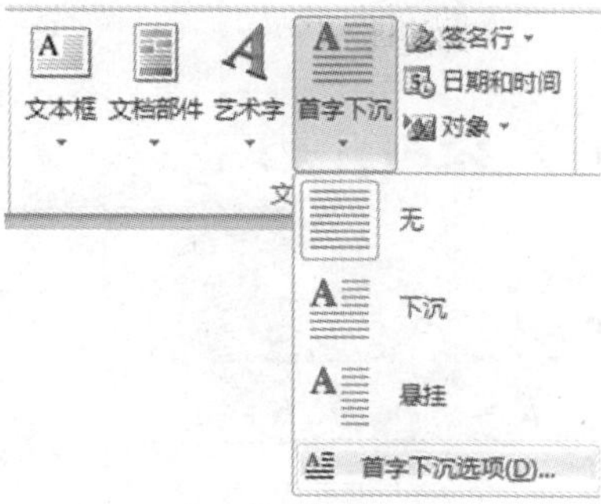

图 2-20 【首字下沉】按钮

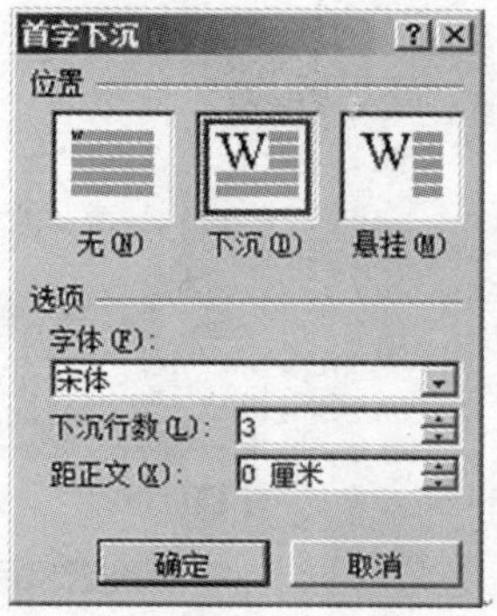

图 2-21 【首字下沉】对话框

（二）段落格式

将光标置于段落的任意位置，单击【开始】选项卡中【段落】组的【段落】按钮“”（或右击，在弹出快捷菜单中选择【段落】命令），弹出【段落】对话框，如图 2-22 所示，选择【缩进和间距】选项卡，可以设置段落对齐方式、大纲级别、缩进、间距等。

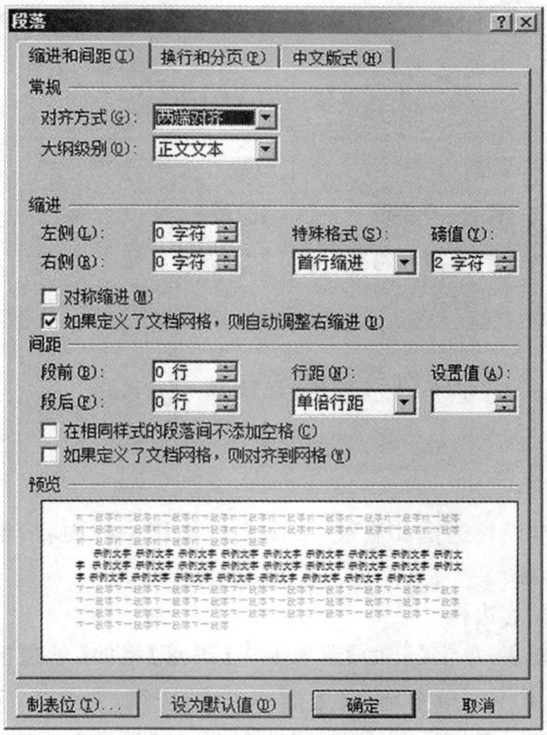

图 2-22 【段落】对话框

提示：（1）还可以单击【开始】选项卡中【段落】组的各按钮，对段落进行快速设置，如图 2-23 所示。

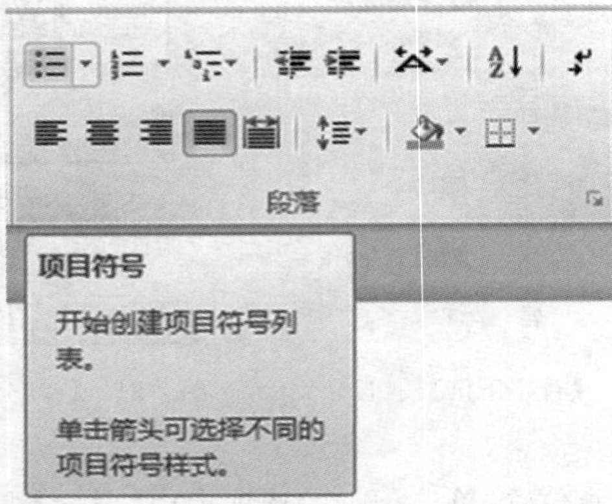

图 2-23 【段落】格式快速按钮

(2)还可以单击【页面布局】选项卡【段落】组，可以快速设置段落缩进和段落间距，如图 2-24 所示。

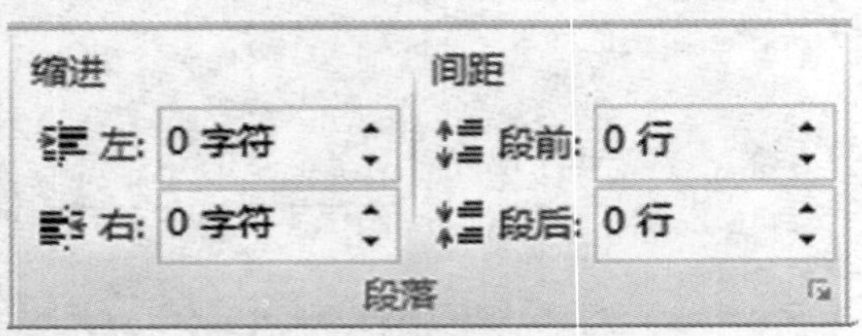

图 2-24 【页面布局】选项卡【段落】组

四、边框和底纹

为文字或整篇文本设置边框和底纹，可以突出文档中的内容，给人以深刻的印象，从而使文档更加漂亮、美观。

(一)设置文字或段落边框

选择添加边框的文字，单击【开始】选项卡中【段落】组的【下边框】按钮右侧的倒三角按钮“”，在弹出的下拉菜单中选择【边框和底纹】按钮，如图 2-25 所示。

弹出【边框和底纹】对话框，选择【边框】选项卡，从【设置】选项组的【无】、【方框】、【阴影】、【三维】和【自定义】5 种类型中选择一种需要的边框类型；在【样式】列表框中，单击选择边框的线型；在【应用于】下拉框中单击选项，边框是应用【文字】还是【段落】，如图 2-26 所示。

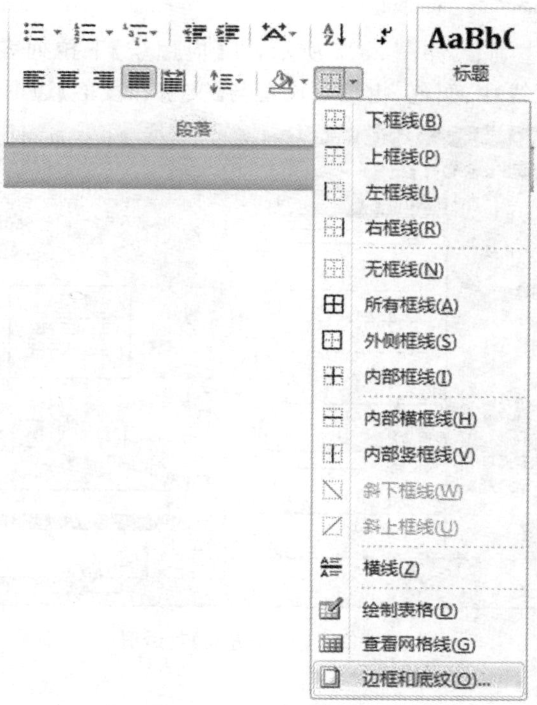

图 2-25 【边框和底纹】按钮

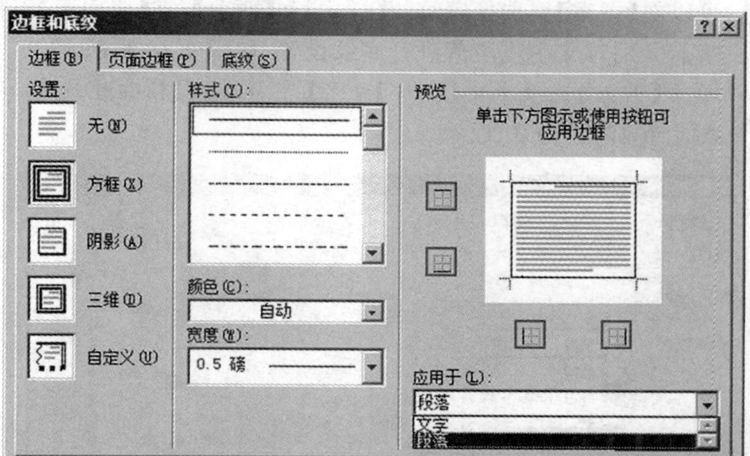

图 2-26 【边框和底纹】对话框

提示:(1)首先根据需要在【样式】中选择边框线性,在【颜色】中选择边框颜色,在【宽度】中选择边框宽度,其次在【预览】中单击边框线可修改边框线,再次单击可取消,此操作只对【段落】边框起作用。

(2)另外还可以单击【开始】选项卡中【字体】组的【字符边框】按钮“A”,对文字快速加边框。

（二）设置页面边框

选择【页面边框】选项卡，如图 2-27 所示，在【应用于】下拉列表框中可以选择页面边框应用范围，其他边框线性、颜色、粗细等设置与【文字和段落】边框相同。

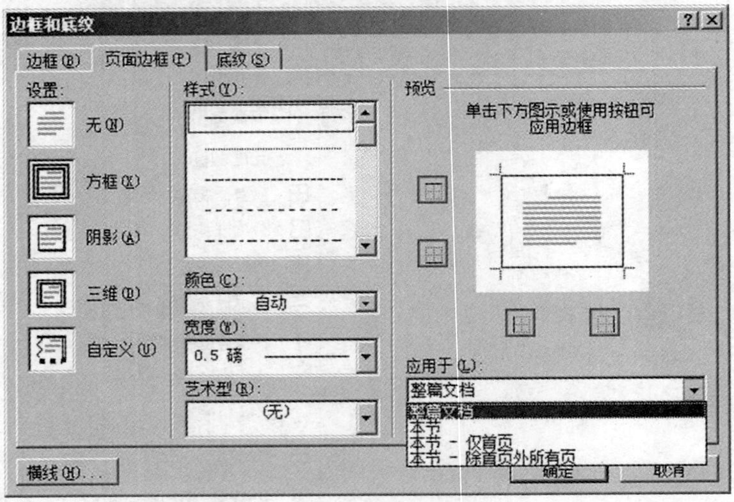

图 2-27 【页面边框】对话框

（三）设置底纹

可以添加字符底纹和段落底纹。选择【底纹】选项卡，可以在【填充】下拉列表框中选择合适的颜色，可以在【图案】组选择底纹的【样式】和【颜色】，在【应用于】下拉列表框中选择【文字】或【段落】，分别对文字或段落进行底纹设置，如图 2-28 所示。

提示：可以单击【开始】选项卡中【字体】组的【字符底纹】按钮快速添加底纹，即添加"颜色为灰色且灰度为 10%"的底纹。

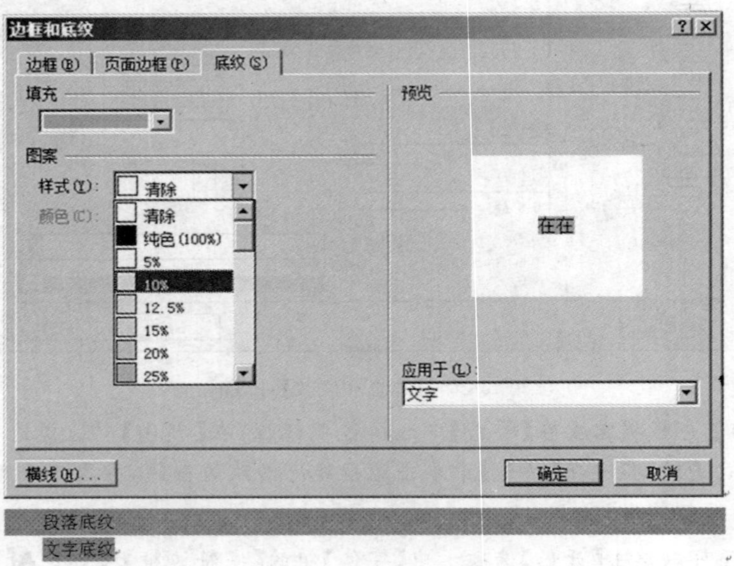

图 2-28 【底纹】对话框

五、项目符号和编号

(一)添加项目符号

将光标置于需要添加项目符号段落的任意位置,或选择多个需要添加项目符号的段落。单击【开始】选项卡中【段落】组的【项目符号】按钮“☰▾”,在弹出的下拉菜单中选择项目符号的样式,如右图 2-29 所示。

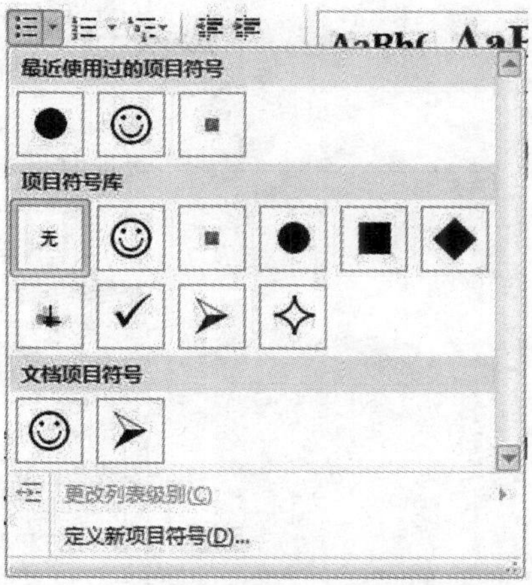

图 2-29 【项目符号】按钮

若没有合适的按钮符号,在如图 2-29 所示下拉选项中,选择【定义新项目符号】按钮,弹出【定义新项目符号】对话框,可以选择【符号】和【图片】按钮选择合适的符号,如图2-30所示。

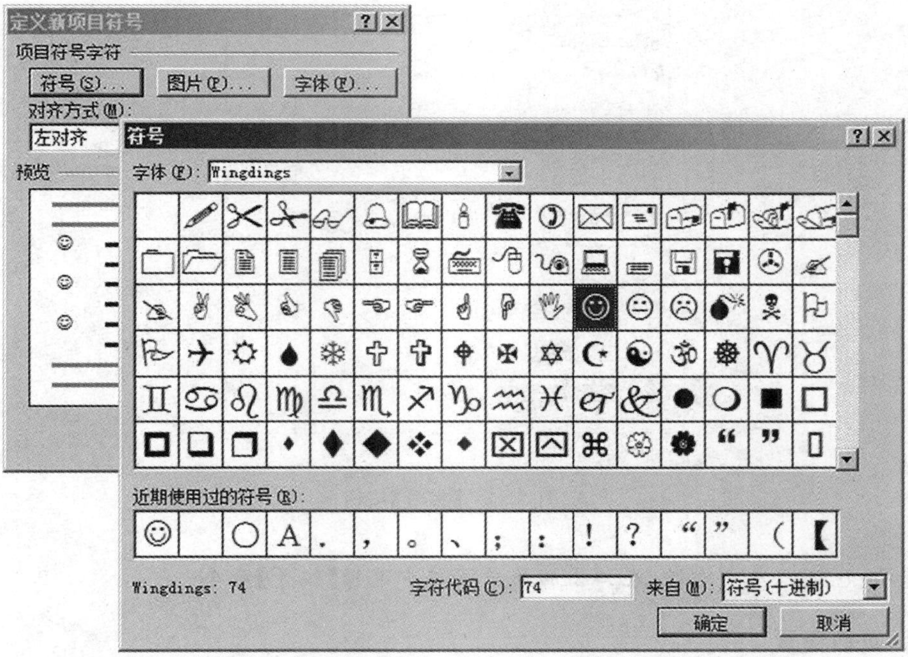

图 2-30 【定义新项目符号】对话框

提示:也可以单击右键,在弹出的快捷菜单中选择【项目符号】命令。

(二)添加编号

将光标置于需要添加编号段落的任意位置,或选择多个需要添加编号的段落。单击【开始】选项卡中【段落】组的【编号】按钮“☰▾”,在弹出的下拉选项中选择编号的样式,如图 2-31 所示。

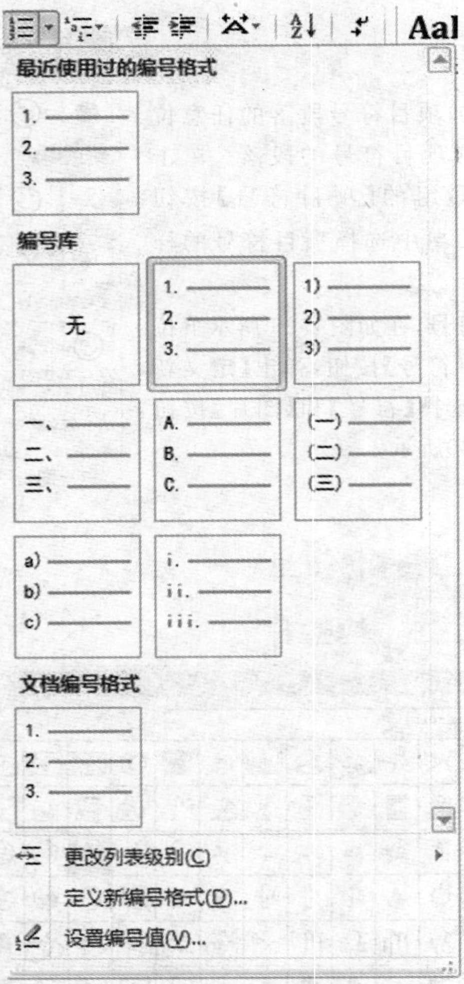

图 2-31 【编号】按钮

提示:也可以单击右键,在弹出的快捷菜单中选择【编号】命令。

六、页面设置

页面设置包括设置纸张大小、页边距、文档网络和版面等。

单击【页面布局】选项卡中【页面设置】组的【页边距】按钮,可以设置页边距(包括调整上、下、左、右边距以及页眉和页脚距页边界的距离),在弹出的下拉选项中选择需要调整页边距大小,如图 2-32 所示。

若没有适合的页边距,单击【页边距】菜单项中的【自定义边距】按钮,重新设定页边距。如图 2-33 所示,单击【纸张方向】选项中【横向】按钮,可以把文档横向打印(或单击【页面布局】选项卡中【页面设置】组的【纸张方向】按钮)。

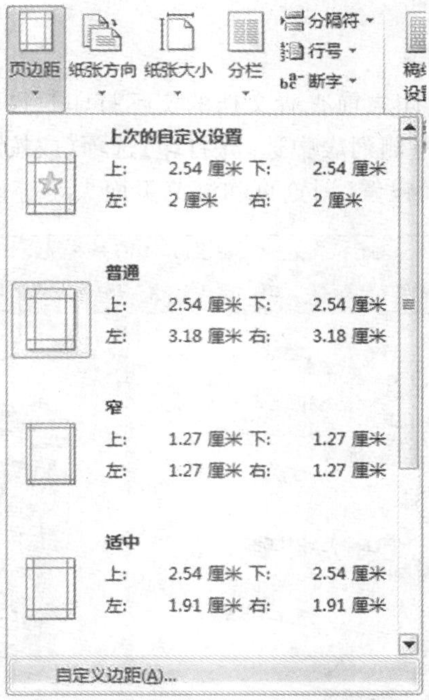

图 2-32 【页边距】对话框

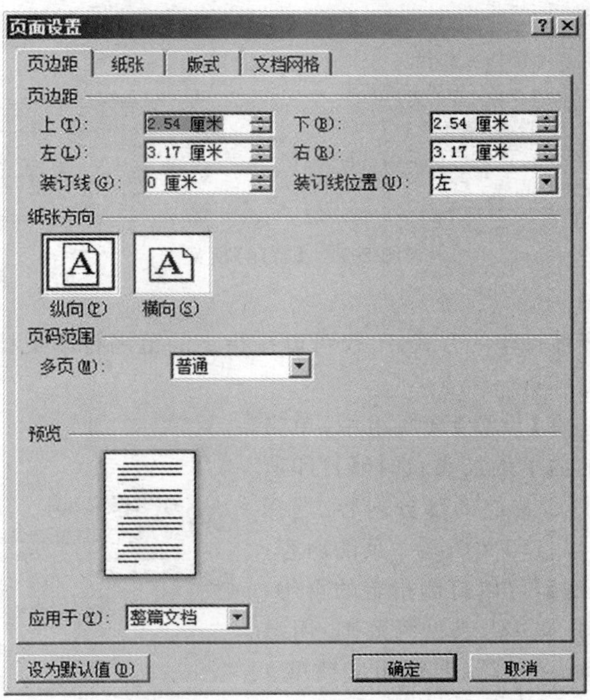

图 2-33 【页面设置】对话框

七、打印预览与打印文档

(一)打印预览

打印预览功能可以在打印之前查看文档的实际打印效果,避免打印后才发现错误。

单击【文件】选项卡,在左侧列表中选择【打印】选项(或按【Ctrl+F2】组合键),如图 2-34 所示,可以进行打印、页面设置、浏览页和浏览页面大小等设置。

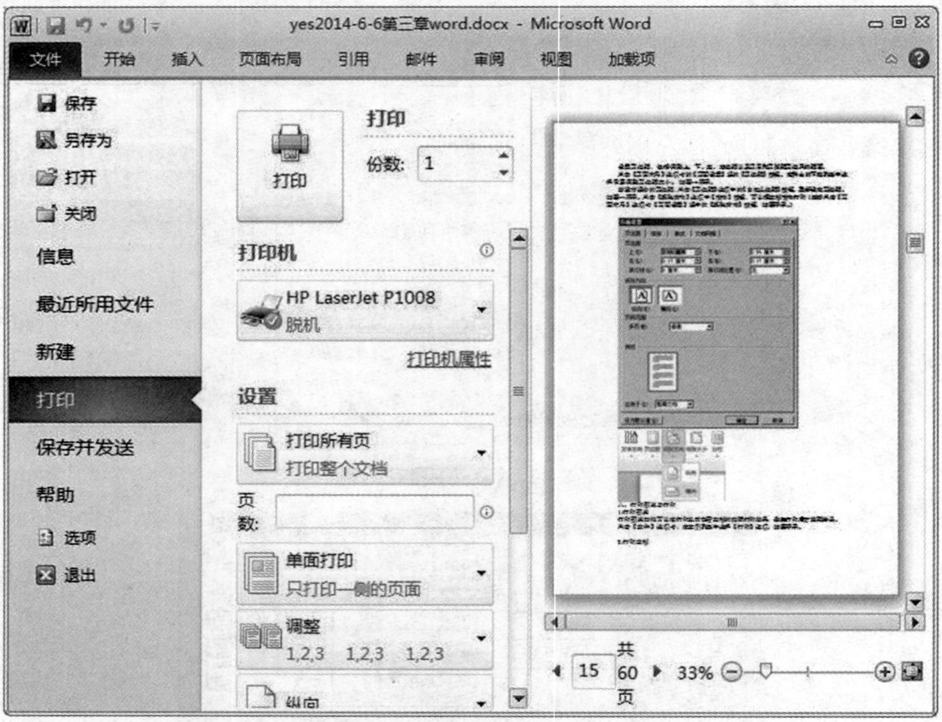

图 2-34 【打印】预览

(二)打印文档

在 Word 中有多种打印的方式,不仅可以按指定的范围打印文档,还可以打印多份、多篇文档以及双面打印等。

如图 2-34 所示,在【设置】选项组中,单击【打印所有页】后面的向下的箭头,选择【打印所选内容】选项,可以打印文档的部分内容;选择【打印当前页面】,可以打印文档某一页的内容;选择【打印自定义范围】,可以打印指定的页码,在【页数】文本框中输入页码或页码范围,用逗号分隔,如输入“1,3,5~12”,即打印文档第 1 页、第 3 页和第 5 至 12 页,如图 2-35 所示。

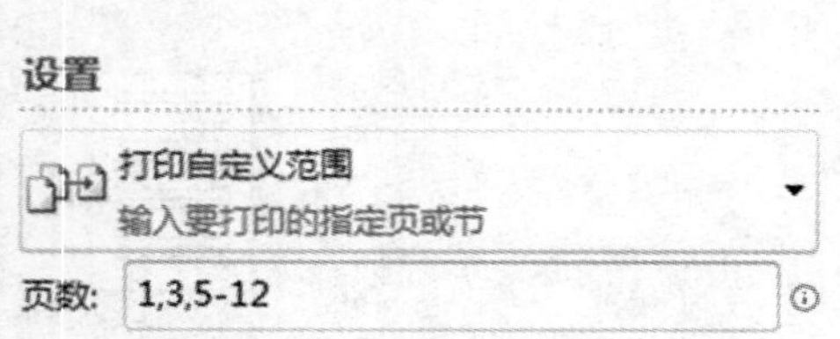

图 2-35 选择打印页码

任务实施

步骤 1. 新建 Word 文档。

(1)单击【开始】→【程序】→【Microsoft Office】→【Microsoft Office Word 2010】命令，启动 Word 2010 应用程序。

(2)启动 Word 2010 应用程序后，系统自动新建一个扩展名为“.docx”的空白文档。

步骤 2. 保存文档。

(1)单击文档左上角快速访问工具栏处【保存】按钮(或按【Ctrl＋S】组合键)，打开“另存为”对话框。

(2)在【另存为】对话框左侧列表选择文档保存位置，例如：“D:\学院文档”。

(3)在【文件名】下拉列表框中输入文档的名称“学院概况”。

(4)在【保存类型】下拉列表框中选择合适的保存类型，默认为“Word 文档(＊.docx)”，如图 2-36 所示。

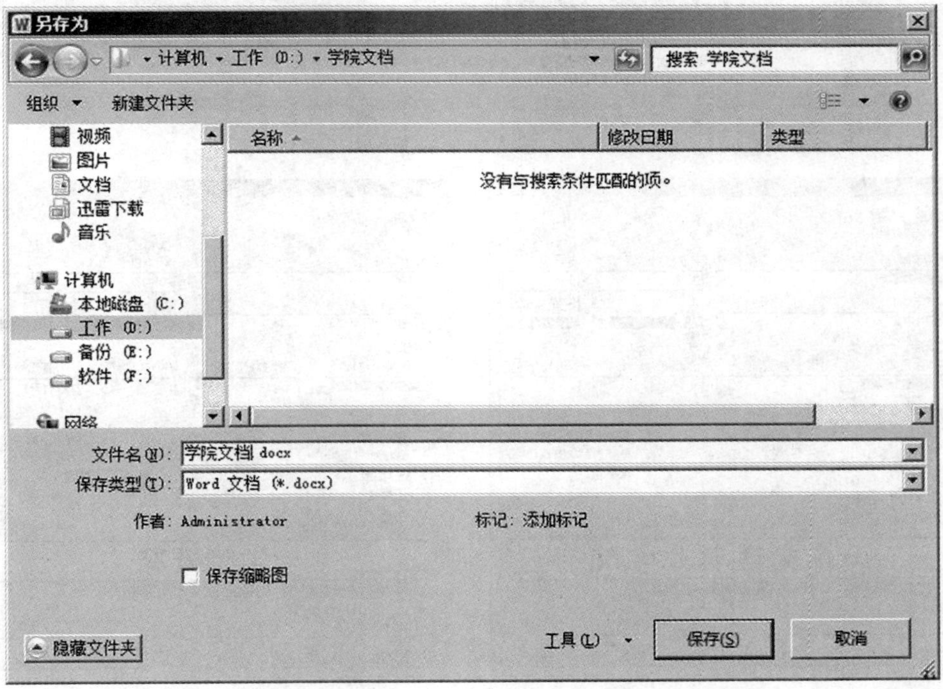

图 2-36 【另存为】对话框

步骤 3. 撰写学院概况文本。

在文档编辑区输入“学院概况”的全部文字内容，如图 2-37 所示。

步骤 4. 设置学院概况的字体和段落格式。

(1)将光标定位在“山东交通职业学院”的后面，按【Enter】键，将第一段分成两段。

(2)选中第一行文本“山东交通职业学院”，单击右键，在弹出的快捷菜单中选择【字体】，弹出【字体】对话框，进行字体格式设置，如图 2-38 所示；选中第二行文本“学院概况”,同样操作,设置字体格式,如图 2-39 所示。

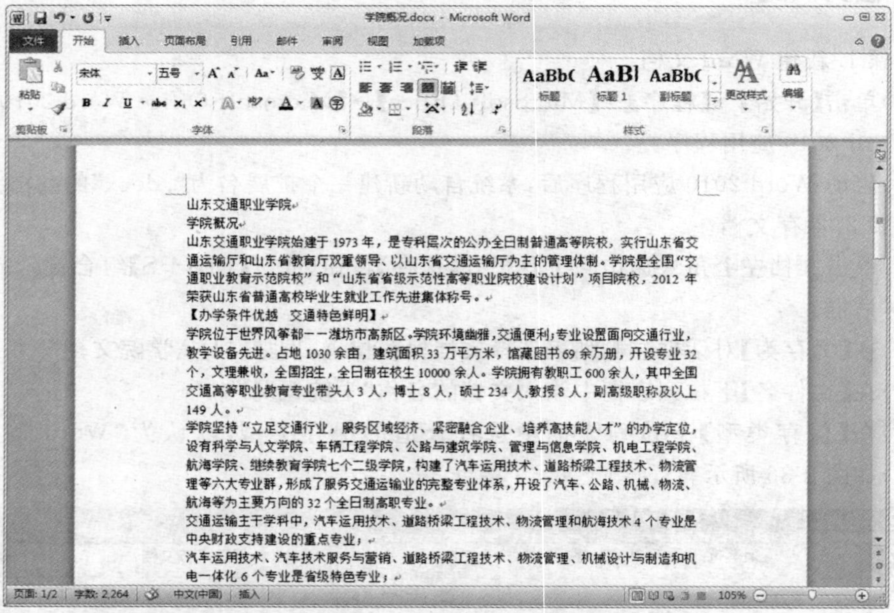

图 2-37　输入文字的 Word 文档

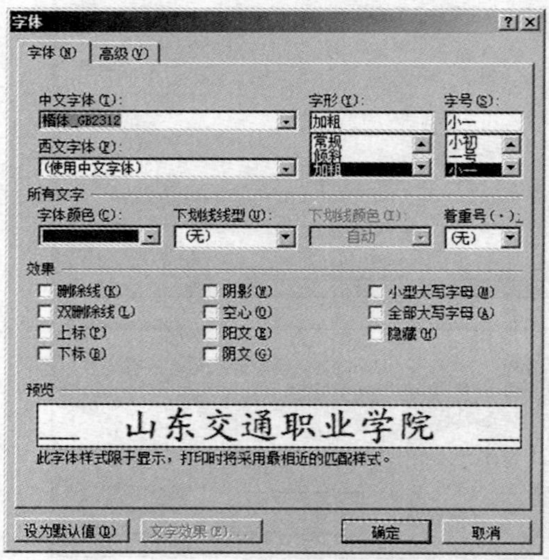

图 2-38　“山东交通职业学院”字体格式

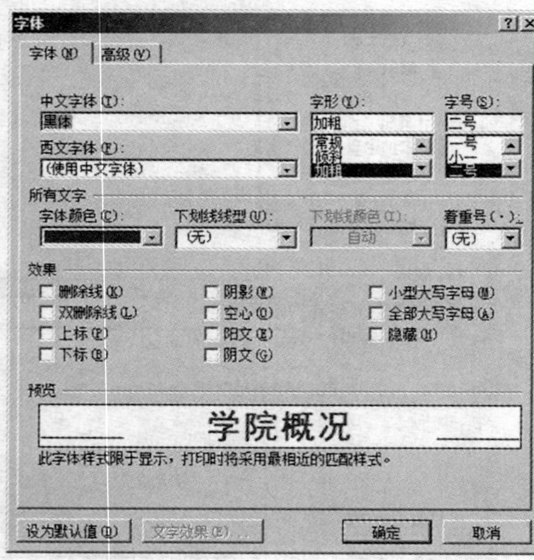

图 2-39　“学院概况”字体格式

(3)选中“山东交通职业学院”和“学院概况”这两行文字,单击【开始】选项卡中【段落】组的【居中】按钮“≡”,效果如图 2-40 所示。

(4)选中除标题外的所有文字,单击右键,在弹出的快捷菜单中选择【段落】命令,弹出【段落】对话框,进行段落格式设置,如图 2-41 所示。

(5)选择“办学条件优越　交通特色鲜明”文字,设置字号为“四号”,字形为“加粗”,字体颜色为“深红”色,居中对齐;单击右键,在弹出的快捷菜单中,选择【段落】命令,打开【段落】对话框，设置【段前】和【段后】的间距均为 1 行，如图 2-42 所示。

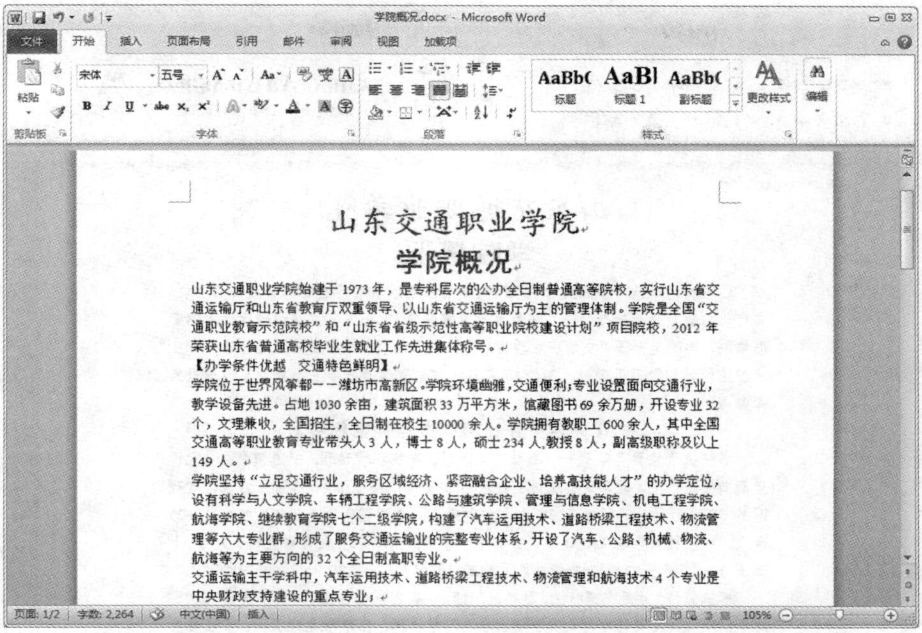

图 2-40　标题字体设置效果

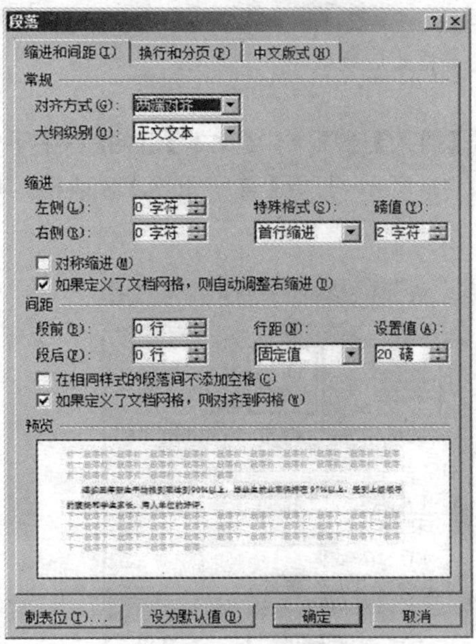

图 2-41　段落格式设置

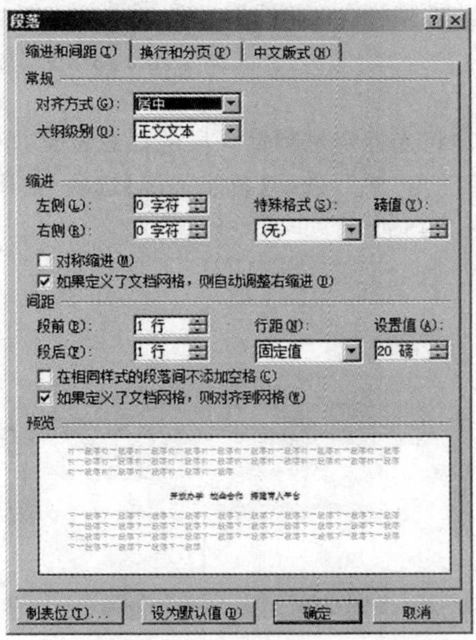

图 2-42　标题段落格式

(6)将光标定位在"办学条件优越"文字的前面，将输入法切换到中文状态，按键盘上的左括号键输入"【"符号，将鼠标指针定位在"交通特色鲜明"文字后面，输入"】"符号，如图 2-43 所示。

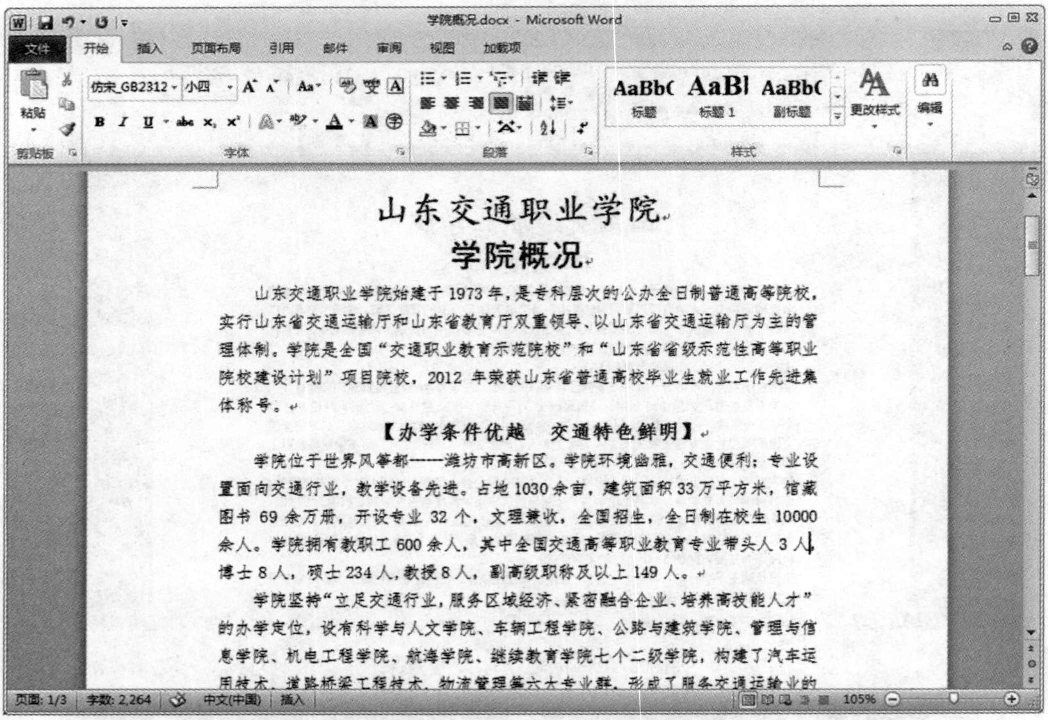

图 2-43　设置段落等格式后效果

(7)将光标定位到第一段的任意位置，单击【插入】选项卡中【文本】组的【首字下沉】按钮下倒三角“▼”，选择【首字下沉】选项，如图 2-44 所示，打开【首字下沉】对话框，具体设置如图 2-45 所示。

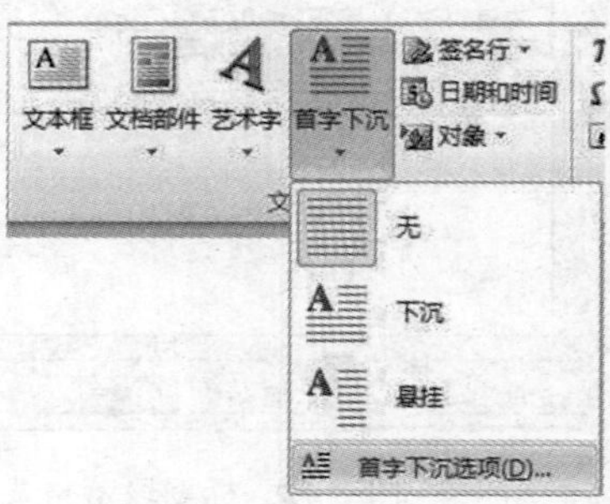

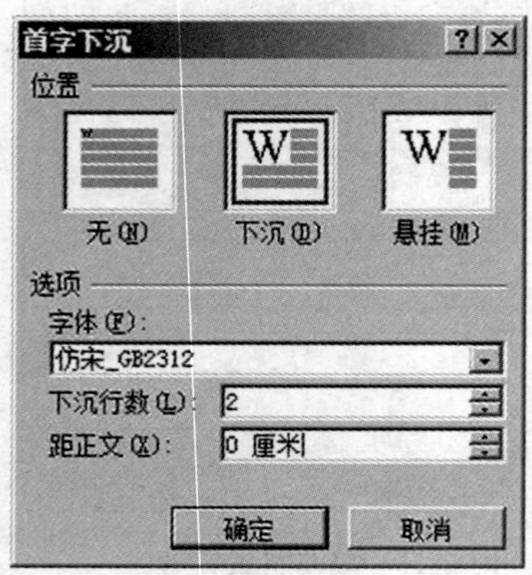

图 2-44　【首字下沉】按钮　　　　图 2-45　【首字下沉】对话框

(8)选中“学院坚持”开始的一段中的“科学与人文学院”到“继续教育学院”文字，打开【字体】对话框，选择【字体】选项卡【着重号】下拉列表框中的“.”，如图 2-46 所示。

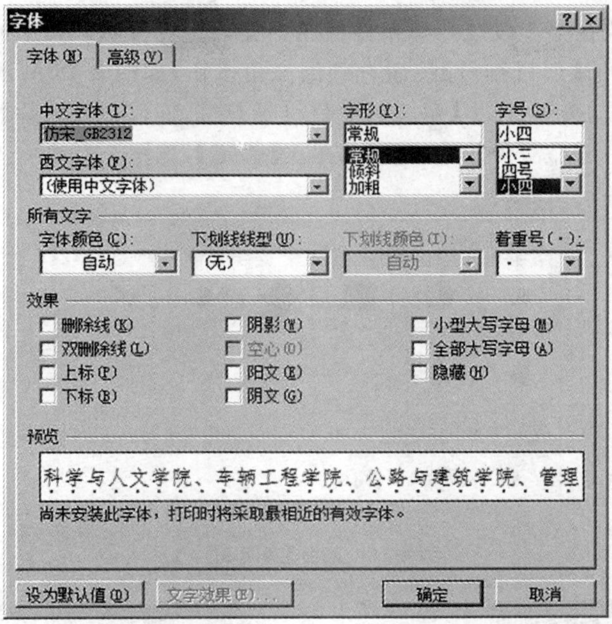

图 2-46 着重号添加

(9)选中“全国11所直招士官试点高校之一，也是山东省唯一一所直招士官试点高校”文字，打开【字体】对话框，在【效果】选项组选择“阳文”字体效果，如图 2-47 所示。

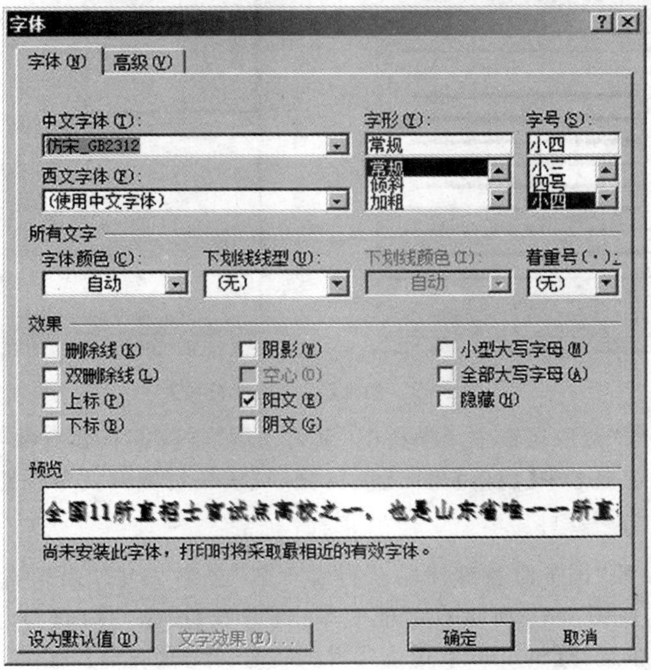

图 2-47 “阳文”字体效果

步骤 5. 添加项目符号和编号。

(1)将光标定位在第 2 段“【办学条件优越　交通特色鲜明】”文字的前面，单击【开始】选项卡中【段落】组的【项目符号】按钮右侧倒三角按钮，如图 2-48 所示，在下拉菜单中单击【定义新项目符号】按钮，弹出【定义新项目符号】对话框，单击【图片】按钮，在弹出【图片项目符号】对话框中选择需要的图片符号，单击【确定】，如图 2-49 所示。

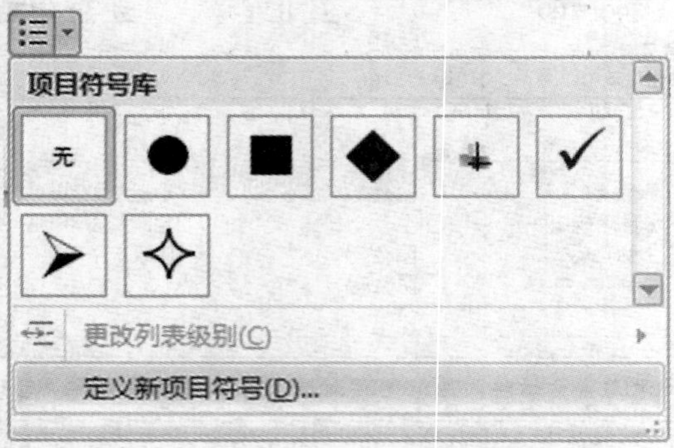

图 2-48　添加【项目符号】

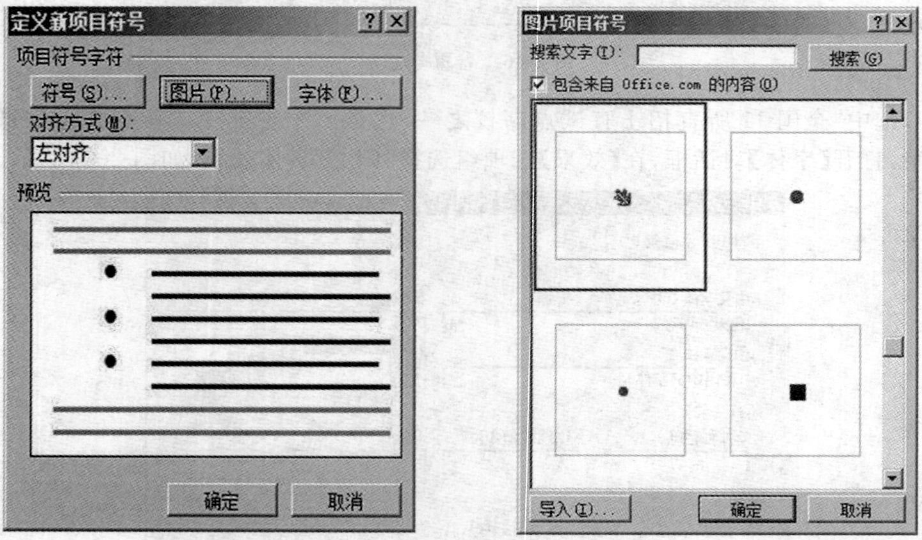

图 2-49　添加【图片项目符号】

(2)选中第 5 段“交通运输主干学科中”至第 8 段“学院拥有教育部等六部委”的所有文字，单击【开始】选项卡中【段落】组的【项目符号】按钮右侧倒三角按钮，在如图 2-48 所示对话框中选择“ ➢ ”符号。

(3)选中第 16 段“国务院特殊津贴获得者 1 名”至第 21 段“山东省‘十大优秀教师’1 名”的所有文字，在图 2-49 所示对话框中单击【符号】按钮，弹出【符号】对话框，在【字体】后下拉列表框中选择【Symbol】，单击需要的符号，单击【确定】，如图 2-50 所示。

(4)选中第 29 段“高职高专人才培养水平评估优秀学院”至第 36 段“山东省普通高校

毕业生就业工作先进集体等荣誉称号”的所有文字，单击【开始】选项卡中【段落】组的【编号】按钮右侧倒三角按钮，选择需要的编号，如图 2-51 所示。

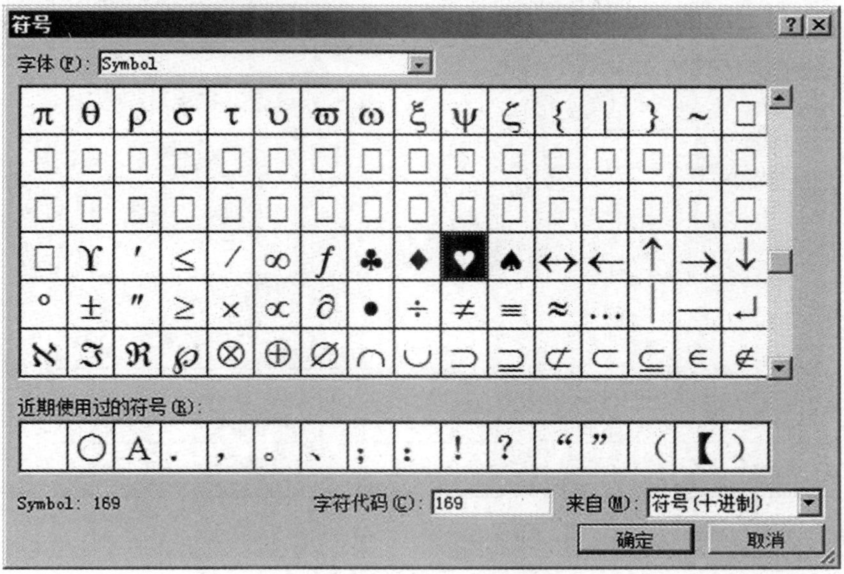

图 2-50　添加【新项目符号】

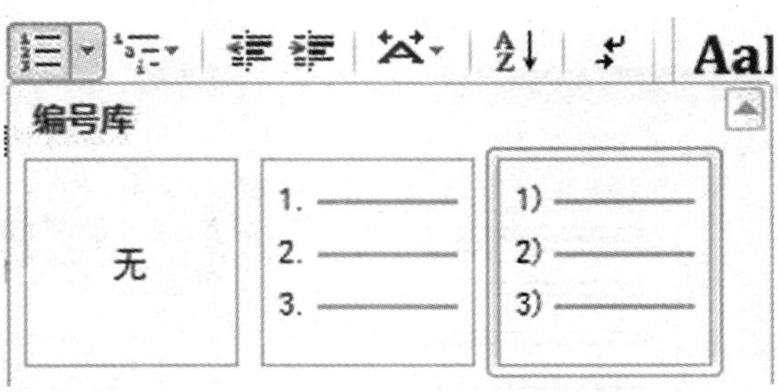

图 2-51　添加段落【编号】

步骤 6. 添加边框和底纹。

(1)单击第 2 段的“办学条件优越　交通特色鲜明”任意位置或选中该段，单击【页面布局】选项卡中【页面背景】组的【页面边框】按钮，弹出【边框与底纹】对话框，单击【底纹】选项卡，在【填充】下拉列表框中选择填充颜色，在【图案】选项下选择样式和颜色，在【应用于】下拉列表框中选择【段落】，如图 2-52 所示。

双击【开始】选项卡中【剪贴板】组的【格式刷】按钮“格式刷”，用格式刷逐一选定“开放办学校企合作搭建育人平台”“工学结合转变育人模式”“主动服务行业支撑行业发展”“立德树人搭建人生舞台”“春华秋实彰显学院品牌”文字。

(2)选中“学院位于世界风筝都”开始的一段内容，单击【页面布局】选项卡中【页面背景】组的【页面边框】按钮“”，打开【边框和底纹】对话框，给段落添加“波浪线”边框，如图 2-53 所示。

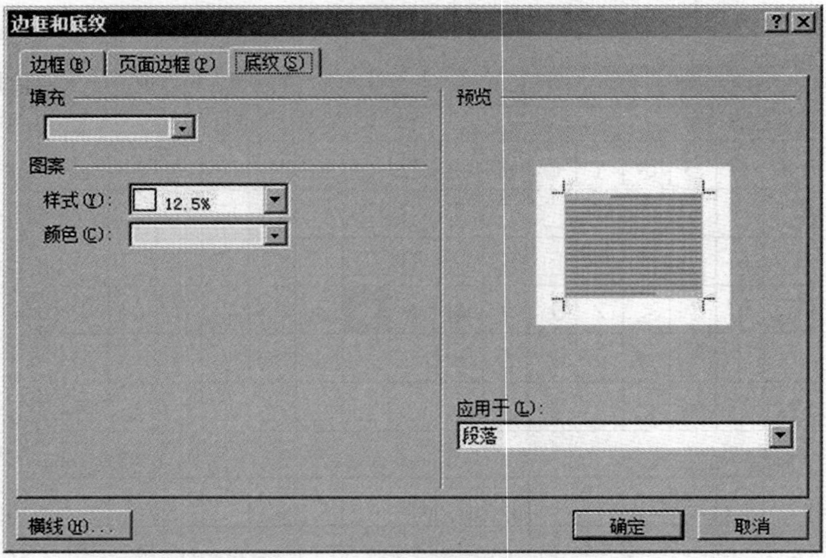

图 2-52　设置段落【底纹】

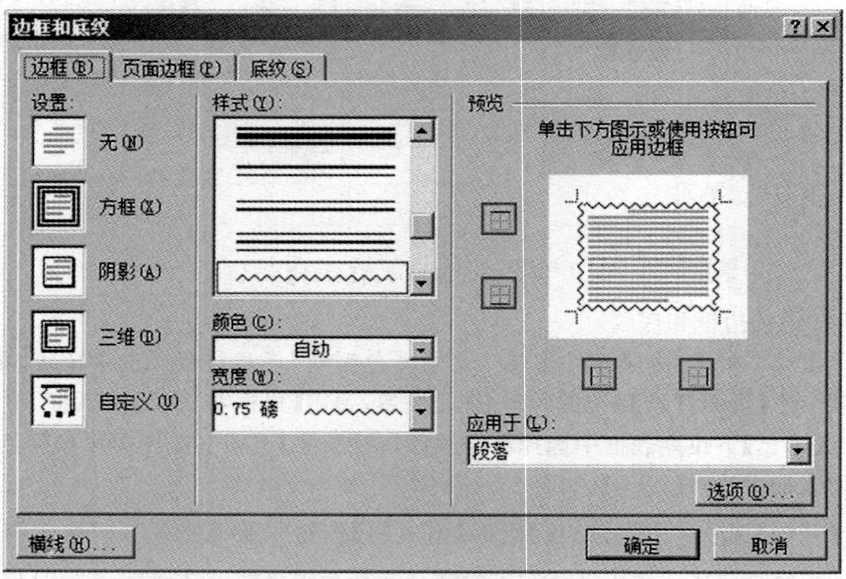

图 2-53　段落添加波浪线边框

(3)选中“学院建有汽车研发中心”开始的段落，打开【边框和底纹】对话框，单击【底纹】选项卡，在【填充】选项下选择合适颜色，如图 2-54 所示。

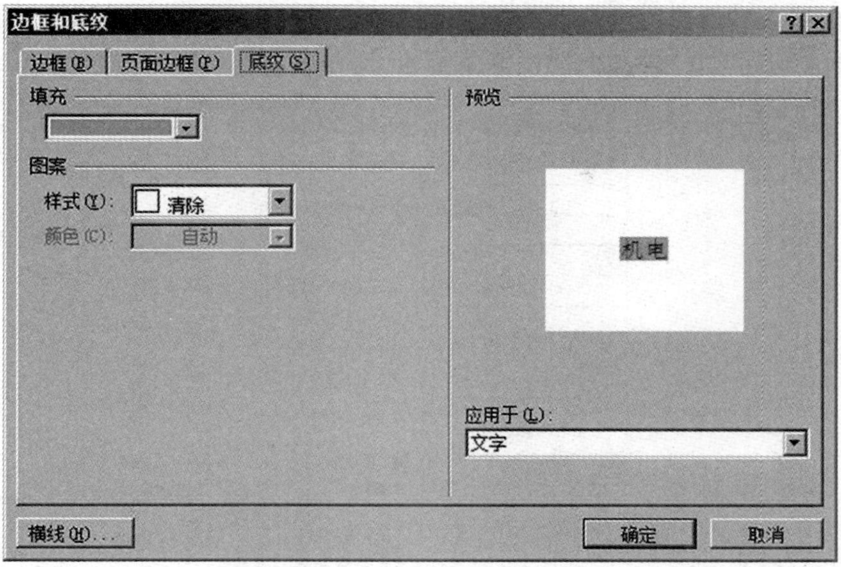

图 2-54 “文字”底纹的设置

步骤 7. 添加下划线。

(1)选中“校内建有宝马实训中心”开始的段落，单击右键，在弹出快捷菜单中选择【字体】，设置下划线，如图 2-55 所示。

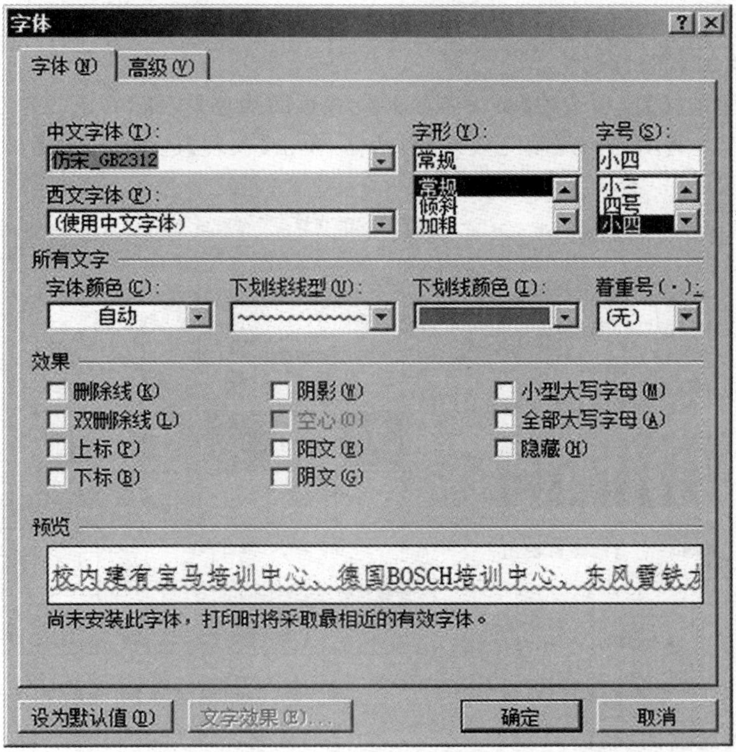

图 2-55 添加红色波浪形下划线

(2)选中“艰苦奋斗、默默奉献、不畏风险、勇于创新”文字，单击【开始】选项卡中【字体】组下划线按钮“U ▾”右侧的倒三角按钮，选择双下划线和下划线颜色，如图 2-56 所示。

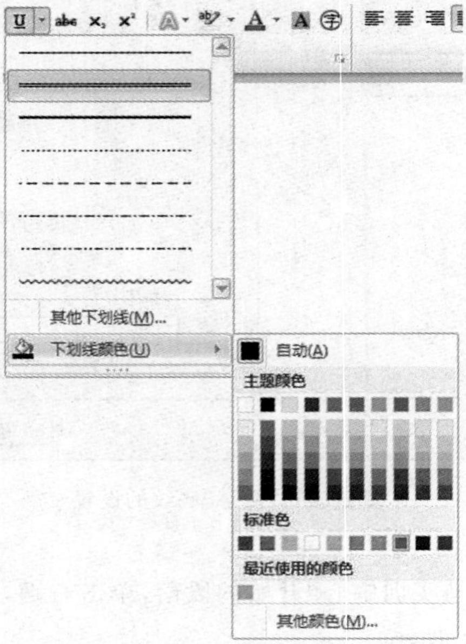

图 2-56　添加黑色双下划线

步骤 8. 添加页面背景。

单击【页面布局】选项卡中【页面背景】组的【页面颜色】按钮，在下拉选项中选择【填充效果】，如图 2-57 所示；打开【填充效果】对话框，单击【纹理】选项卡下的【羊皮纸】纹理，单击【确定】，如图 2-58 所示。

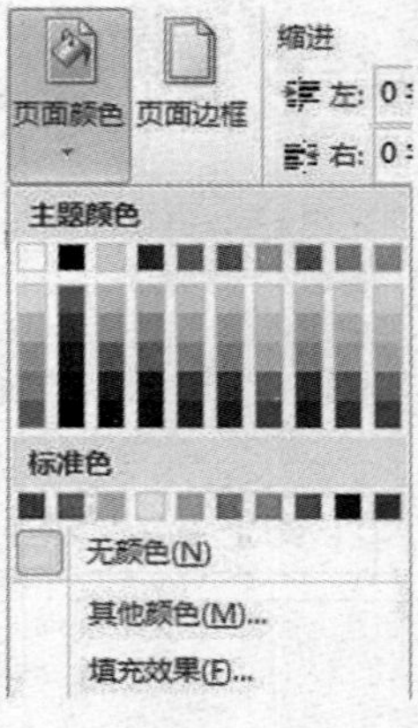

图 2-57　【页面颜色】对话框

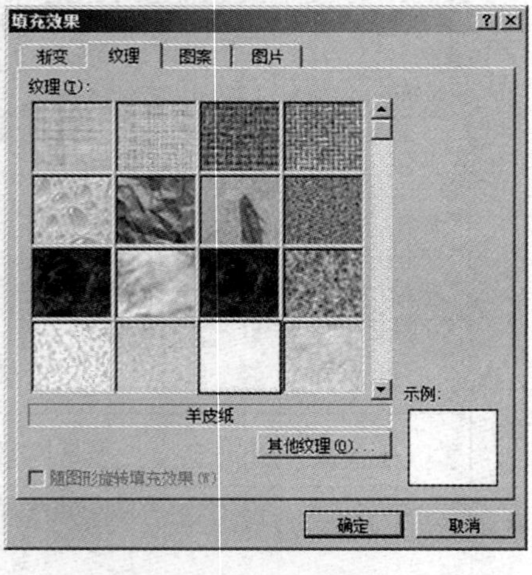

图 2-58　页面【纹理】填充效果

步骤 9. 设置页面设置。

(1)单击【页面布局】选项卡中【页面设置】组的【页边距】按钮，在下拉选项中选择【自定义边距】按钮，弹出【页面设置】对话框，在对话框中设置页边距，如图 2-59 所示。

(2)切换到【纸张】选项卡，设置纸张大小为 A4，如图 2-60 所示。

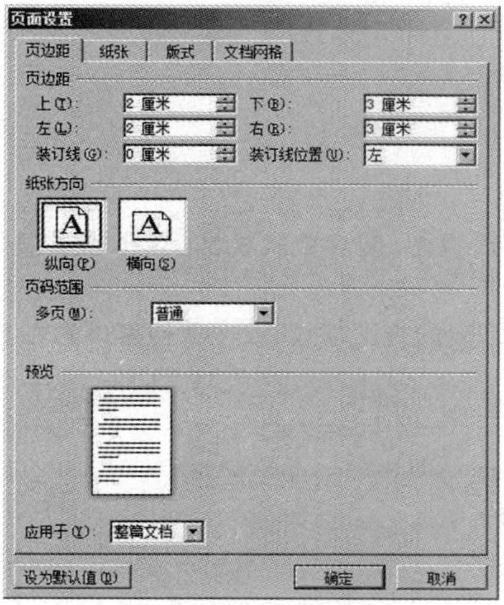

图 2-59 【页边距】设置

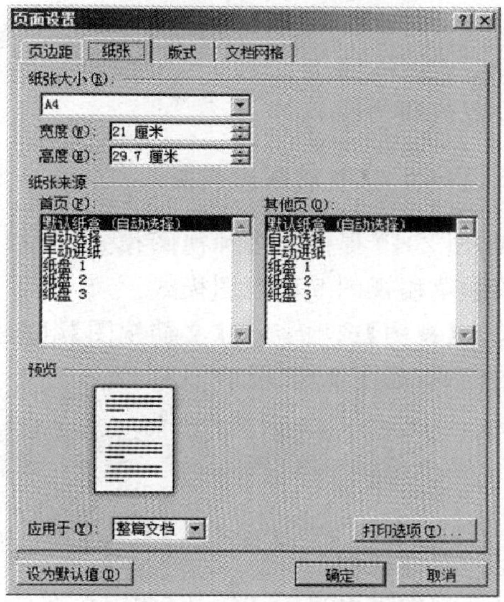

图 2-60 【纸张大小】设置

步骤 10. 打印学院概况。

单击【文件】选项卡，在左侧列表中选择【打印】选项(或按【Ctrl+F2】组合键)，预览文档的排版效果，如图 2-61 所示。

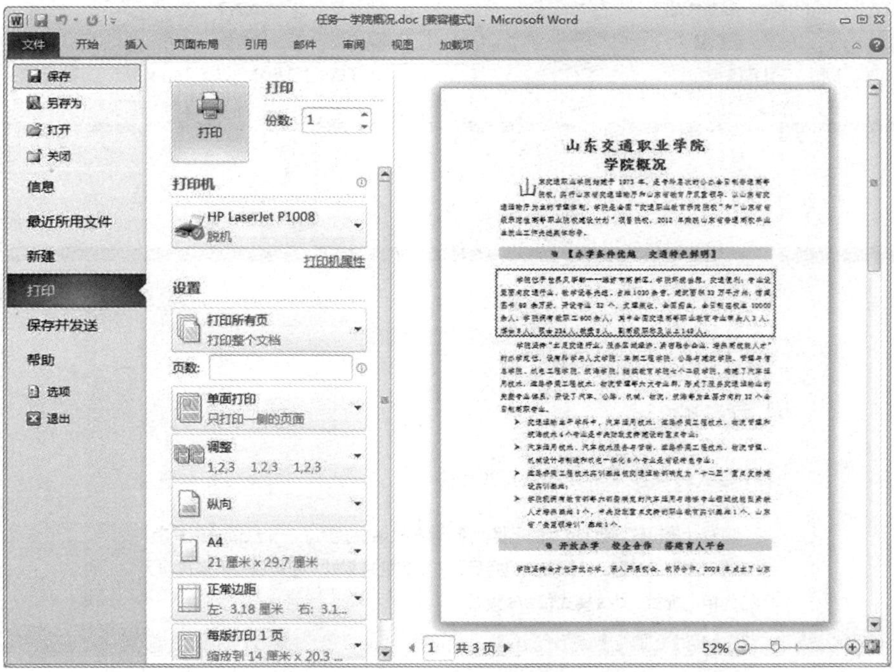

图 2-61 【打印】设置

任务拓展

◇Word 2010 的视图类型
◇格式刷的应用
◇查找和替换文本

一、Word 2010 的视图类型

Word 2010 提供了多种视图模式，包括页面视图、阅读版式视图、Web 版式视图、大纲视图和草稿视图 5 种视图模式。

单击【视图】选项卡，在【文档视图】组选择需要的视图模式，或在文档窗口的右下角选择视图模式，如图 2-62 所示。

图 2-62 视图模式

(一)页面视图

页面视图可以显示 Word 2010 文档的打印结果外观，主要包括页眉、页脚、图形对象、分栏设置、页面边距等元素，是最接近打印结果的页面视图，如图 2-63 所示。

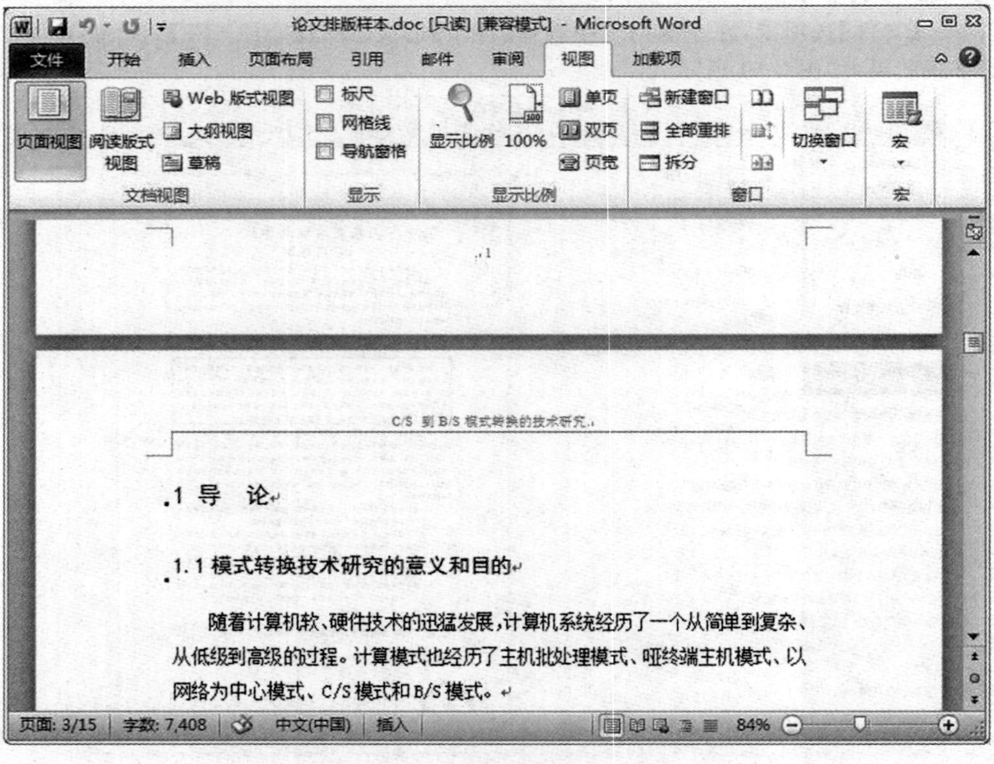

图 2-63 页面视图下的文档

（二）阅读版式视图

阅读版式视图以图书的分栏样式显示 Word 2010 文档，【文件】按钮、功能区等窗口元素被隐藏起来。在阅读版式视图中，还可以单击【工具】按钮选择各种阅读工具，如图 2-64 所示。

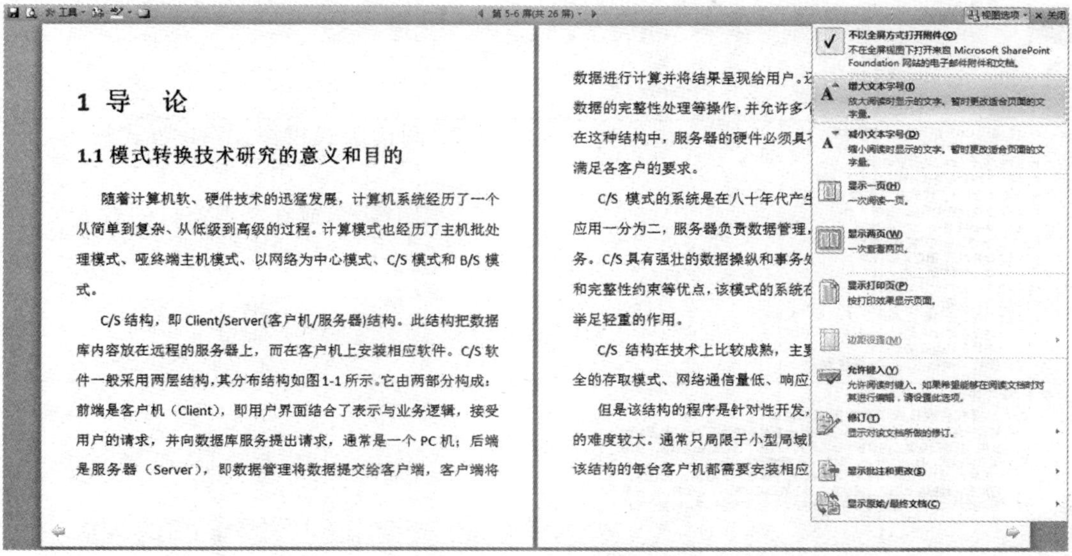

图 2-64 阅读版式视图下的文档

（三）Web 版式视图

Web 版式视图以网页的形式显示 Word 2010 文档，适用于发送电子邮件和创建网页，如图 2-65 所示。

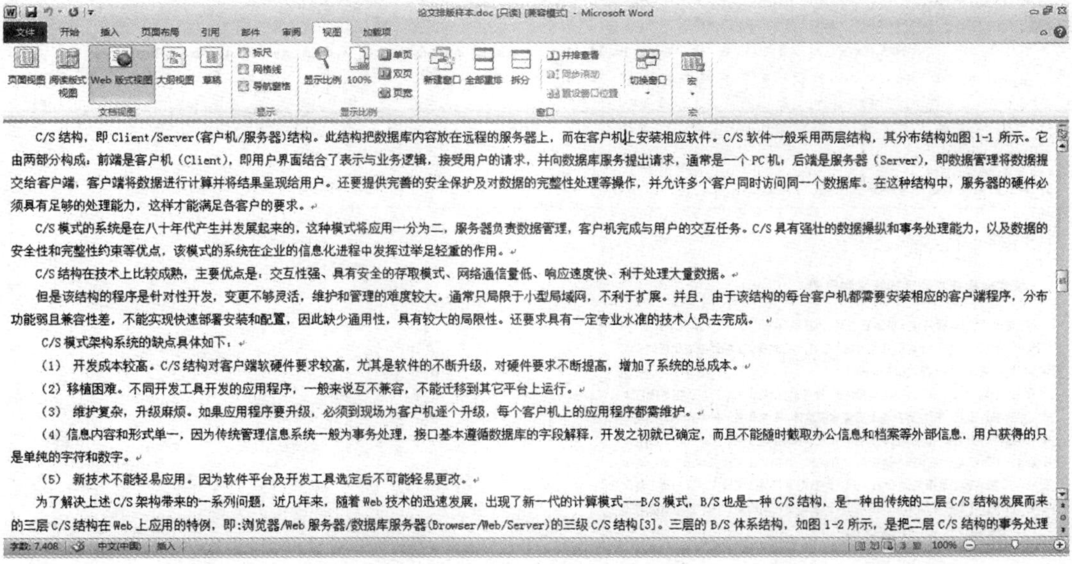

图 2-65 Web 版式视图下的文档

（四）大纲视图

大纲视图主要用于 Word 2010 文档的设置和显示标题的层级结构，并可以方便地折叠和展开各种层级的文档。大纲视图广泛用于 Word 2010 长文档的快速浏览和设置，如图 2-66 所示。

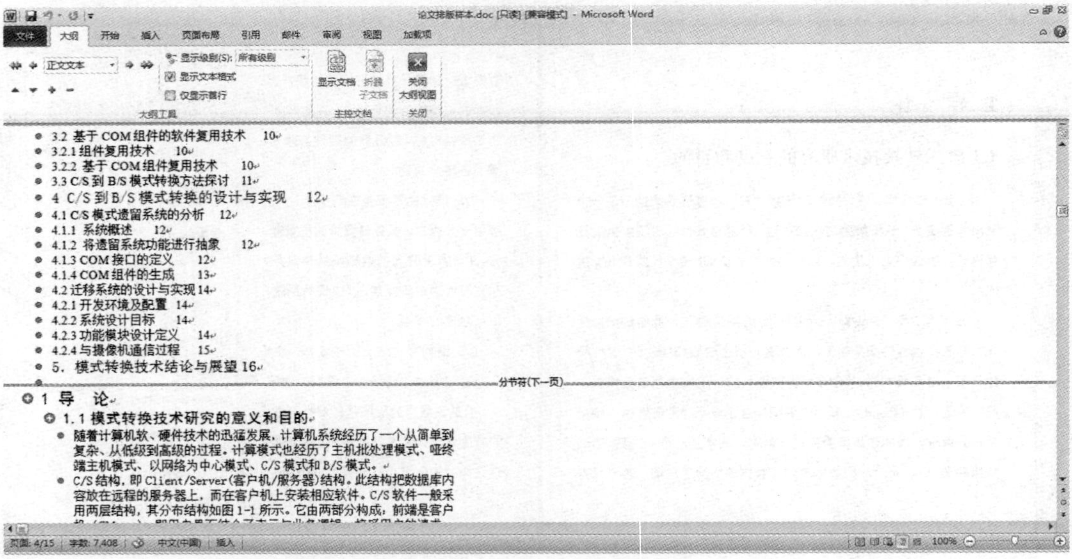

图 2-66　大纲视图下的文档

（五）草稿视图

草稿视图取消了页面边距、分栏、页眉、页脚和图片等元素，仅显示标题和正文，如图 2-67 所示。

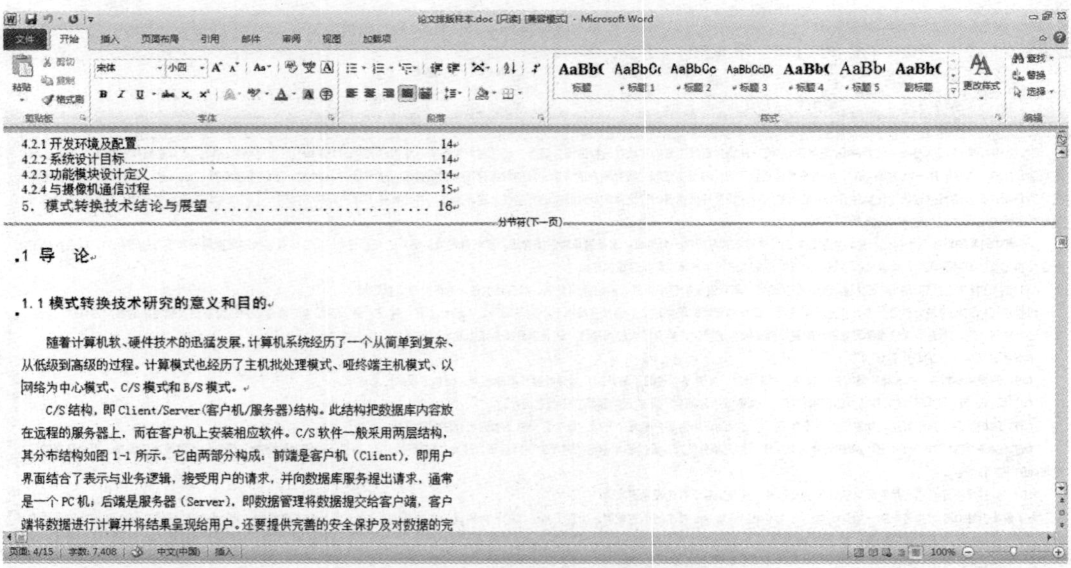

图 2-67　大纲视图下的文档

二、格式刷的应用

格式刷是实现快速格式化的重要工具,格式刷可以把字符和段落的格式复制到其他文本上。

第 1 步:将光标放置在需要被复制格式的标准文本任意位置。

第 2 步:单击【开始】选项卡中【剪贴板】组的【格式刷】按钮“格式刷”,鼠标指针变成一个带“I”字的小刷子。

第 3 步:按住左键刷过需要格式化的文本,被刷过的文本则复制了标准文本的格式。

提示:双击【格式刷】按钮,可以在多处反复使用,若要停止使用格式刷,可单击【格式刷】按钮或按【Esc】键取消。

三、查找和替换文本

(一)查　找

查找功能可以定位到目标位置,以便快速找到想要的信息。

单击【开始】选项卡右侧【编辑】组【查找】按钮“查找”,在弹出的下拉菜单中选择【查找】命令,在文档左侧弹出【导航】任务窗格,如图 2-68 所示。在文本框中输入要查找的内容,此时在文本框的下方提示“匹配项”信息,并且在文档中查找的内容会以黄色背景显示。

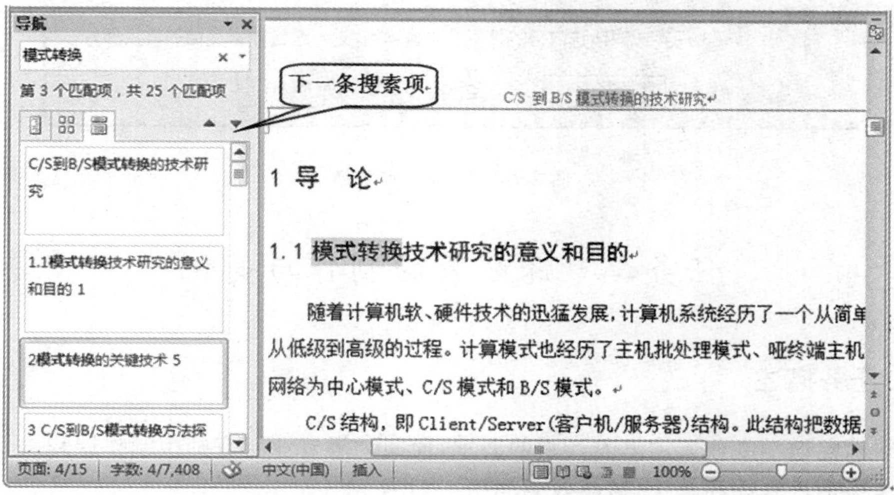

图 2-68 【查找】导航

(二)替　换

替换功能可以方便快捷地查找到文本更改或批量修改相同的内容。

第 1 步:单击【开始】选项卡中【编辑】组的【替换】按钮“替换”,弹出【查找和替换】对话框,在【替换】选项卡的【查找内容】文本框中输入要被替换的内容,在【替换为】文本框中输入替换后的新内容,如图 2-69 所示。

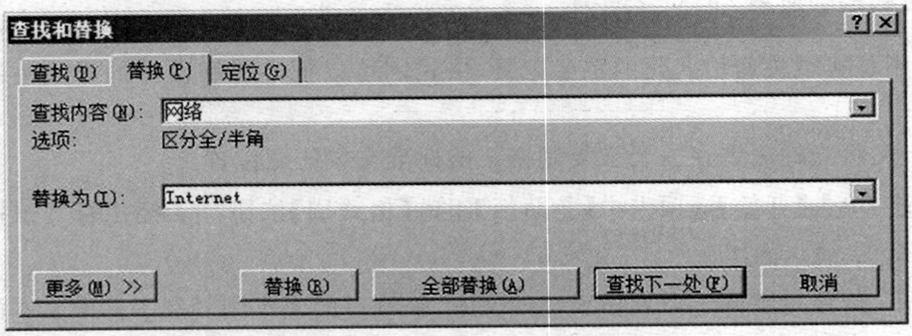

图 2-69　【查找和替换】对话框

第 2 步：单击【查找下一处】按钮，定位到从当前光标所在的位置起，第一满足查找条件的文本位置，并以淡蓝色背景显示，单击【替换】按钮就可以把查找的内容替换为新内容。

(1)若将整篇文档中需要替换内容一次性替换，可单击【全部替换】按钮。

(2)若将某段或某一部分文本进行内容替换，可单击【全部替换】按钮，会弹出对话框提示是否搜索文档其余部分，单击【否】按钮即可，如图 2-70 所示。

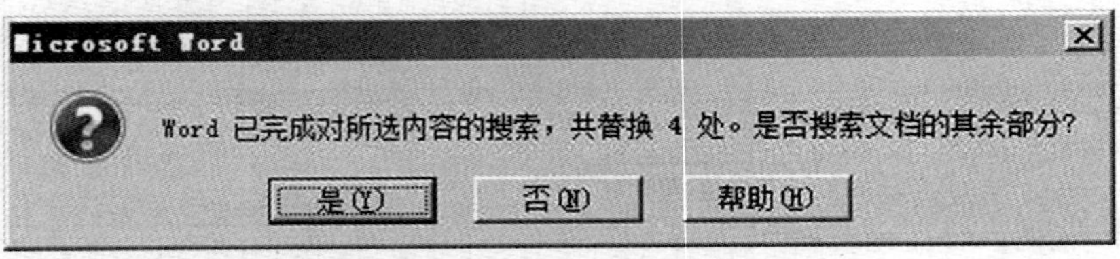

图 2-70　部分文本替换

任务二　课程表的制作与美化

任务描述

按照学院动漫专业人才培养计划的要求，面向动漫专业所有师生制作课程表，并对所制作的表格进行修饰和美化，最终效果如图 2-71 所示。

任务目标

(1)掌握创建表格的基本方法。

(2)掌握表格行、列、单元格的基本编辑方法。

(3)掌握边框和底纹以及表格属性中所进行的表格格式化的设置方法。

(4)能够使用表格知识制作各种表格。

2016-2017-1 学期 动漫专业课程表

节次 \ 星期		星期一	星期二	星期三	星期四	星期五	星期六
上午	第一节	影视后期制作（动漫机房）	二维动画制作（flash）（动漫机房）		三维动画制作（maya）（动漫机房）	动画运动规律与时间掌握（动漫实验室）	不定期的企业参观与学习
	第二节						
	第三节			摄影与摄像（动漫实验室）			
	第四节						
下午	第五节		动画视听语言（多媒体教室）			动画视听语言（多媒体教室）	
	第六节						
	第七节			专业教育			
	第八节						

图 2-71　课程表制作完成的效果

任务知识

◇创建表格
◇编辑表格结构
◇设置表格格式

一、创建表格

(一)手动创建表格

在实际工作中有时需要创建一些复杂的不固定格式的表格，这就需要使用 Word 2010 提供的绘制表格功能来创建。

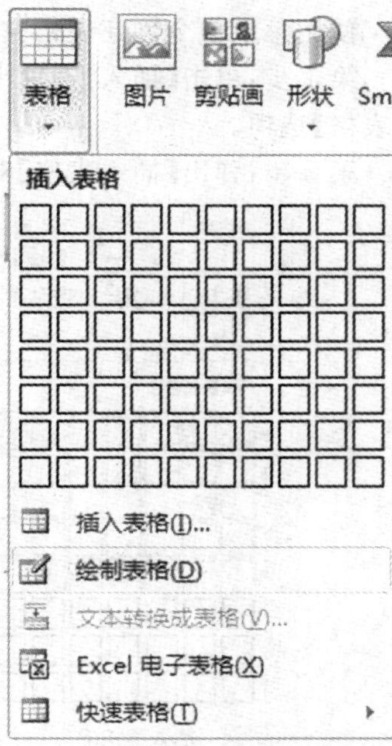

图 2-72　【绘制表格】选项

第 1 步：单击【插入】选项卡中【表格】组的【表格】按钮，在弹出菜单中选择【绘制表格】选项，如图 2-72 所示。

第 2 步：按住左键不松拖曳到适当的位置，释放左键后即可绘制出一个矩形，即制作出了表格的外围边框。

第 3 步：移动笔形鼠标指针到需要绘制表格的行的位置，按住左键不放，横向拖曳鼠标即可绘制出表格的行。

第 4 步：同理，竖向拖曳笔形鼠标即可绘制出表格的列。

第 5 步：如果在绘制过程中绘制了不需要的框线，则在【表格工具】组单击【设计】选项卡中的【擦除】按钮，单击多余的线条即可擦除，如图 2-73 所示。

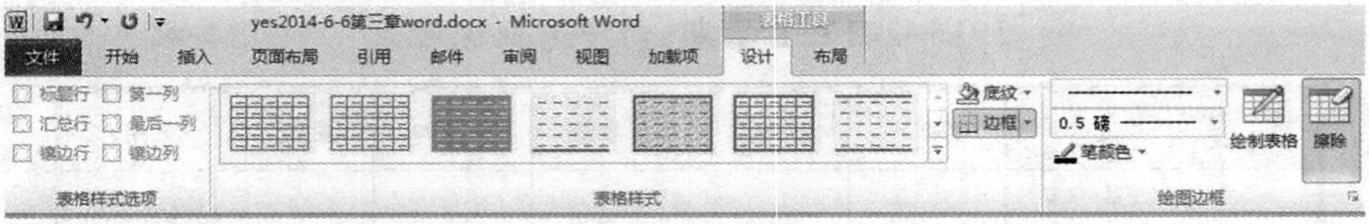

图 2-73 【设计】选项卡

(二)自动创建表格

在 Word 2010 中,可以使用内置行、列功能创建表格,也可以使用命令创建表格,还可以使用已有的表格模板快速创建表格。

1. 使用内置行、列功能创建表格

单击【插入】选项卡中【表格】组的【表格】按钮,在弹出的选项中选择【插入表格】选项下方的网格显示框,如图 2-74 所示。

将鼠标指针指向网格,向右下方移动鼠标就会选中单元格并以高亮显示,在网格顶部的提示栏中会显示被选中的表格行数和列数,单击网格即可创建一个表格。

提示:使用内置行、列功能创建表格时,最多只能创建 8 行 10 列的表格。

2. 使用命令创建表格

使用菜单命令创建表格方法如下:

第 1 步:单击【插入】选项卡中【表格】组的【表格】按钮,在弹出的下拉选项中选择【插入表格】选项。

第 2 步:弹出【插入表格】对话框,可以修改行数、列数等选项,如图 2-75 所示。

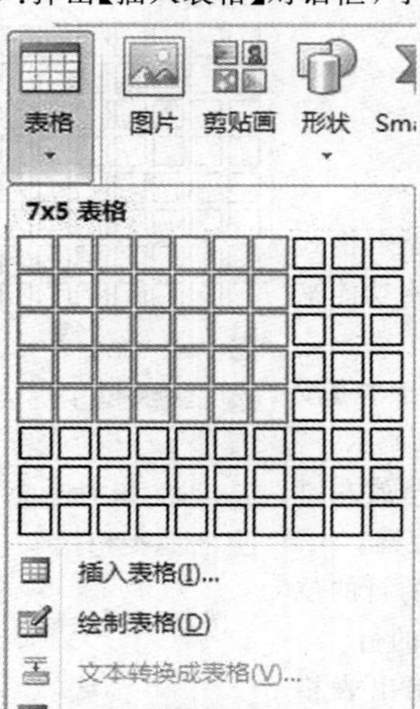

图 2-74 【表格】按钮快速创建表格

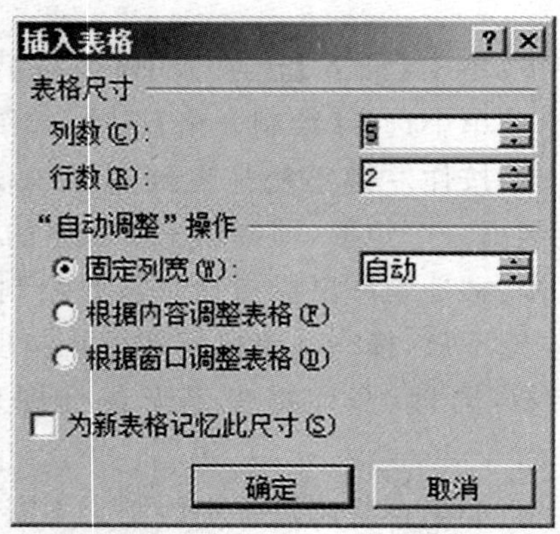

图 2-75 【插入表格】对话框

3. 使用已有的表格模板快速创建表格

可以使用表格模板快速创建表格，使用表格模板快速创建表格方法如下：单击【插入】选项卡中【表格】组的【表格】按钮，在弹出的下拉选项中选择【快速表格】选项，此时弹出【内置】选项，在该选项中列出了比较常用的模板表格，单击合适的模板即可，如图 2-76 所示。

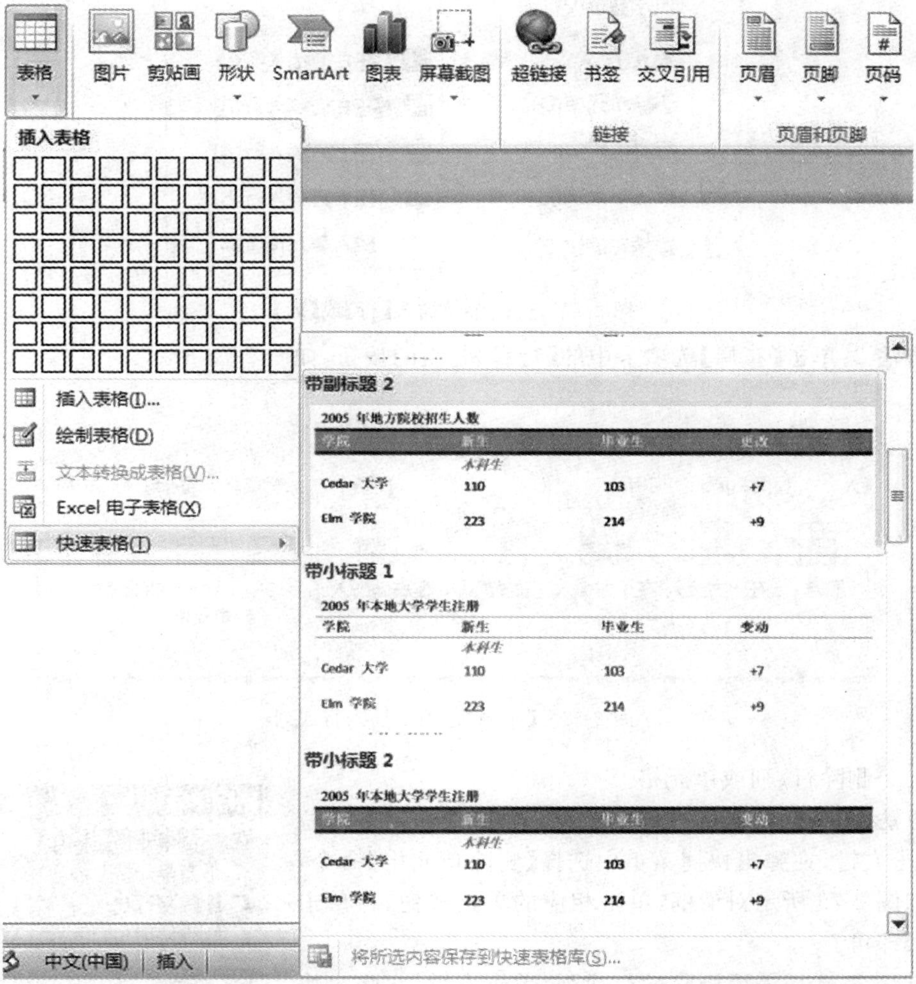

图 2-76 【内置】模板快速创建表格

二、编辑表格结构

(一)插入行或列

方法 1：将光标定位在需要插入行或列的任意单元格内(或选中该行或列)，单击右键，在弹出快捷菜单中选择【插入】按钮下的菜单命令即可，如图 2-77 所示。

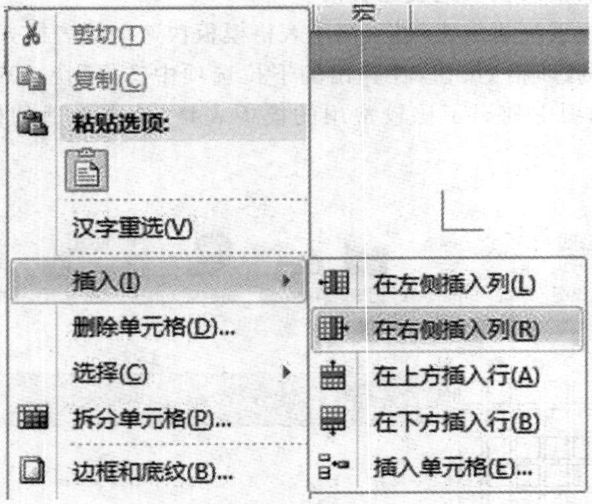

图 2-77　快捷菜单插入【行】或【列】

方法 2:单击【布局】选项卡中的【行和列】组的按钮,如图 2-78 所示。

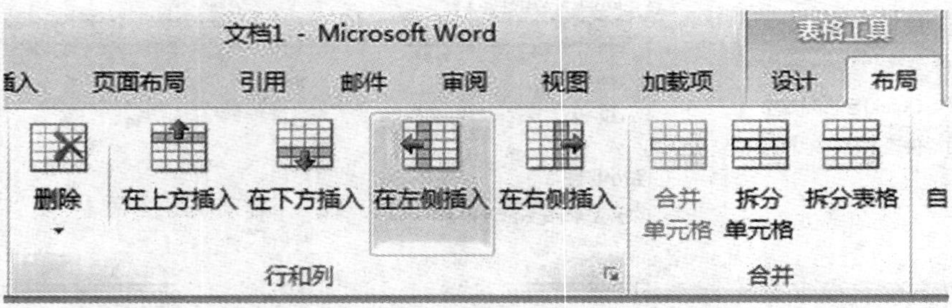

图 2-78　【布局】选项卡插入行或列

(二)删除行、列或单元格

方法 1:将光标定位在需要删除行、列或单元格的位置,单击右键,在弹出快捷菜单中选择【删除单元格】命令,弹出如图 2-79 所示对话框,单击相应的单选按钮,再单击【确定】即可。

方法 2:选择需要删除的行或列,单击右键,在弹出快捷菜单中单击【删除行】或【删除列】命令即可。

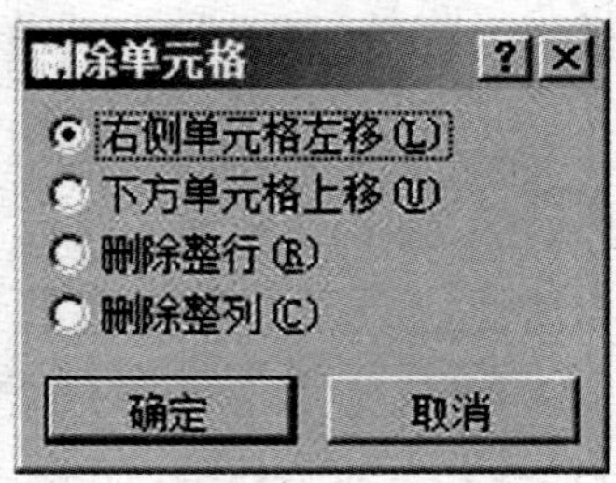

图 3-79　【删除单元格】对话框

(三)合并与拆分单元格

1. 合并单元格

方法 1:选中要合并的单元格,单击【布局】选项卡中【合并】组的【合并单元格】按钮,如图 2-80 所示。

方法 2:选中要合并的单元格,单击右键,在弹出的快捷菜单中选择【合并单元格】命令,如图 2-81 所示。

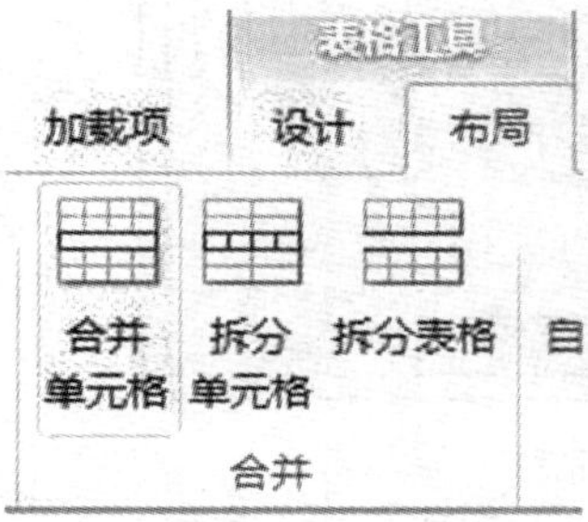

图 2-80 【布局】选项卡中合并单元格

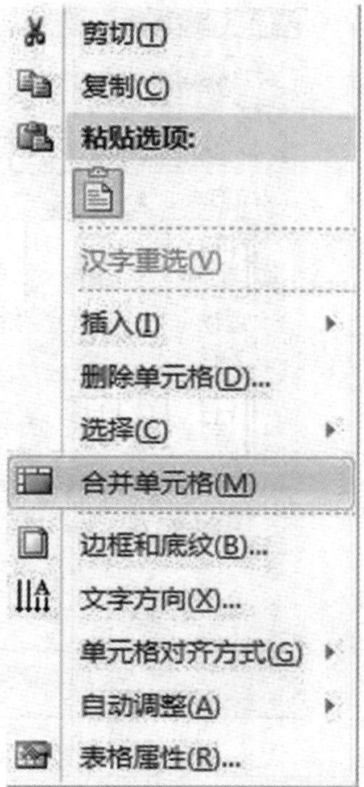

图 2-81 快捷菜单合并单元格

2. 拆分单元格

选中要拆分的单元格或将光标移动到要拆分的单元格中。

方法 1:单击【布局】选项卡中【合并】组的【拆分单元格】按钮,弹出【拆分单元格】对话框,如图 2-82 所示,设置要拆分的列数和行数即可。

方法 2:选中单元格,单击右键,在弹出的快捷菜单中选择【拆分单元格】命令。

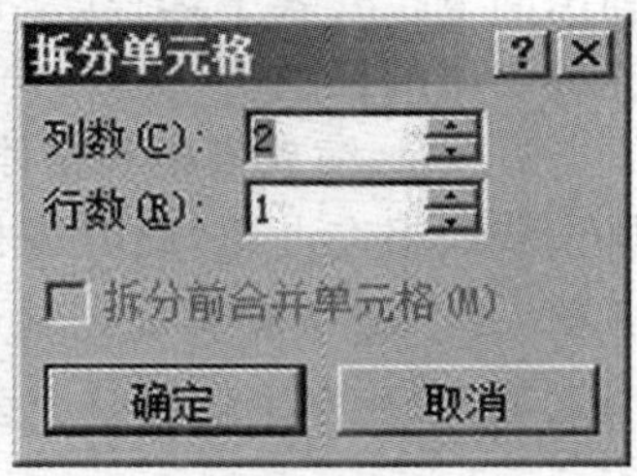

图 2-82 【拆分单元格】对话框

(四)拆分表格

拆分表格就是将一个表格拆分为两个表格。将光标定位在表格要拆分的任意位置,单击【布局】选项卡中【合并】组的【拆分表格】按钮。

(五)调节表格

方法 1:利用鼠标指针调节表格的列宽,将鼠标指针移动到要调节的表格的列线上,鼠标指针会变为“+‖+”形状,按住左键移动鼠标到合适的位置,然后释放左键。同样方法,可以调整行高。

方法 2:将光标移动到表格中,单击【布局】选项卡中【表】组的【属性】按钮,弹出【表格属性】对话框,如图 2-83 所示。

若选择【表格】选项卡,【指定宽度】复选框可以设置表格的宽度;若选择【行】选项卡,【指定高度】复选框可以设置行的高度;若选择【列】选项卡,【指定宽度】复选框可以设置列的宽度。

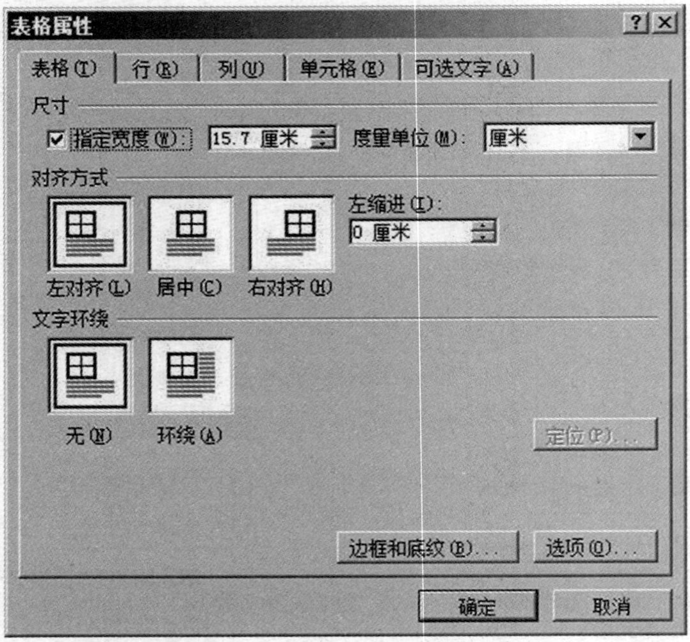

图 2-83 【表格属性】对话框

方法 3:使用自动调整功能调整表格,将光标移到表格中,单击【布局】选项卡中【单元格大小】组的【自动调整】按钮,在弹出的下拉列表中选择【根据内容自动调整表格】选项,即可完成表格的调整。

方法 4:缩放表格和整体移动表格。将鼠标指针移动到表格中或表格左上角,此时表格的左上角将会出现一个十字小方框“”,即表格移动控制点,将鼠标指针移动到表格移动控制点上,按住左键选中整个表格,然后拖曳鼠标即可移动整个表格。

移动鼠标指针到表格的右下角,此时鼠标指针会变形状,按住左键向右下方或左上方拖动,整个表格的单元格都会随之均匀地放大或缩小。

(六)绘制斜线表头

斜线表头是指在表格的第一个单元格中以斜线分多个项目标题,分别对应表格的行和列。

方法:将光标定位在表头的位置,即表格的第 1 行第 1 列。单击【设计】选项卡中【表格样式】组的【边框】按钮,在弹出的下拉选项中选择【斜下框线】选项,插入斜线,在相应位置输入文字,配合【Enter】键、【Backspace】键和空格键等调整位置即可,如图 2-84 所示。

图 2-84 绘制斜线表头

三、设置表格格式

表格的格式包括很多方面，如表格的边框样式、底纹的样式和表格的结构等。

（一）表格自动套用格式

将光标置于表格中的任意位置（也可以在创建表格时直接应用自动套用格式）或选中表格，单击【设计】选项卡中【表格样式】组的某种表格样式图标，此时文档中的表格即会以预览的形式显示所选表格的样式。单击即可为表格应用选中的表格格式，如图 2-85 所示。

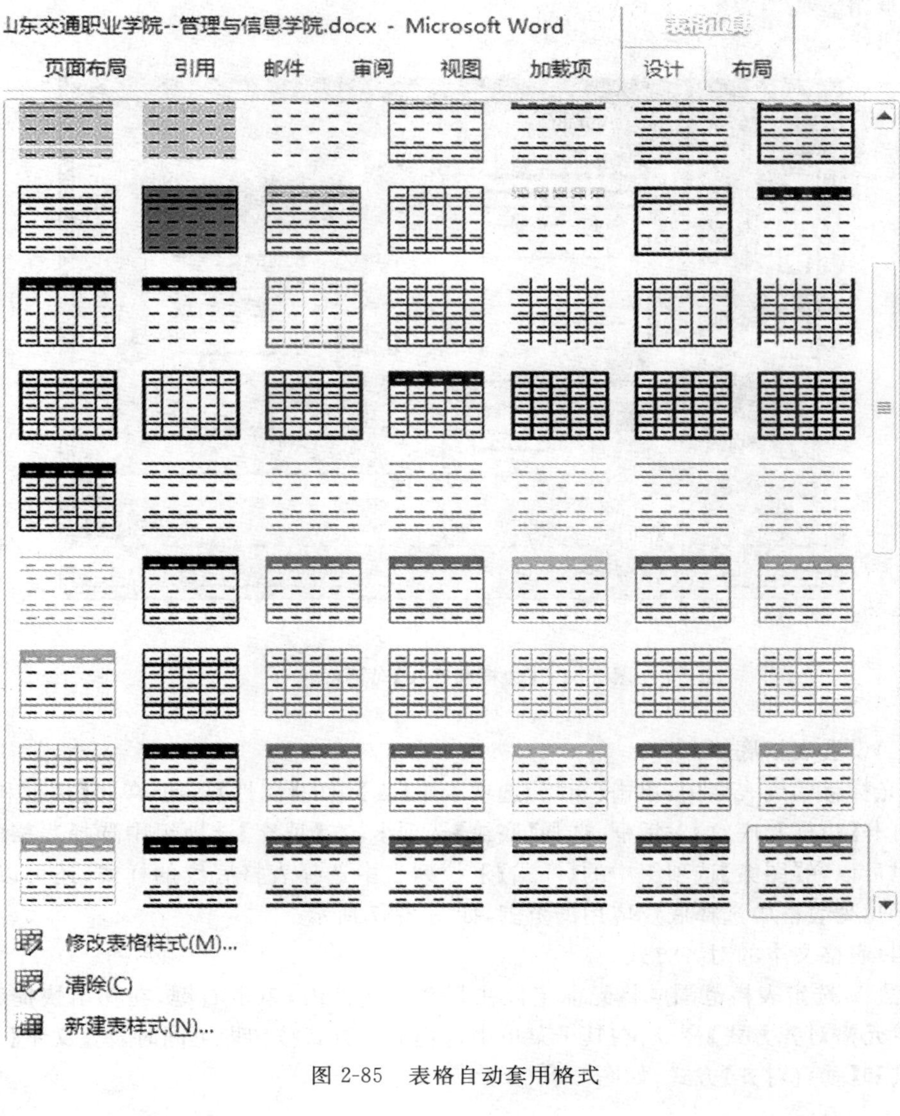

图 2-85　表格自动套用格式

（二）设置表格边框

方法1：将光标移动到表格中，单击【布局】选项卡中【表】组的【属性】按钮，弹出【表格属性】对话框，单击【边框和底纹】按钮。

方法2：将光标移动到表格中，单击右键，在弹出的快捷菜单中选择【边框和底纹】命令。

以上两种方法均弹出【边框和底纹】对话框，如图2-86所示。

选择【边框】选项卡，在【设置】选项组中选择适合的样式，在【样式】列表框中选择线型，在【颜色】下拉列表中选择颜色，在【宽度】下拉列表框中选择宽度。

提示：*若修改线条，选择合适样式、颜色和宽度的线条后，在【预览】处单击即可替换，再单击取消。*

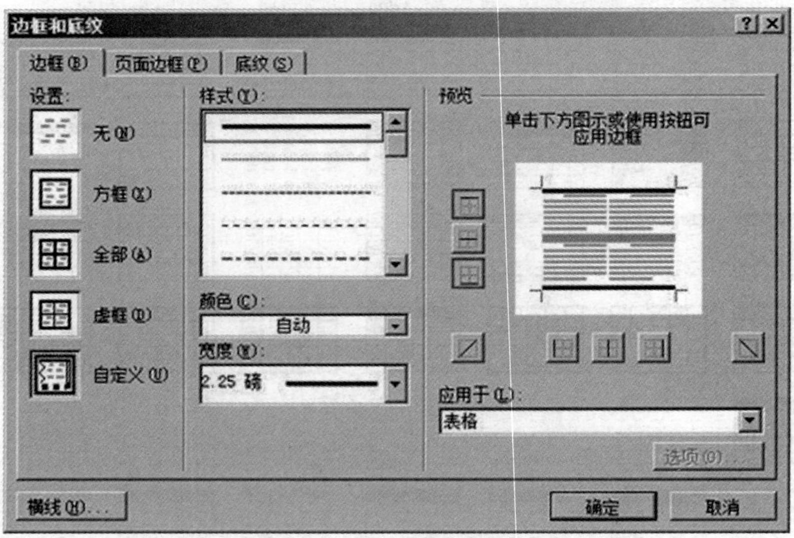

图2-86 【边框和底纹】对话框（一）

（三）设置表格底纹

将光标移动到表格中，单击【布局】选项卡中【表】组的【属性】按钮，单击【边框和底纹】按钮，打开【边框和底纹】对话框，选择【底纹】选项卡，在【填充】选项组中选择表格的底纹颜色，也可以在【图案】选项组中的【样式】下拉列表中选择表格底纹的样式，还可以在【应用于】下拉列表框中选择底纹应用的范围，如图2-87所示。

（四）表格文本的对齐方式

方法1：选定表格范围或将光标定位在某个单元格内，单击右键，在弹出快捷菜单中选择【单元格对齐方式】命令，在其子菜单中选择对齐方式按钮即可同时设置文本【水平对齐】方式和【垂直对齐】方式，如图2-88所示。

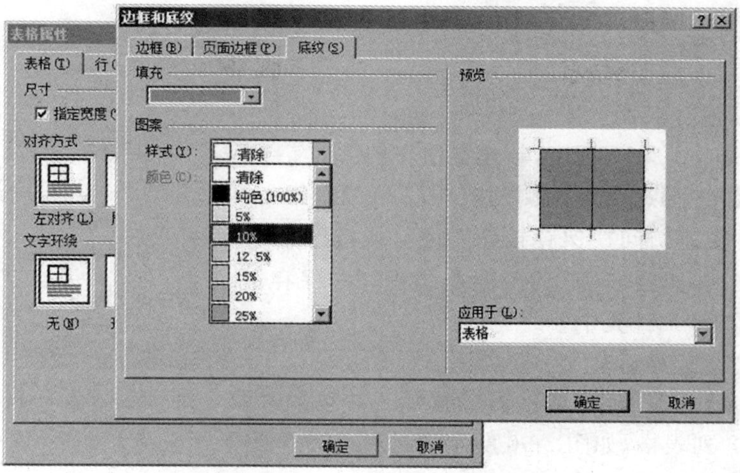

图 2-87 【边框和底纹】对话框(二)

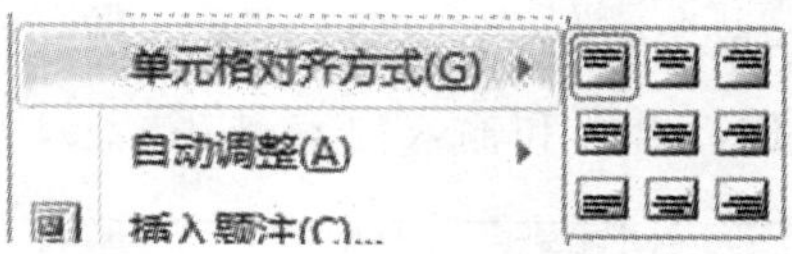

图 2-88 快捷菜单设置【单元格对齐方式】

方法 2:选定需要对齐的单元格,单击【开始】选项卡中【段落】组的对齐按钮,可以设置文本【水平对齐方式】;打开【表格属性】对话框中【单元格】选项卡【垂直对齐方式】选项组,可以设置文本的【垂直对齐方式】,如图 2-89 所示。

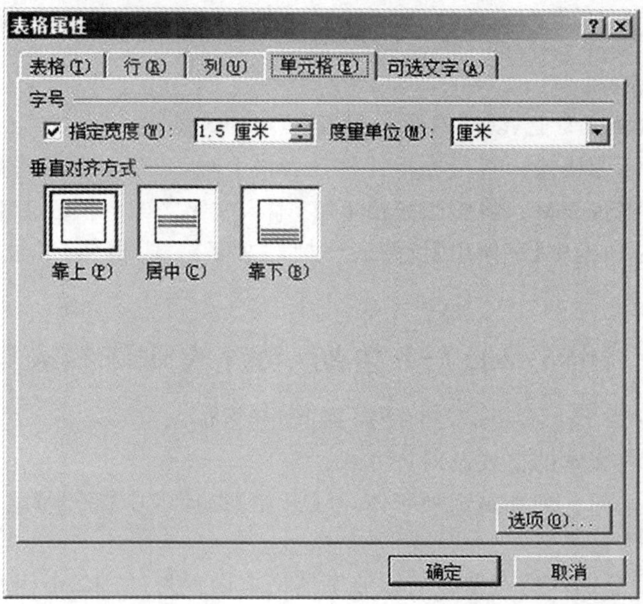

图 2-89 【表格属性】对话框设置单元格【垂直对齐方式】

任务实施

步骤 1. 新建并保存文档。

(1)启动 Word 2010 程序，新建空白文档。

(2)单击【文件】选项卡左侧列表中【保存】按钮，或单击左上角快速访问栏保存按钮“ ”，或按【Ctrl+S】键保存文档，文件名为“动漫专业课程表”，保存到“D:\动漫专业”文件夹中。

步骤 2. 创建表格。

单击【插入】选项卡中【表格】组的【插入表格】按钮，设置 9 行 8 列表格，如图 2-90 所示。

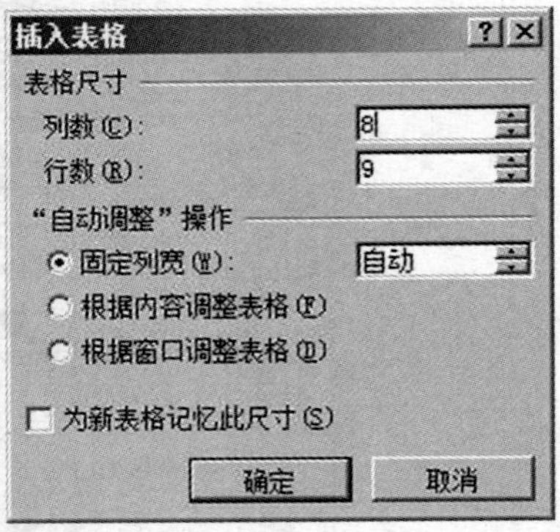

图 2-90 【插入表格】对话框

步骤 3. 编辑表格。

按照课程的上课时间安排合并单元格。

选择第一行的第一、二个单元格，单击右键，在弹出快捷菜单中选择【合并单元格】命令；同样操作，将其他单元格进行合并和输入内容，如图 2-91 所示。

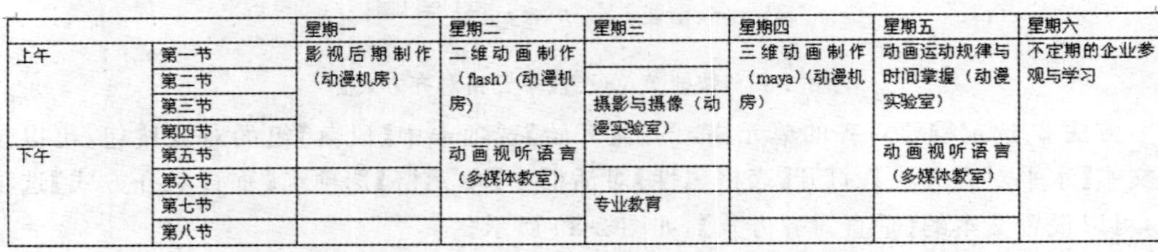

		星期一	星期二	星期三	星期四	星期五	星期六
上午	第一节	影视后期制作（动漫机房）	二维动画制作（flash）（动漫机房）		三维动画制作（maya）（动漫机房）	动画运动规律与时间掌握（动漫实验室）	不定期的企业参观与学习
	第二节						
	第三节			摄影与摄像（动漫实验室）			
	第四节						
下午	第五节		动画视听语言（多媒体教室）			动画视听语言（多媒体教室）	
	第六节						
	第七节			专业教育			
	第八节						

图 2-91 输入内容后的效果

步骤 4. 美化表格。

(1)打开“D:\动漫专业\动漫专业课程表”。

(2)设置表格标题格式。将鼠标指针移到表格上时，表格左上角将出现“ ”符号，单击该符号，可选中整张表格。将整张表格下移，输入文字“2016-2017-1 学期　动漫专业课程表”，在【开始】选项卡中【字体组】设置表格标题文字格式：楷体、二号、加粗、深绿色，如图 2-92 所示。

2016-2017-1 学期 动漫专业课程表

图 2-92 表格标题效果

(3)设置表格内文本的格式及对齐方式。

①修改第 1 行、第 1 列和第 2 列字体，在【开始】选项卡中【字体】组设置字体格式：楷体、四号、加粗，深红色。

②将星期一到星期六所有课程名称的字体格式设置为：仿宋、小四、深蓝色。

③选中整张表格，单击右键，在弹出的快捷菜单中选择【单元格对齐方式】中的【水平、垂直方向上居中对齐】命令，如图 2-93 所示。

2016-2017-1 学期 动漫专业课程表

		星期一	星期二	星期三	星期四	星期五	星期六
上午	第一节	影视后期制作（动漫机房）	二维动画制作（flash）（动漫机房）		三维动画制作（maya）（动漫机房）	动画运动规律与时间掌握（动漫实验室）	不定期的企业参观与学习
	第二节						
	第三节			摄影与摄像（动漫实验室）			
	第四节						
下午	第五节		动画视听语言（多媒体教室）			动画视听语言（多媒体教室）	
	第六节						
	第七节			专业教育			
	第八节						

图 2-93　字体格式设置后效果

(4)设置表格的边框和底纹。

①设置边框。选中整个表格，单击【页面布局】选项卡中【页面背景】组的【边框】按钮，在弹出的对话框中选择宽线型，然后单击【预览】表格内边框线中间位置，再单击【样式】中细线，最后单击【预览】表格内框线中间位置，表格边框效果如图 2-94 所示。

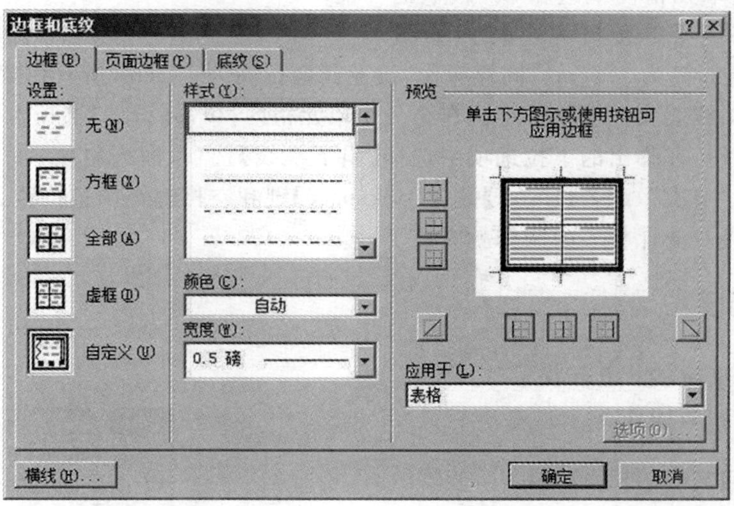

图 2-94　表格边框效果

②设置底纹。选中第一行第一个单元格，单击如图 2-94 所示对话框中【底纹】选项卡，设置【填充】为“青绿色”和【应用于】“单元格”选项，如图 2-95 所示。

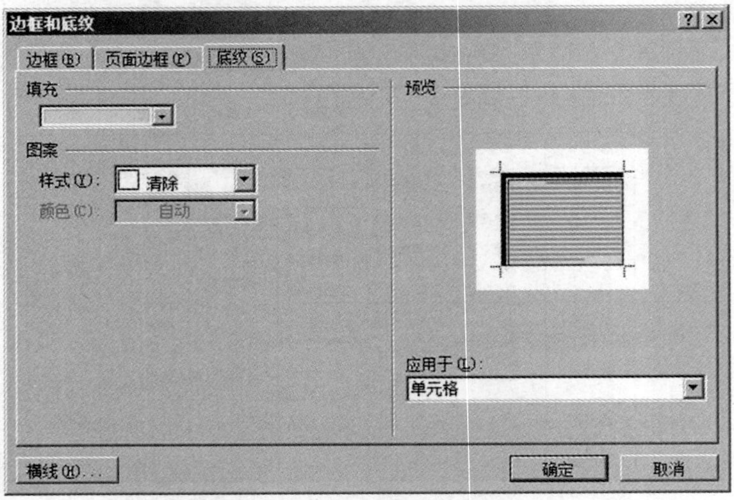

图 2-95 设置第一个单元格底纹

将第一行其余的单元格和第二列的所有单元格设置为“浅青绿色”填充；将第一列的单元格设置为“浅绿色”填充；将剩余的单元格全部设置为“紫罗兰色”填充。

(5)设置行高和列宽。将光标放置在第一行的任意单元格内或选中该行，单击【布局】选项卡中【单元格大小】组，如图2-96所示，设置行高为1.5cm。同样操作，设置其余行高为1.2cm，所有列宽为3cm。

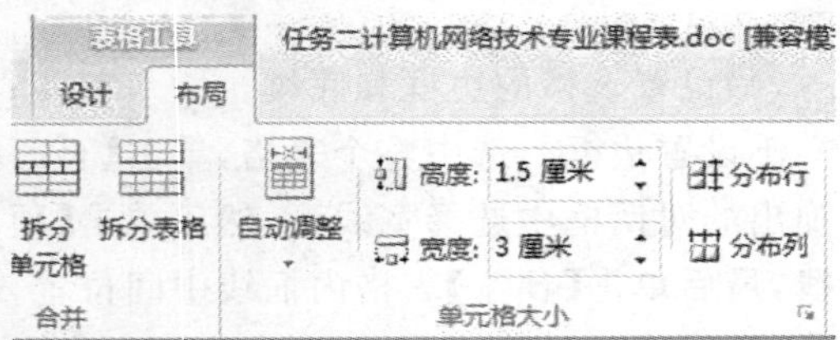

图 2-96 设置第一行行高

(6)绘制斜线表头。将光标定位在第一个单元格内，单击【设计】选项卡中【表格样式】组的【边框】按钮，在弹出的下拉选项中选择【斜下框线】选项，插入斜线，在相应位置输入文字“星期”和“节次”，配合【Enter】键、【Backspace】键和空格键等调整位置。

这样，动漫专业课程表的制作就完成了。

任务拓展

◎表格与文字的相互转换

◎表格的跨页操作

一、表格与文字的相互转换

(一)将表格转的换为文本

将光标置于表格中或选中表格，单击【布局】选项卡中【数据】组的【转换为文本】按钮，弹出【表格转换为文本】对话框，选中要作为文字分隔符的单选项，例如单选【制表符】单选项，如图 2-97 所示。

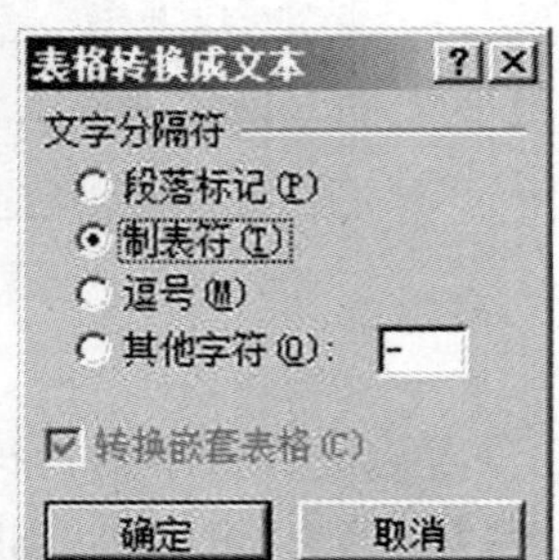

图 2-97 【表格转换成文本】对话框

4 个单选项的作用如下：

段落标记：把每个单元格的内容转换成一个文本段落。

制表符：把每个单元格的内容转换后用制表符分隔，每行单元格的内容成为一个文本段落。

逗号：把每个单元格的内容转换后用逗号分隔，每行单元格的内容成为一个文本段落。

其他字符：在对应的文本框中输入用作分隔符的半角字符，每个单元格的内容转换后用输入的文字分隔符隔开，每行单元格的内容成为一个文本段落。

单击【确定】按钮，完成表格转换成文本的操作。

(二)将文本转换为表格

将文本转换为表格之前需要对要转换的文本进行格式化，文本中每一行之间要用段落标记符隔开，每一列之间要用分隔符隔开。列之间的分隔符可以是逗号、空格、制表符等。

选中要转换成表格的文本，单击【插入】选项卡中【表格】组的【表格】按钮，在弹出的下拉列表中选择【文本转换成表格】选项，弹出【将文字转换成表格】对话框，如图 2-98 所示。

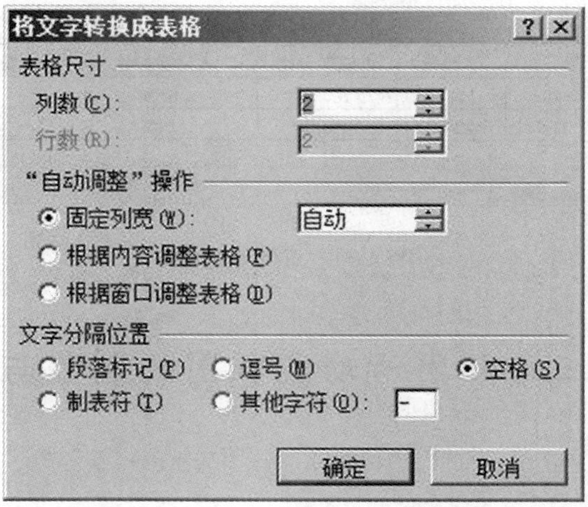

图 2-98 【将文字转换成表格】对话框

在【将文字转换成表格】对话框中，再设置需要的【列数】和其他选项，单击【确定】按钮即可。

二、表格的跨页操作

有时表格放置的位置正好处于两页交界处，可以在每页的表格上都提供一个相同的标题，使之看起来仍然是一个表格(适用于较大的表格)。

选中要设置的表格，单击【布局】选项卡中【数据】组的【重复标题行】按钮即可，如图 2-99 所示。

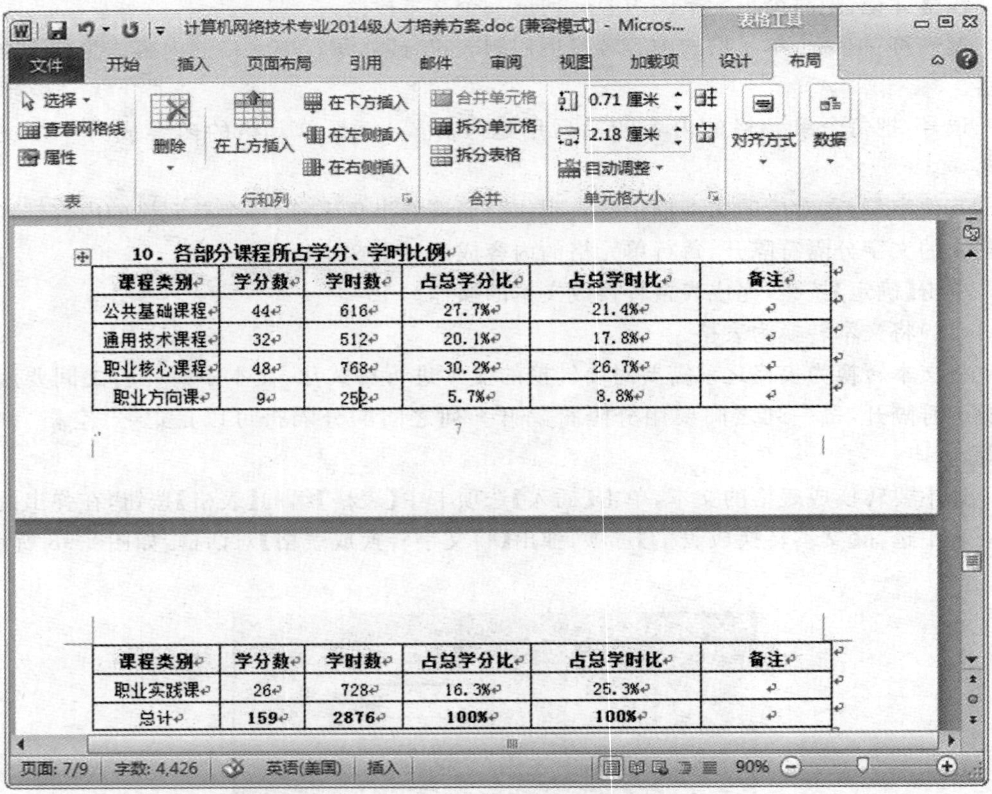

图 2-99　重复标题行

任务三　社团活动流程图的制作与美化

任务描述

大学丰富的校园生活不可缺少的一项就是我们的社团生活，你喜欢社团活动吗？赶紧组织吧！根据学院组织社团活动的要求，制作详细的社团活动开展流程图，最终效果如图 2-100 所示。

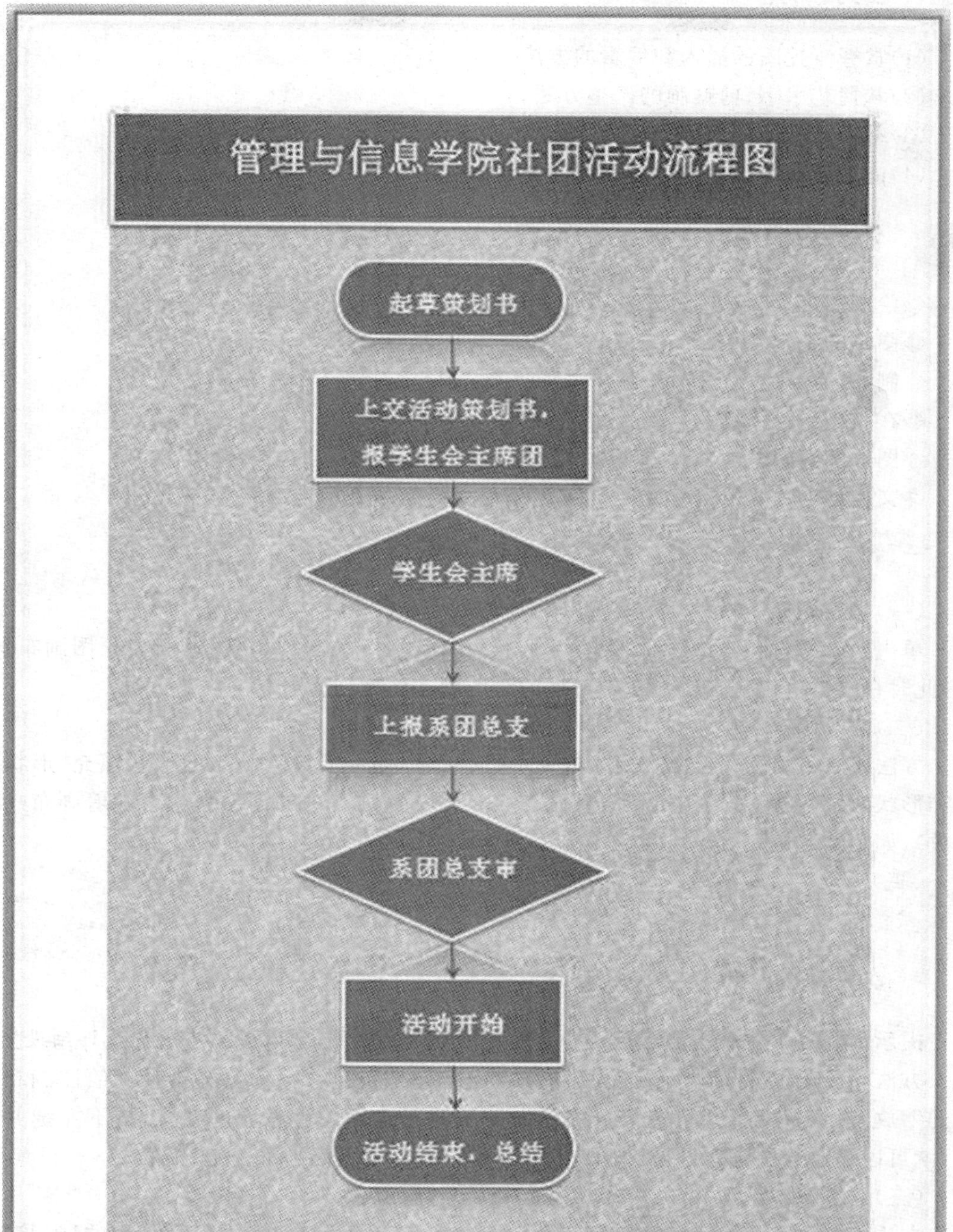

图 2-100　社团活动流程效果图

任务目标

(1)掌握流程图的插入和编辑的方法。
(2)掌握艺术字、剪贴画的调整方法。
(3)掌握文本框的使用方法。
(4)能用所学知识制作各种不同的流程图。

任务知识

◎绘制图形
◎图形的编辑
◎制作艺术字
◎在文档中插入图片
◎图片的编辑
◎文本框的编辑

一、绘制图形

(一)创建画布

单击【插入】选项卡中【插图】组的【形状】按钮,在下拉选项中选择【新建绘图画布】选项,此时在文档中出现一个显示带边框的绘图画布区域。

(二)修改画布大小

方法1:单击画布,在【格式】选项卡中【形状样式】组的设置画布的形状填充、形状轮廓和形状效果,在【大小】组可以设置画布大小(此时,画布中的图形大小会随着画布一起缩放),如图2-101所示。

图2-101　画布【格式】选项卡

提示:单击【形状样式】组和【大小】组右下角按钮"",可以对画布进行更详细设置。

方法2:单击画布,画布的四周会有加粗显示的缩放点,移动鼠标指针到绘图画布边框的缩放点上,鼠标指针将会根据缩放点的不同形式而发生相应的变化,按下左键并拖曳,就可以缩放绘图画布区域(此时,画布中的图形不会跟着画布一起缩放)。

(三)绘制基本图形

方法1:将光标移动到要绘制图形的位置,单击【插入】选项卡中【插图】组的【形状】按钮,在弹出的下拉选项中单击需要的图形,在画布中拖曳绘制图形,如图2-102所示。

同样操作,也可以在绘图画布上绘制箭头、矩形和椭圆等图形。

提示:单击【椭圆】或【矩形】按钮,拖曳绘制的同时按住【Shift】键,可以绘制正圆形和正方形。

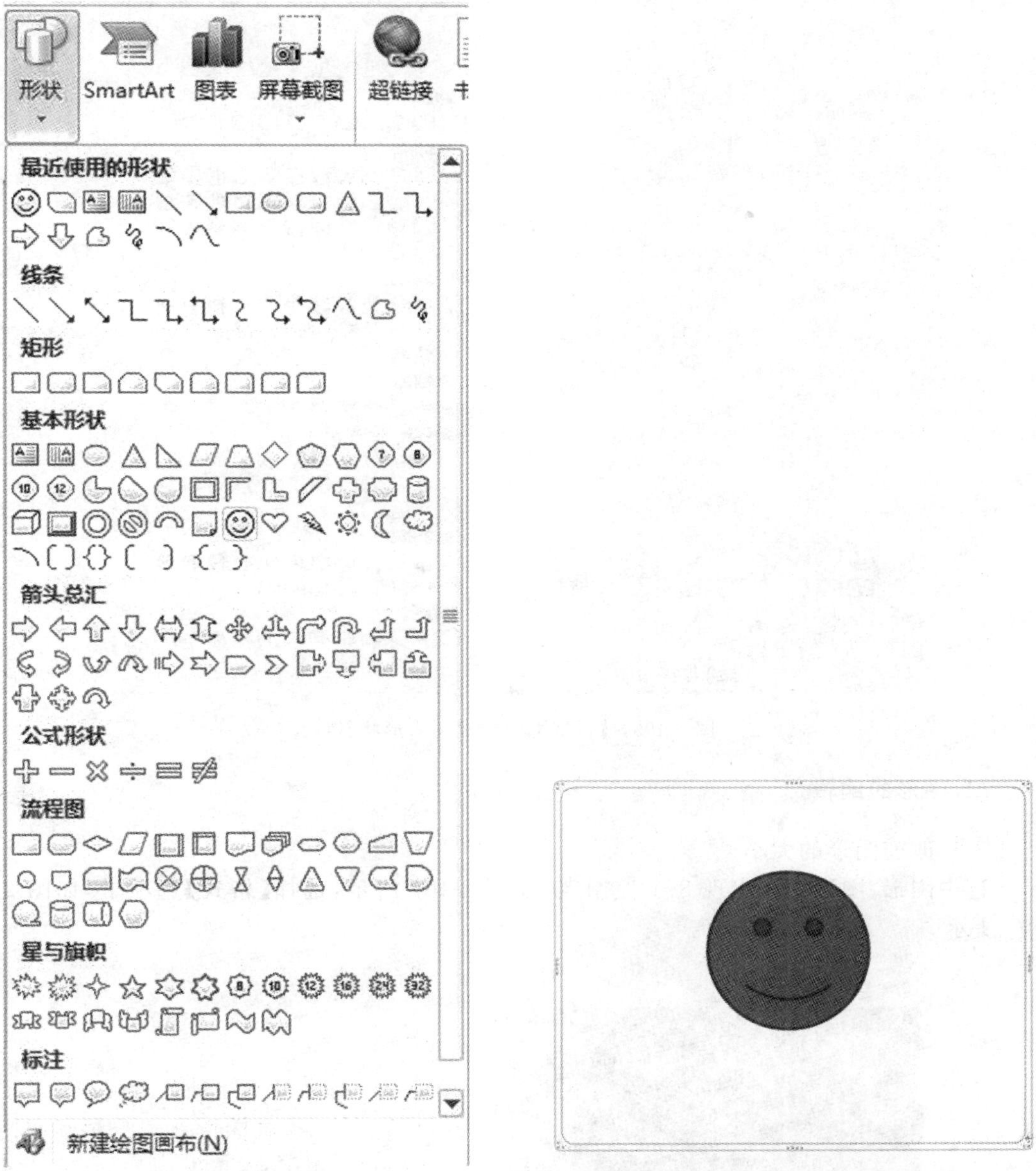

图 2-102　【插入】选项卡【形状】按钮及绘制图形

方法 2:单击画布,在【格式】选项卡【插入形状】组中,可以选择插入的图形,单击更多按钮“ ”可以选择更多形状,如图 2-103 所示。选择需要绘制图形,在画布上拖曳绘制即可。

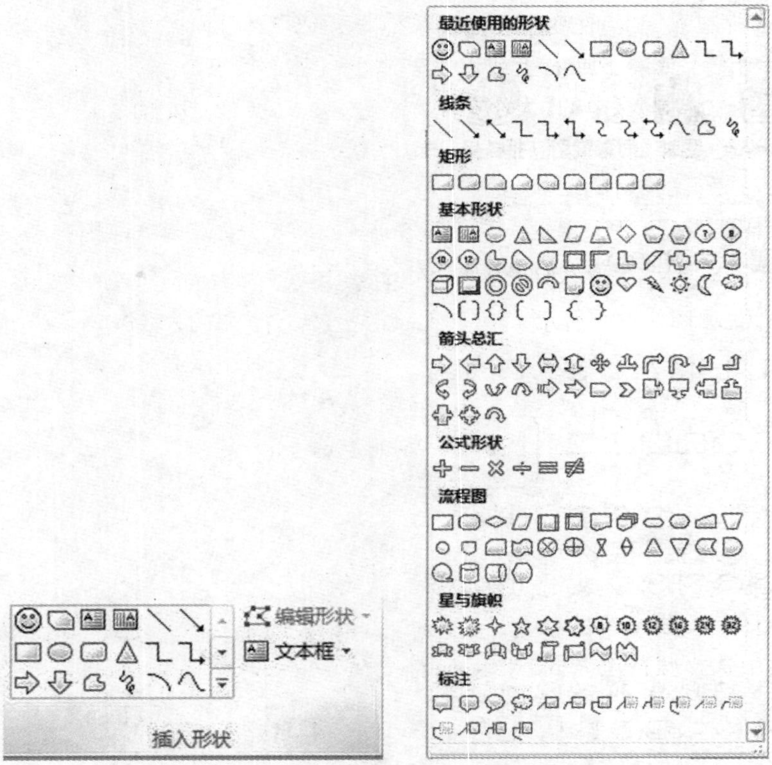

图 2-103 【格式】选项卡【插入形状】组

二、图形的编辑

(一)改变图形的大小

选中图形,图形周围出现 8 个控制点,如图 2-104 所示,选择【格式】选项卡,如图 2-105 所示。

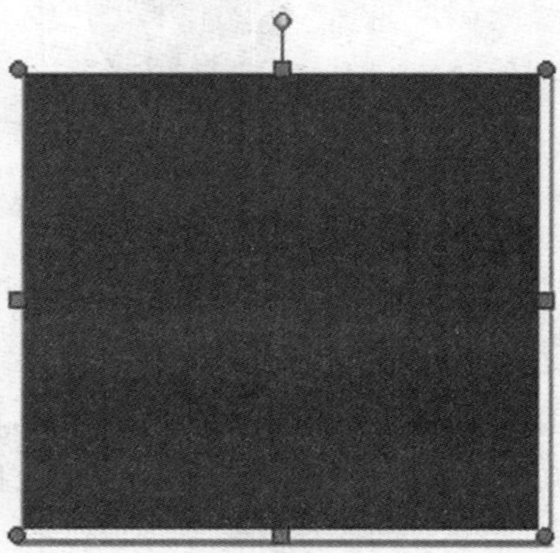

图 2-104 图形选中后

图 2-105 图形【格式】选项卡

(1)拖动控制点可以改变图形大小,拖动图形上方圆圈“”可以旋转图形,按住【Shift】键拖动左上或左下或右上或右下圆圈可以等比例缩放图形。

(2)在【格式选项卡】中的【大小】组,设置图形大小,单击【大小】组右下角按钮“”,可以对图形进行更详细设置,包括“是否锁定纵横比”等。

(二)图形效果的设置

1. 图形样式设置

在【格式】选项卡中【形状样式】组可以选择预设好的图形样式,单击按钮“”,可以选择更多样式,如图 2-106 所示。

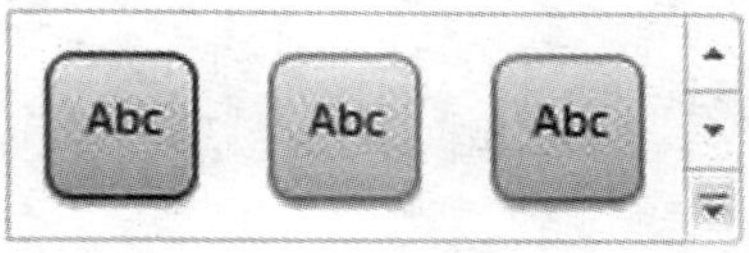

图 2-106 预设【形状样式】

如果在预设的样式中没有需要的样式,可以自己设置,单击【形状填充】按钮,在弹出的下拉选项中选择颜色填充、图片填充、渐变填充或纹理填充等,如图 2-107 所示。

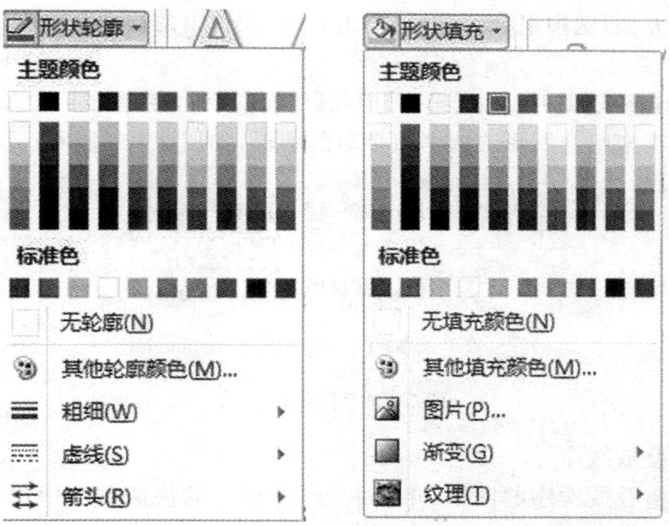

图 2-107 自行设置【形状样式】

选择需要更改轮廓色的图形,单击【形状轮廓】按钮,在弹出的下拉选项中选择颜色,即可更改图形轮廓的颜色、粗细、虚线、箭头等。

2. 图形阴影效果设置

单击需要添加阴影效果的图形,单击【格式】选项卡中【形状样式】组的【形状效果】按钮,在弹出的下拉列表中可以选择各种形状效果,如图 2-108 所示。

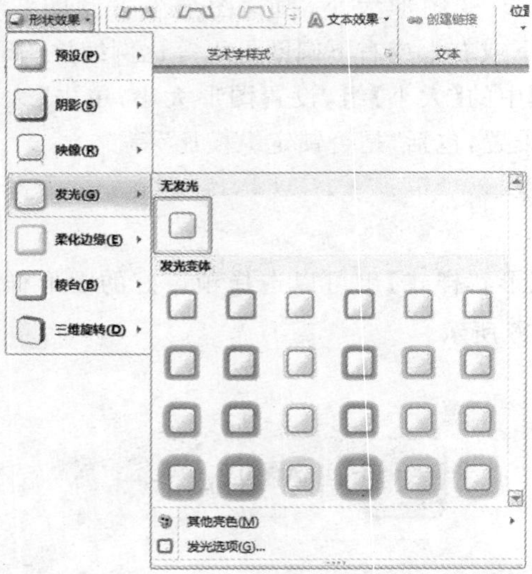

图 2-108　图形阴影等效果设置

（三）多个图形之间的组合

方法 1：按下【Ctrl】键或【Shift】键后，依次选中文档中的多个图形，每个图形的周围会出现 8 个控制点。右击选中的图形，在弹出的快捷菜单中选择【组合】→【组合】命令。

取消组合的方法：选中组合的图形，单击右键，在弹出的快捷菜单中选择【组合】→【取消组合】命令。

方法 2：单击【格式】选项卡中【排列】组的【组合】按钮，在弹出下拉选项中选择【组合】或【取消组合】选项来组合图形或取消组合后的图形，如图 2-109 所示。

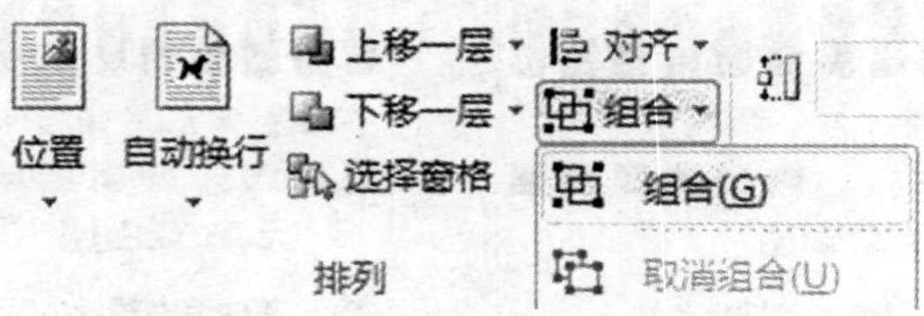

图 2-109　图形【组合】

（四）图形的叠放次序

选中需要调整叠放次序的图形，单击右键，在弹出的快捷菜单中选择【置于顶层】和【置于底层】中的子命令来调整图形的叠放次序，如图 2-110 所示。

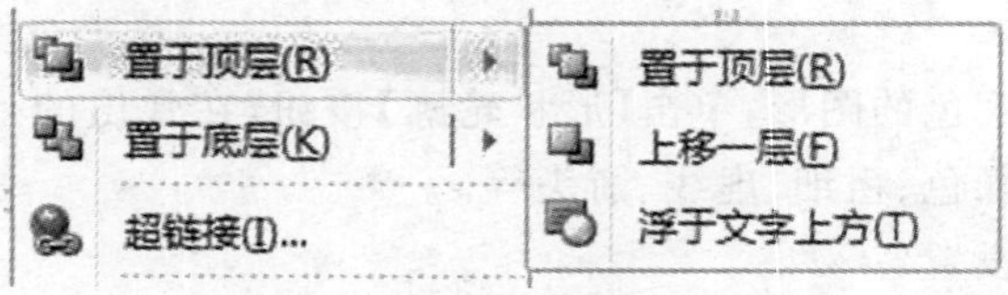

图 2-110　图形叠放次序调整

三、制作艺术字

(一)插入艺术字

单击【插入】选项卡中【文本】组的【艺术字】按钮，在弹出的下拉列表中选择一种艺术字样式，在文档中将会出现一个带有“请在此放置您的文字”字样的文本框，在文本框中输入需要的内容，例如输入“山东交通职业学院”，此时在文档中就插入了艺术字，如图 2-111 所示。

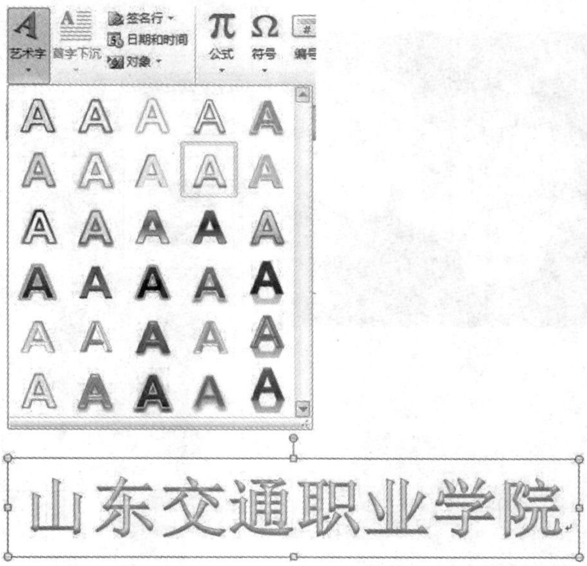

图 2-111　插入艺术字

(二)编辑艺术字

单击艺术字文本框或选中需要编辑的艺术字，在【格式】选项卡中【艺术字样式】组选择其他艺术字样式，还可以修改艺术字【文本填充】、【文本轮廓】和【文本效果】等，如图 2-112 所示。

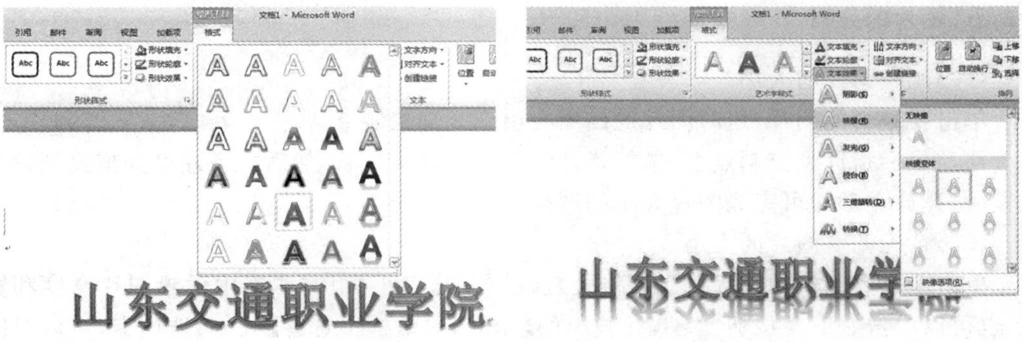

图 2-112　设置艺术字效果

四、在文档中插入图片

(一)插入剪贴画

单击【插入】选项卡中【插图】组的【剪贴画】按钮,弹出【剪贴画】对话框。在【剪贴画】对话框的【搜索文字】文本框中输入图片的名称或某一类型图片的名称,例如“植物”,然后单击【搜索】按钮即可在预览框中显示搜索的结果。然后单击剪贴画即可在指定位置插入剪贴画,如图 2-113 所示。

图 2-113　插入剪贴画

(二)插入来自文件的图片

单击【插入】选项卡中【插图】组的【图片】按钮,在弹出的【插入图片】对话框中选择要插入的图片。

提示:如果要一次性地插入多个图片,按住【Ctrl】或【Shift】键的同时选择多个图片即可。

单击【插入】按钮即可在文档中的指定位置插入图片。

五、图片的编辑

(一)调整图片的大小

单击要编辑的图片,这时图片的四周会出现 8 个控制点。

移动鼠标指针到控制点上,鼠标指针会变成双箭头形状,然后按下左键并拖曳到适合位置后,释放左键即可完成图片大小的调整。

(二)精确调整图片的大小

单击选中要编辑的图片,单击【格式】选项卡的【大小】组文本空中设置图片高度和宽度,也可以单击右下角按钮“”,在弹出的【布局】对话框中选择【大小】选项卡,可以对图片大小进行更多的设置,比如取消“锁定纵横比”选项、单独修改图片高度和宽度、不再彼此约束等比缩放,如图 2-114 所示。

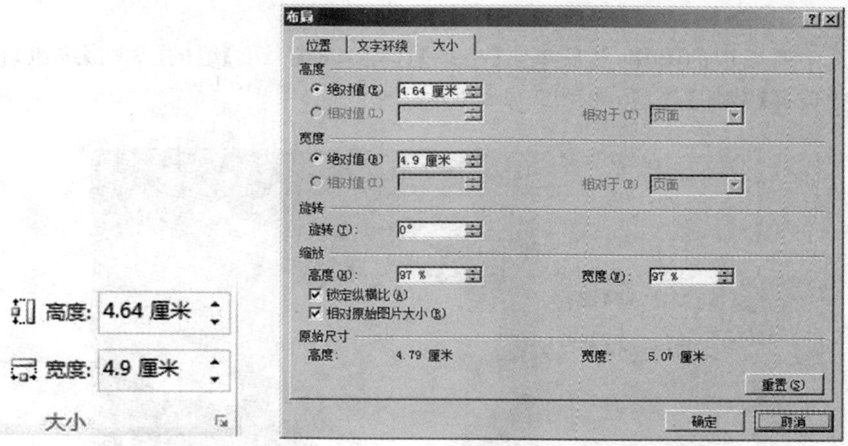

图 2-114　设置图片大小

(三)设置图片的位置

选中需要设置位置的图片,单击【格式】选项卡中【排列】组的【位置】按钮,在弹出的下拉选项中选择需要的选项即可,如图 2-115 所示。

(四)设置文字环绕效果

选中需要设置环绕方式的图片,单击【格式】选项卡中【排列】组的【自动换行】按钮,在弹出的下拉选项中选择适合的环绕方式选项即可,如图 2-116 所示。

然后还可以使用鼠标拖曳或键盘方向键来调整图片的位置。

(五)设置图片对齐方式

选择需要设置对齐方式的图片,单击【格式】选项卡中【排列】组的【对齐】按钮,在下拉选项中单击需要的对齐方式即可,如图 2-117 所示。

图 2-115　设置图片位置

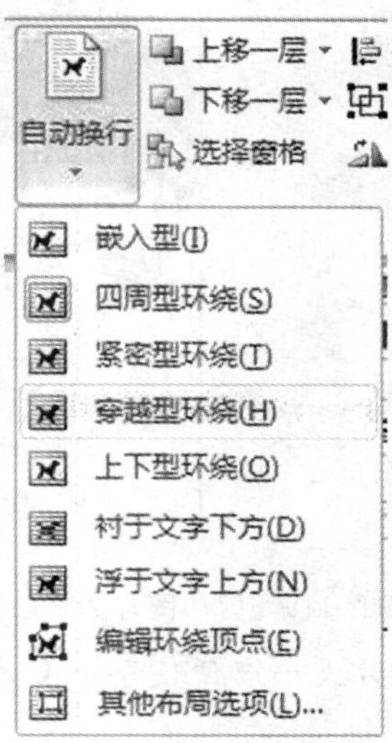

图 2-116　设置图片环绕方式

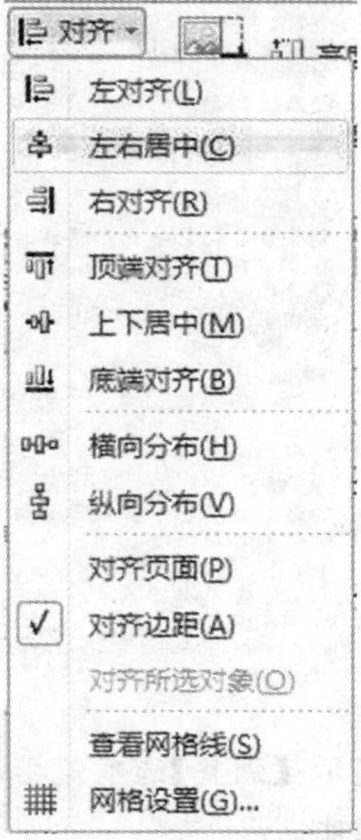

图 2-117　设置图片对齐方式

（六）裁剪图片

单击选中要编辑的图片，然后单击【格式】选项卡中【大小】组的【裁切】按钮，在弹出的下拉列表中选择【裁切】选项，如图 2-118 所示。

图 2-118　剪切图片

此时图片的周围会出现裁切定界框，然后移动鼠标指针到选中图片的控制点上，拖动鼠标即可实现对图片的裁切操作。

选择图片，单击【裁切】按钮，在弹出的下拉列表中选择【裁切为形状】选项，在弹出的形状下拉列表中选择形状，图片将会按照选择的形状进行裁切，如图 2-119 所示。

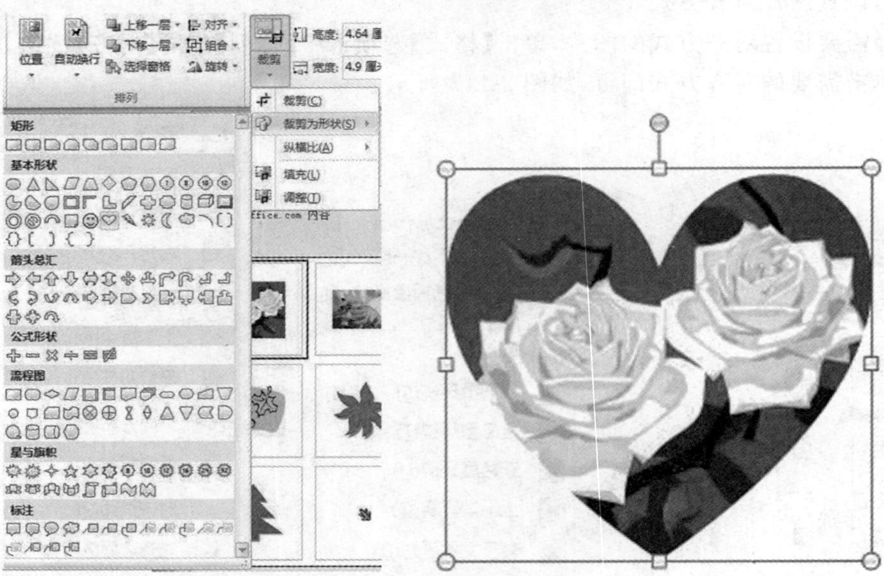

图 2-119　剪切图片为形状

提示：【调整】选项是指调整图片大小以便使整个图片在图片区域显示，同时保持原来的纵横比。

六、文本框的编辑

文本框分为横排和竖排两类，可以根据需要插入相应的文本框。插入的方法一般有直接插入空文本框和在已有文字上插入文本框两种。

(一)插入文本框

单击【插入】选项卡中【文本】组的【文本框】按钮，在弹出的下拉选项中选择【绘制文本框】选项，如图 2-120 所示。

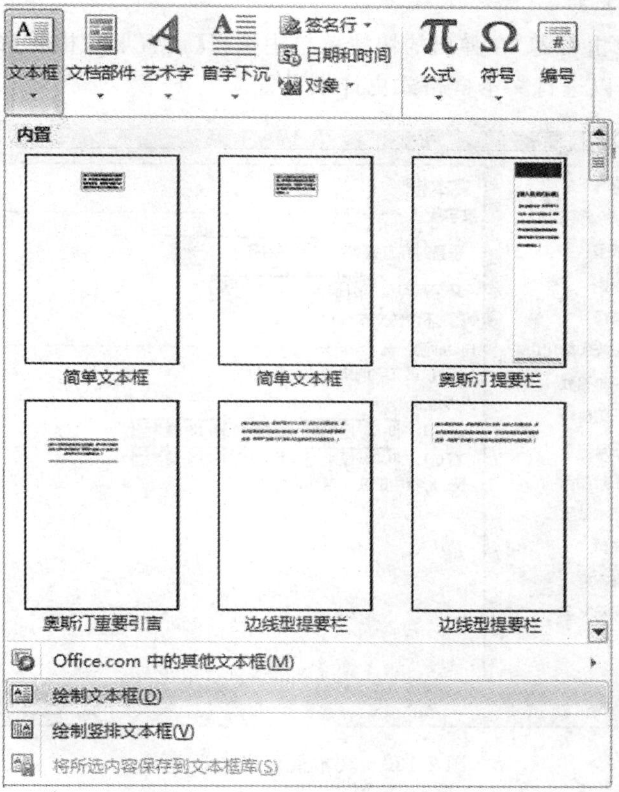

图 2-120 【绘制文本框】窗口

光标变成“十”字形状，在画布中单击，然后通过拖动鼠标指针来绘制所需大小的文本框。

若在弹出的下拉列表中选择【绘制竖排文本框】选项，拖动鼠标指针即可绘制竖排文本框。

(二)调整文本框的大小

单击文本框，文本框上有 8 个控制点，可以使用鼠标拖动控制点来调整文本框的大小。

选中文本框，单击【格式】选项卡中【大小】组的调节框来精确地调整文本框的大小，如图 2-121 所示。

图 2-121 【格式】选项卡中【大小】组

(三)文本框的其他设置

如图 2-121 所示,还可以为文本框设置三维效果、阴影、轮廓、填充颜色等效果。

(四)设置形状格式

选中文本框,单击右键,在弹出的快捷菜单中选择【设置形状格式】命令,弹出对话框,如图 2-122 所示,可以进行文本框格式更详细设置。

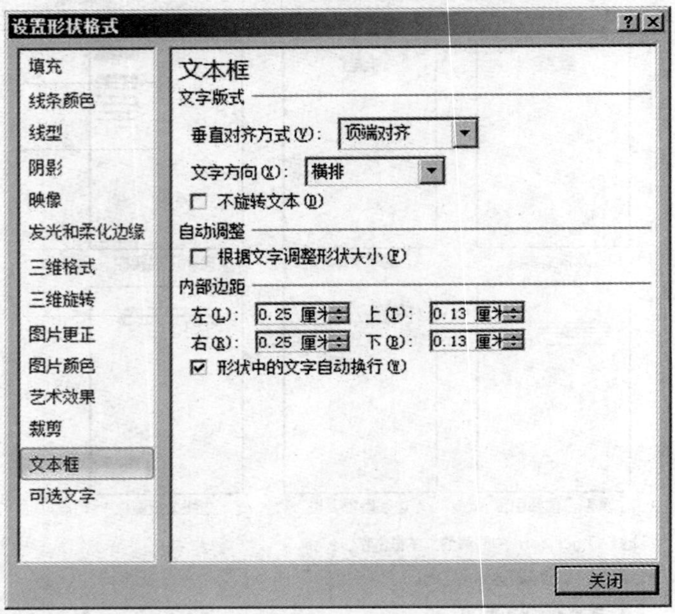

图 2-122 文本框更详细设置

任务实施

步骤 1. 新建并保存文档。

(1)启动 Word 2010 程序,新建空白文档。

(2)单击【文件】选项卡左侧列表中【保存】按钮,或单击左上角快速访问栏保存按钮“💾”或按【Ctrl+S】键保存文档,文件名为“学生活动流程图”,保存到“D:\社团活动”文件夹中。

步骤 2. 绘制图形。

(1)设置页边距。单击【页面布局】选项卡中【页面设置】组的【页边距】按钮,在下拉选项中选择【自定义边距】,设置如图 2-123 所示。

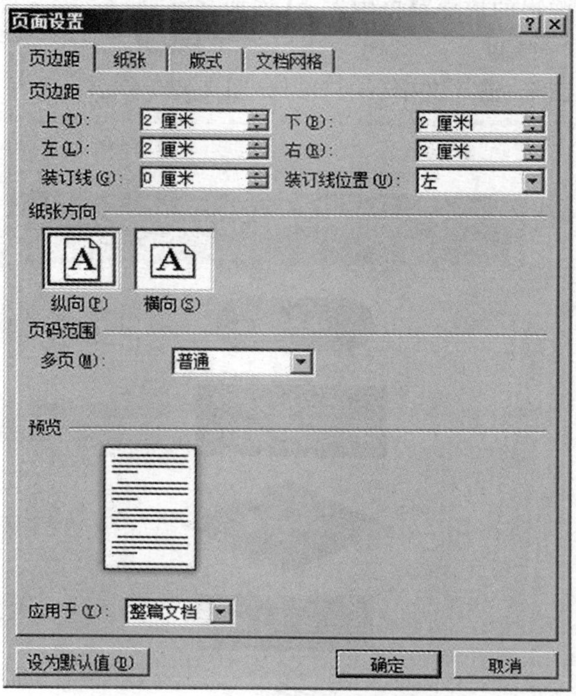

图 2-123　设置文档页边距

(2)创建画布。单击【插入】选项卡中【插图】组的【形状】按钮,在下拉选项中选择【新建绘图画布】按钮,调整画布大小及合适位置。

(3)绘制文本框,添加艺术字。

第 1 步:单击【插入】选项卡中【文本框】按钮,在下拉选项中选择【绘制文本框】,在画布上绘制文本框,调整大小,输入文字"管理与信息学院社团活动流程图"。

第 2 步:单击【开始】选项卡,在【字体】组和【段落】组,修改文字格式:宋体、一号、居中对齐。

第 3 步:选中文本框,单击【格式】选项卡,在【形状样式】组选择形状样式。

第 4 步:选中文本框中字体,单击【格式】选项卡,在【艺术样式】组选择字体样式,如图 2-124 所示。

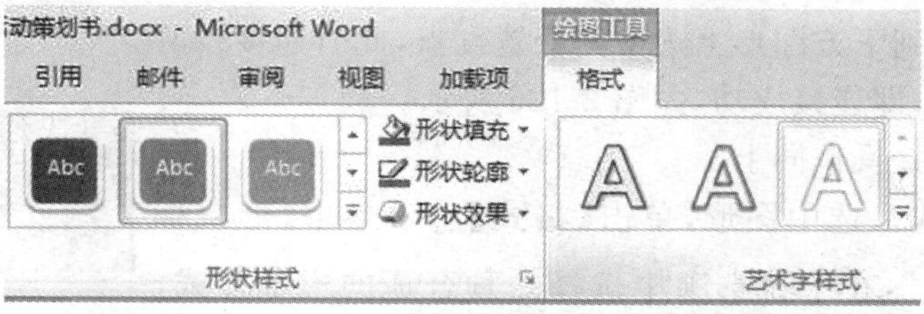

图 2-124　选择【艺术字样式】

(4)绘制流程图。单击【插入】选项卡中【插图】组的【形状】按钮,在下拉选项中选择【流程图】类【流程图:准备】按钮,然后在画布上绘制图形并调整大小。

右击该图形，在弹出的快捷菜单中选择【添加文字】命令，输入文字“起草策划书”，并调整字体大小。

同样操作，插入图形，输入文字后的效果如图 2-125 所示。

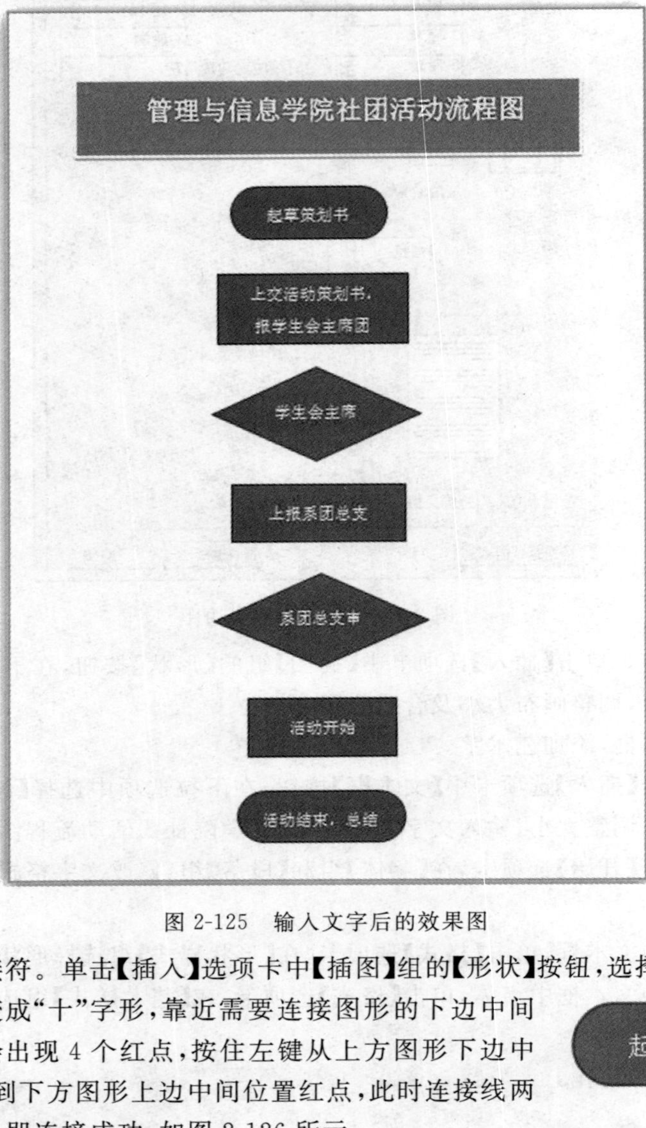

图 2-125　输入文字后的效果图

(5)绘制连接符。单击【插入】选项卡中【插图】组的【形状】按钮，选择箭头。

此时，光标变成“十”字形，靠近需要连接图形的下边中间位置，图形周围会出现 4 个红点，按住左键从上方图形下边中间位置红点拖放到下方图形上边中间位置红点，此时连接线两头出现实心红圈，即连接成功，如图 2-126 所示。

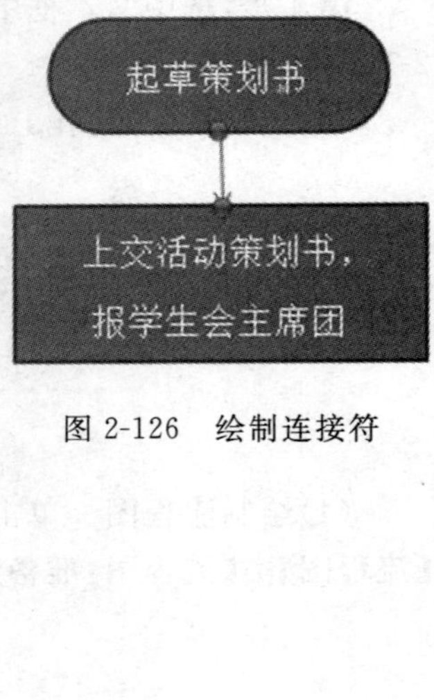

图 2-126　绘制连接符

其他图形连接操作同上。

(6)修改样式。选中图形，单击【格式】选项卡中【形状样式】组的按钮“▾”，在下拉选项中选择一种合适的形状样式，再单击【形状效果】按钮，选择【映像】命令下【映像变体】内的合适映像，如图 2-127 所示。

同样操作，修改其他图形样式。

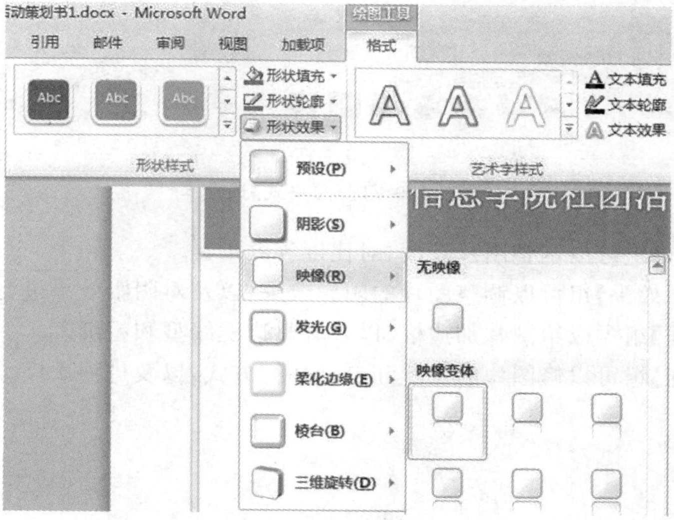

图 2-127　修改图形样式

(7)修改画布背景。右击画布,在弹出快捷菜单中选择【设置形状格式】按钮,弹出【设置绘图画布格式】对话框,选择合适的纹理填充,如图 2-128 所示。至此,流程图绘制完毕。

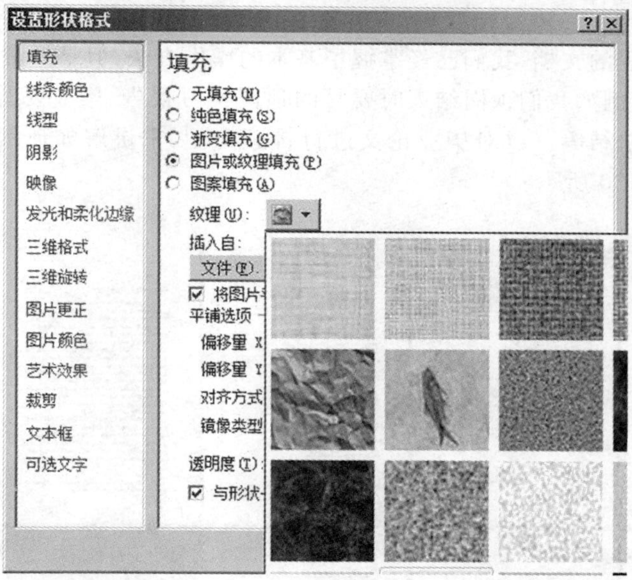

图 2-128　设置画布纹理填充

任务拓展

◇调整图片

调整图片

选中图片,单击【格式】选项卡(或双击图片),如图 2-129 所示。

图 2-129　图片【格式】选项卡

(1)在【调整】组可以调整图片亮度、对比度等效果。

(2)在【阴影效果】组可以调整图片的阴影效果,以及对阴影效果进行调节。

(3)在【边框】组可以给图片加边框,以及调整边框线型和粗细。

(4)在【排列】组可以修图片的位置和自动环绕方式,以及排列次序、对齐、组合、旋转、裁剪等。

任务四　毕业论文的编排

任务描述

对于制作简短的文档,我们已经掌握了基本的操作方法,但是日常生活中往往要用到较长篇幅的文档,例如我们顶岗结束时要写的顶岗实习报告、毕业要写的毕业论文、工作以后要写的工作总结等。以对毕业论文进行排版为例,来讲解如何编辑长篇幅的文档。最终效果如图 2-130 所示。

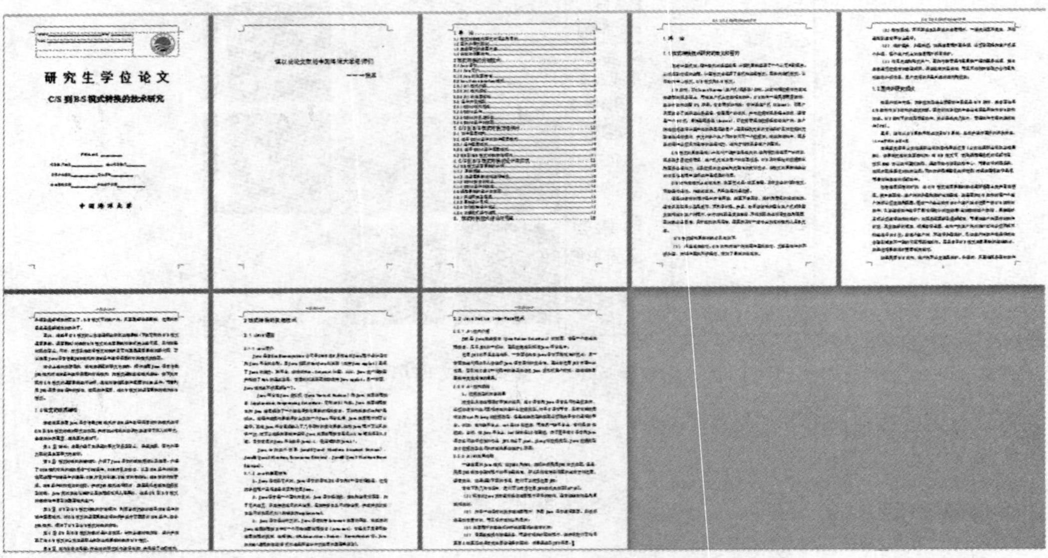

图 2-130　最终效果图

任务目标

(1)熟悉论文等长篇幅文档的基本格式。

(2)掌握样式的应用、目录的插入等基本操作。

(3)熟悉分隔符的功能。

(4)掌握添加不同的页眉和页脚的方法。

(5)能够运用编辑长文档的知识进行长文档编辑。

任务知识

◇字数统计

◇查看隐藏文字

◇添加页眉、页脚

◇使用样式快速、批量设置格式

◇创建目录和索引

◇使用分隔符隔开内容

一、字数统计

方法 1:使用选项卡实现统计字数。

单击【审阅】选项卡中【校对】组的【字数统计】按钮,弹出【字体统计】对话框,如图2-131所示。

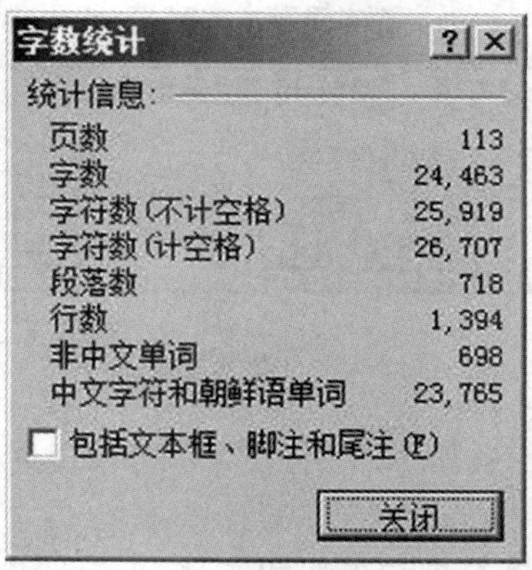

图 2-131 字数统计

方法 2:在状态栏里查看字数。

若在状态栏看不到字数,右击状态栏,在弹出的快捷菜单中选择【字数统计】命令,工作区底部的状态栏左边即会显示文档的页数和字数。

方法 3:统计一个或多个区域的字数。

选中一个文本块或按住【Ctrl】键选择不相邻文本块,状态栏则显示所选文字的页数和字数。

二、查看隐藏文字

选中需要隐藏文本，单击右键，在弹出的快捷菜单中选择【字体】命令，在【字体】选项卡【效果】组，选中【隐藏】选项，如图 2-132 所示。

取消隐藏：选中隐藏文本的段落，单击如图 2-132 所示的【隐藏】复选框，取消选择。

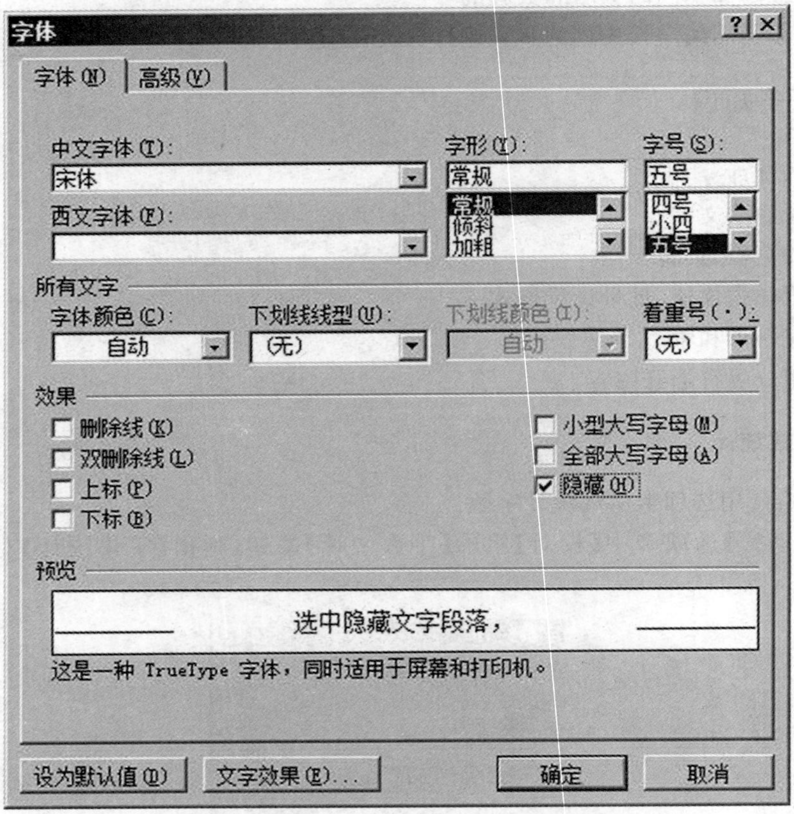

图 2-132　设置隐藏文字

三、添加页眉、页脚

页眉和页脚分别位于文档每页的顶部和底部，可以使用页码、日期等文字或图标。

(一)插入页眉、页脚

单击【插入】选项卡中【页眉和页脚】组的【页眉】按钮或【页脚】按钮，在弹出的下拉选项中可以选择内置的页眉选项或页脚选项，也可以选择【编辑页眉】或【编辑页脚】，如图 2-133 所示。在页眉处可以添加相应内容并根据需要修改格式，如图 2-134 所示。编辑好页眉或页脚后，单击【设计】选项卡中【关闭】组的【关闭页眉、页脚】按钮。

编辑页眉后，将光标定位在页面页脚位置，可编辑页脚，页脚与页眉之间可相互切换，只需将光标定位在页眉或页脚位置即可。

例如：在页脚位置插入页码，只需要把光标定位在页脚位置，单击【设计】选项卡中【页眉和页脚】组的【页码】按钮，在下拉列表中选择需要格式即可插入页码，如图 2-135 所示。

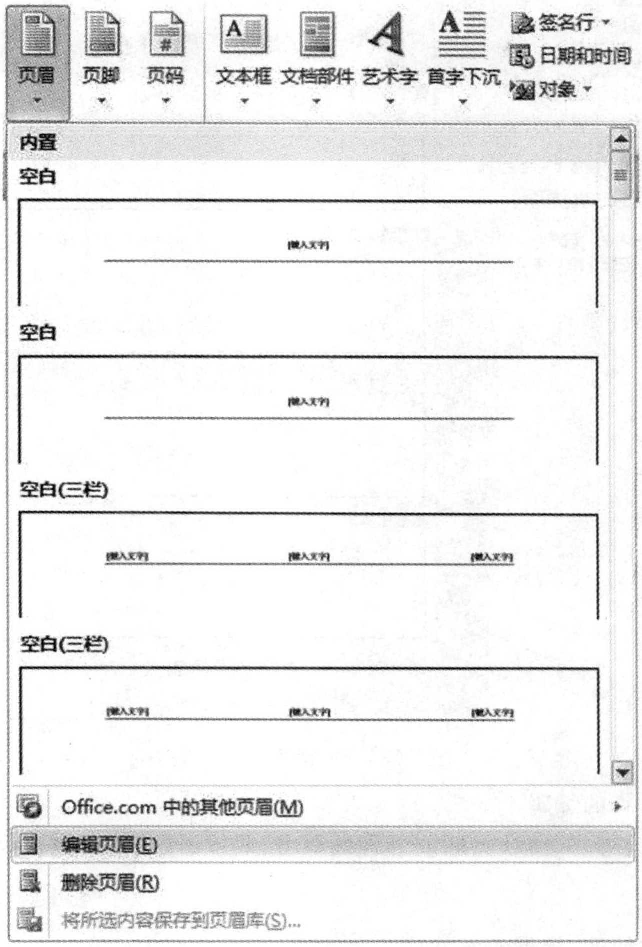

图 2-133 编辑页眉

图 2-134 插入页眉后效果

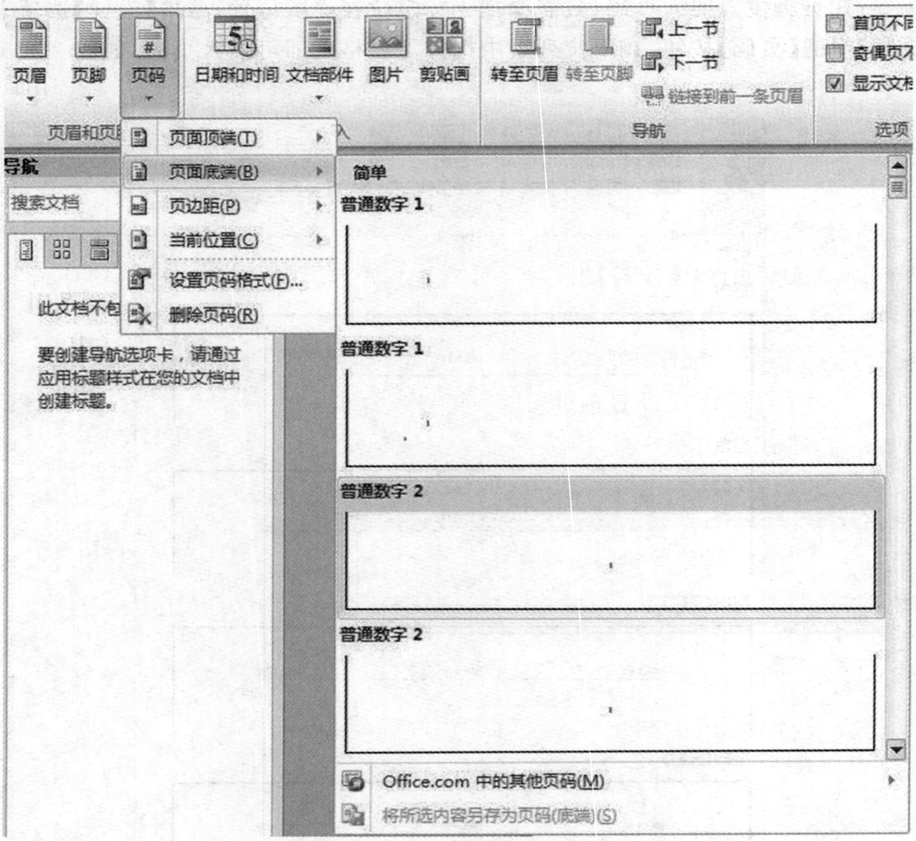

图 2-135　页脚处插入页码

（二）页眉、页脚的编辑

编辑页眉或页脚，只需在页眉或页脚处双击，或单击【编辑页眉】选项或【编辑页脚】选项即可。

四、使用样式快速、批量设置格式

Word 2010 提供了多种标准样式，可以很方便地使用已有的样式对文档进行格式化，快速建立层次分明的文档。

（一）应用样式

样式是被命名并保存的特定格式的集合，它规定了文档中正文和段落等的格式。段落样式应用于整个文档，包括字体、行间距、对齐方式、缩进格式、制表符、边框和编号等。字符样式可以应用于任何文字，包括字体、字号和修饰等。

选中需要应用样式的文本，单击【开始】选项卡中【样式】组的各种样式按钮即可应用样式。若没有需要的样式，可单击【开始】选项卡中【样式】组的【其他】按钮“ ”，弹出下拉选项，有更多的样式供选择，如图 2-136 所示。

图 2-136　预设样式

（二）创建并应用新样式

单击【开始】选项卡中【样式】组右下角【样式】按钮“ ”，弹出【样式】任务窗格，如图 2-137 所示。

移动光标到需要设置样式的文本的任意位置，在【样式】任意窗格中单击【新建样式】按钮“ ”，弹出【根据格式设置创建新样式】对话框，设置所需要选项格式，如图 2-138 所示。

图 2-137　新建样式

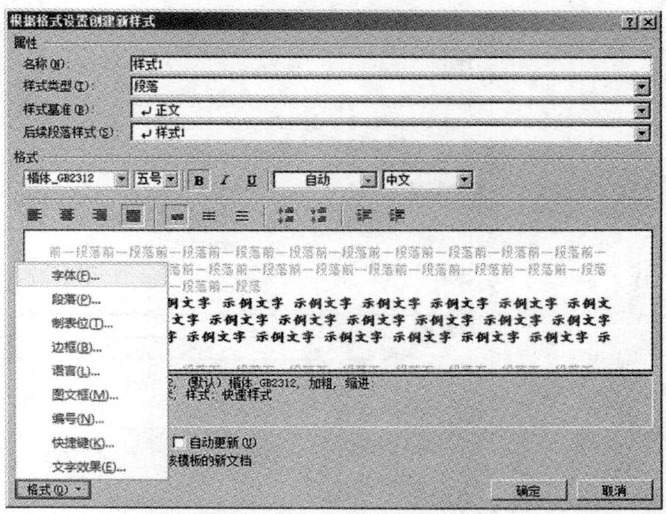

图 2-138　设置新样式

单击【确定】按钮完成新样式的创建。此时，新建样式将会自动地添加到【样式】任务窗格下拉选项中。

五、创建目录和索引

编制文档的目录和索引可以方便、快捷地查阅有关的内容，例如及时列出文档中各级标题以及每个标题所在的页码。

（一）创建目录

打开设置好各级标题样式的文档，将光标放置在要建立目录的位置，通常是文档的最前面，单击【引用】选项卡中【目录】组的【目录】按钮，在弹出的下拉选项中单击【插入目录】选项，如图 2-139 所示，弹出对话框，如图 2-140 所示，在【目录】选项卡下可以根据需要修改相应的选项，单击【确定】按钮，目录就插入好了，如图 2-141 所示。

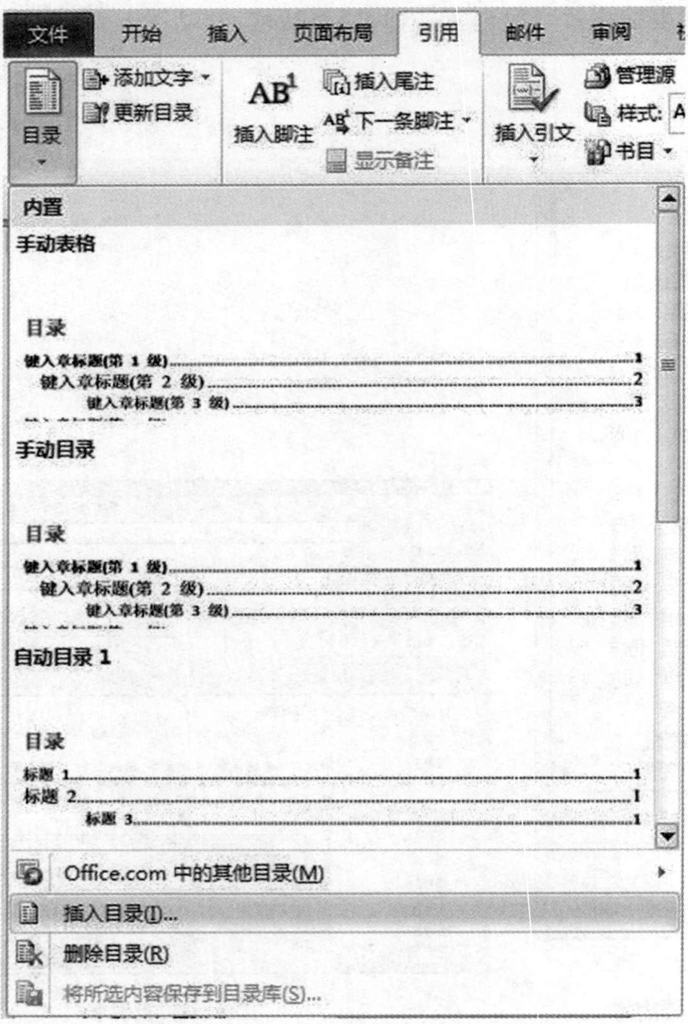

图 2-139　插入目录

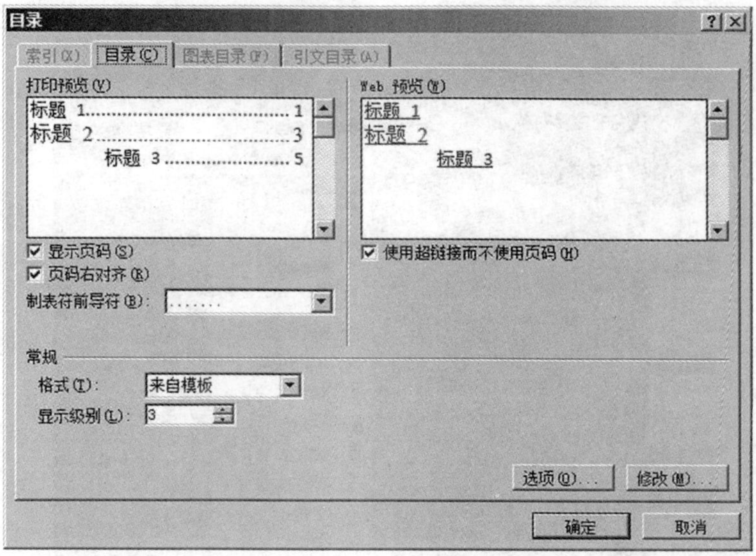

图 2-140　设置所需目录选项

1 导　论……………………5
1.1 模式转换技术研究的意义和目的……………………5
1.2 国内外研究现状……………………6
1.3 本文研究的主要内容……………………6
1.4 论文的体系结构……………………7
2 模式转换的关键技术……………………7
2.1 Java 语言……………………7
2.1.1 Java 简介……………………7
2.1.2 Java 的主要特性……………………8
2.2 Java Native Interface 技术……………………8
2.2.1 JNI 技术介绍……………………8
2.2.2 JNI 技术规范……………………8
2.2.3 JNI 的应用范畴……………………9
2.3 组件对象模型……………………9
2.3.1 COM 技术概述……………………9
2.3.2 COM 组件……………………10
2.3.3 COM 对象与接口……………………10
3 C/S 到 B/S 模式转换方法探讨……………………10
3.1 软件复用技术……………………10
3.2 基于 COM 组件的软件复用技术……………………10
3.2.1 组件复用技术……………………10
3.2.2 基于 COM 组件复用技术……………………11
3.3 C/S 到 B/S 模式转换方法探讨……………………11

图 2-141　插入目录后的效果

（二）修改目录

若文档标题内容或文档页码作了修改，目录修改只需要如下操作：在目录上单击右键，在弹出的快捷菜单中选择【更新域】命令，弹出对话框，如图 2-142 所示，根据需要选择相应的选项，单击【确定】即可。

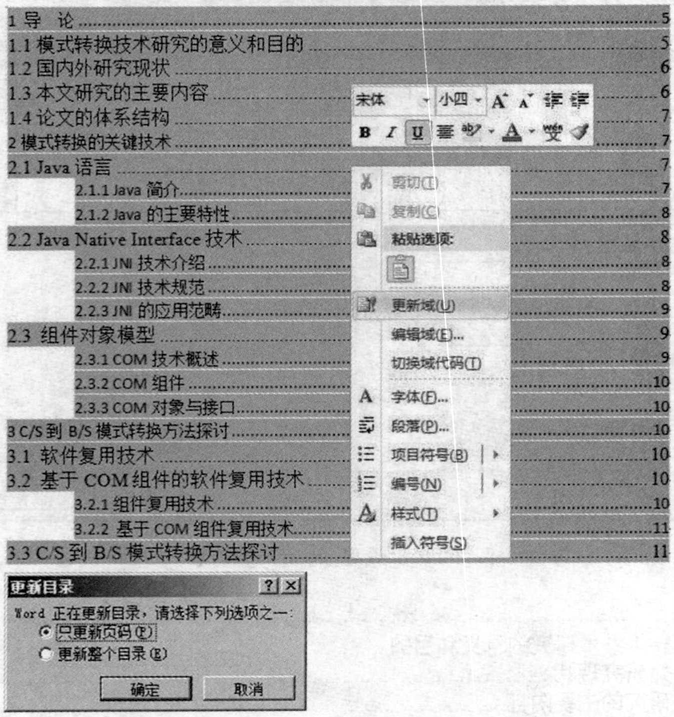

图 2-142　更新目录

六、使用分隔符隔开内容

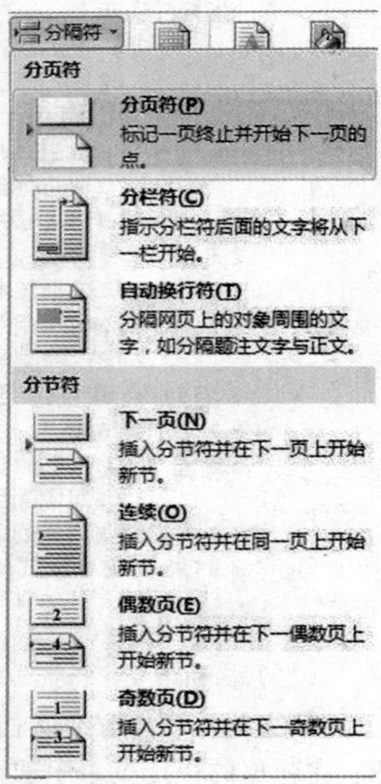

图 2-143　设置分隔符

分隔符有分页符和分节符两种，分页符用于分隔页面，而分节符则用于章节之间的分隔。

(一)设置分页符

在【分页符】选项组中又包含有分页符、分栏符和自动换行符，可根据需要选择不同的分页符插入到文档中。

具体操作如下：将光标定位在要换行的位置，单击【页面布局】选项卡中【页面设置】组的【分隔符】按钮，在弹出的下拉选项中，单击【分页符】选项组所需要的选项，如图 2-143 所示。

【分页符】选项组中各选项的功能如下：

分页符：插入该分页符后，标记一页终止并在下一页开始。

分栏符：插入该分页符后，分栏符后面的文字将从下一栏开始。

自动换行符：插入该分页符后，自动换行符后面的文字将从下一段开始。

提示：移动光标到要成为新的一页内容的开头位置，然后按下【Ctrl＋Enter】键也可以实现文档的强制分页。

（二）设置分节符

为了便于对同一文档中不同部分的文本进行不同的格式化操作，可以将文档分割成多个节，节是文档格式化的最大单位。只有在不同的节才可以设置与前面文本不同的页眉、页脚、页边距、页面方向、文字方向或分栏等格式。分节可使文档的编辑排版更灵活，版面更美观。

插入分节符的方法如下：

第 1 步：将光标移动到要插入分节符的位置。

第 2 步：单击【页面布局】选项卡中【页面设置】组的【分隔符】按钮，在弹出的下拉选项中的【分节符】选项组中可以选择【下一页】、【连续】、【偶数页】或【奇数页】选项插入分节符。

【分节符】选项组中各选项的功能如下：

下一页：插入该分节符后，Word 将使分节符后的那一节从下一页的顶部开始。

连续：插入该分节符后，文档将在同一页上开始新页。

偶数页：插入该分节符后，将使分节符后的一节从下一个偶数页开始，对于普通的书就是从左手页开始。

奇数页：插入该分节符后，将使分节符后的一节从下一个奇数页开始，对于普通的书就是从右手页开始。

提示：删除【分页符】或【分节符】，单击【视图】选项卡中【文档视图】组的【草稿】按钮，将光标定位在【分页符】或【分节符】处，按【Delete】键即可，如图 2-144 所示。

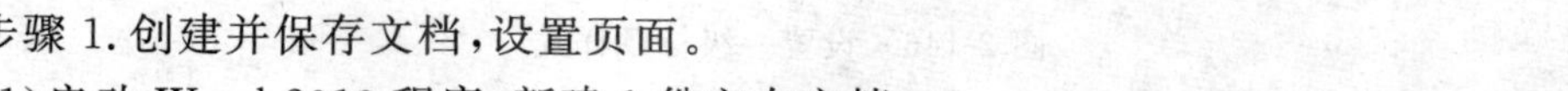

图 2-144 【草稿】视图下删除分隔符

任务实施

步骤 1. 创建并保存文档，设置页面。

(1)启动 Word 2010 程序，新建 1 份空白文档。

(2)将创建的新文档以“毕业论文”为名保存到“D:\毕业资料”文件夹中。

步骤 2. 设置毕业论文的格式。

单击【页面布局】选项卡中【页面设置】组的【页边距】按钮，在下拉选项中选择【自定义边距】按钮，弹出【页面设置】对话框。

具体设置如下：纸张大小设置为“A4”，纸张方向为“纵向”，设置页边距中的上、下、左、右边距分别为“2.5 厘米”“2.5 厘米”“3 厘米”“3 厘米”，如图 2-145 所示。

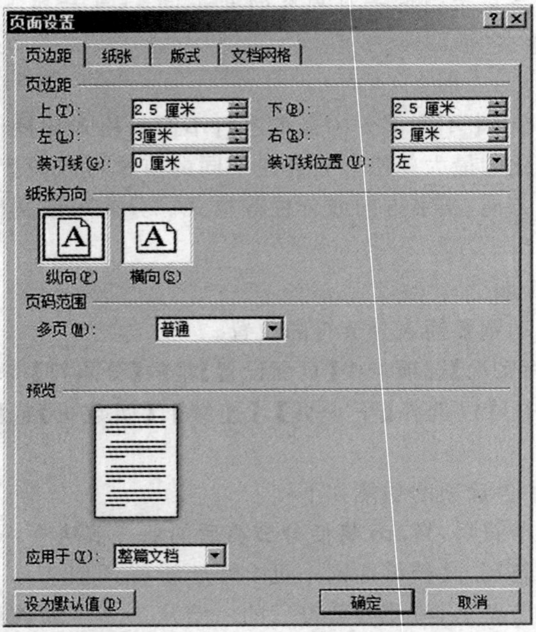

图 2-145 【页面设置】对话框

步骤 3. 编辑"毕业论文"。

(1)录入正文的内容。

(2)制作正文部分的各级标题。

①选择一级标题文字,单击【开始】选项卡中【样式】组的【标题 1】按钮,如图 2-146 所示。

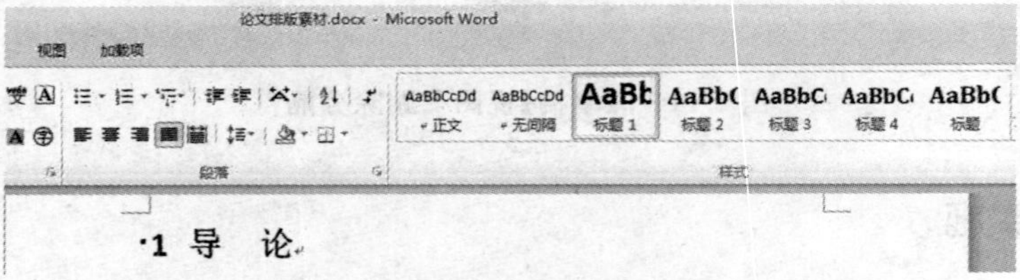

图 2-146 设置一级标题样式

选择二级标题文字,选择【标题 2】按钮,如图 2-147 所示。

图 2-147 设置二级标题样式

同样操作,选择三级标题文字,选择【标题 3】按钮。并将文档中其他标题文字修改各级标题样式。

②选择文档中第一段文字,单击右键,在弹出的快捷菜单中选择【字体】命令,修改中

文字体：宋体，西文字体：Times New Roman，字号：小四，如图 2-148 所示。

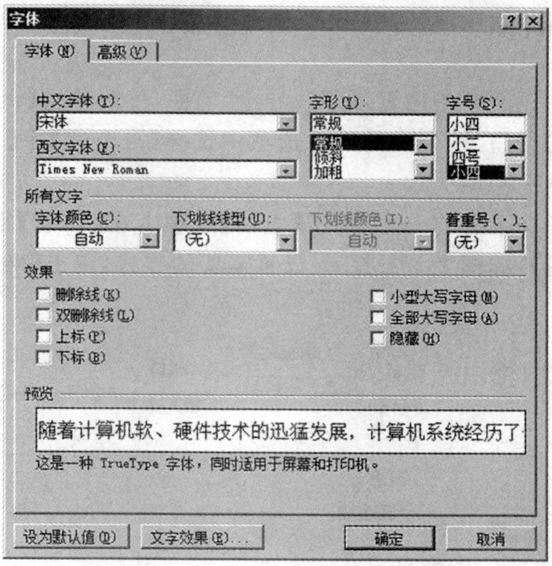

图 2-148　设置第 1 段文字字体格式

同样操作，选择文档第 1 段文字，单击右键，在弹出的快捷菜单中选择【段落】命令，修改特殊格式：首行缩进 2 字符，行距：1.5 倍行距，如图 2-149 所示。

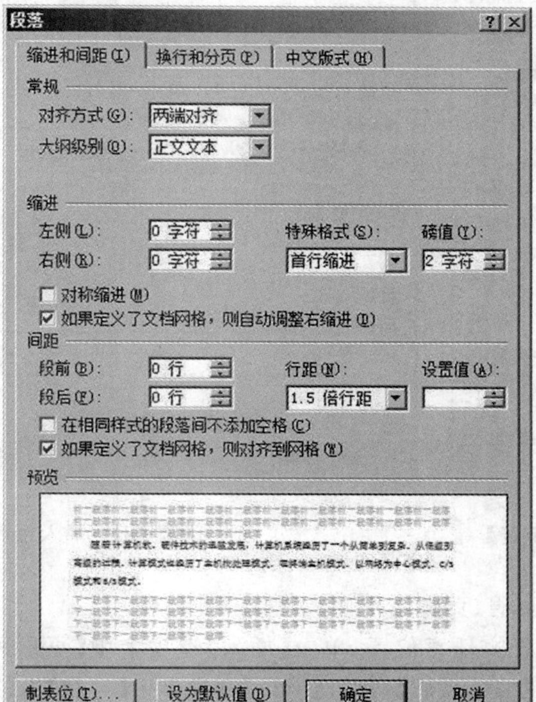

图 2-149　设置第 1 段段落格式

将光标定位在格式后段落任意位置，双击【开始】选项卡中【剪贴板】组的【格式刷】按钮，然后按住左键刷取其他段落统一格式。

步骤 4. 生成目录。

(1)将光标定位在正文开始位置，即“1. 导论”前面，然后单击【页面布局】选项卡中【页面设置】组的【分隔符】按钮，在弹出的下拉选项中选择【分节符】中【下一页】按钮，如图 2-150 所示。

(2)将光标定位正文页的前一页，单击【引用】选项卡中【目录】组的目录按钮，在下拉选项中选择【插入目录】，如图 2-151 所示，设置需要的样式，单击【确定】即可。

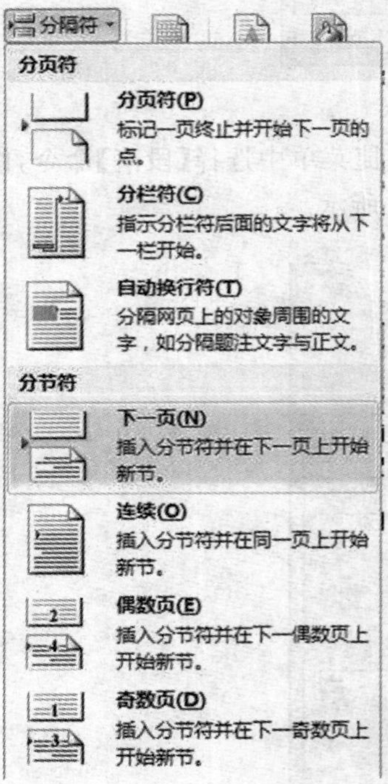

图 2-150　插入【分节符】

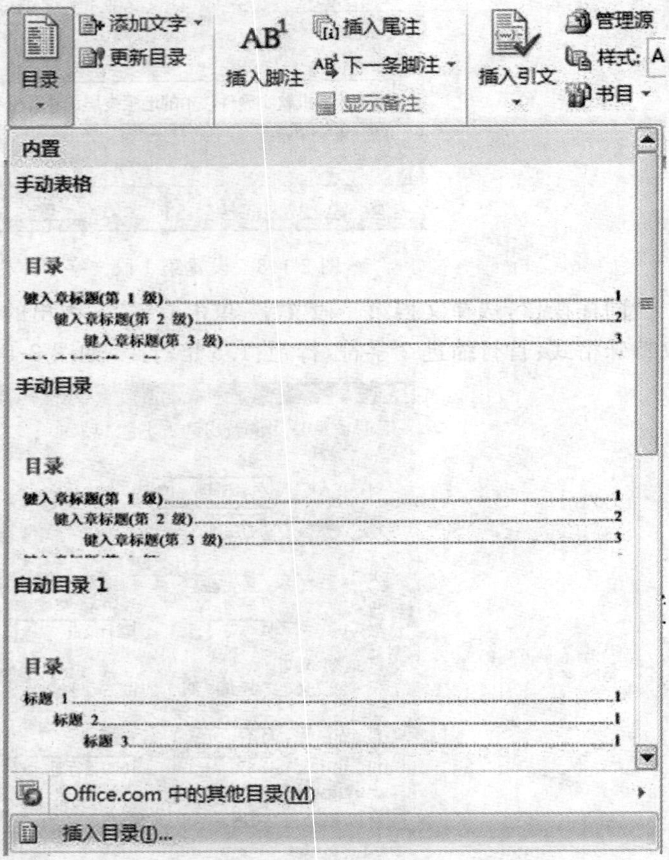

图 2-151　插入目录

步骤 5. 添加不同页眉、页脚。

(1)将光标定位在正文任意位置，单击【插入】选项卡中【页眉和页脚】组的【页眉】按钮，在下拉选项中单击【编辑页眉】，单击【设计】选项卡中【导航】组的【链接到前一条页眉】按钮，取消链接前一节，此时两节可以设置不同页眉，如图 2-152 所示。

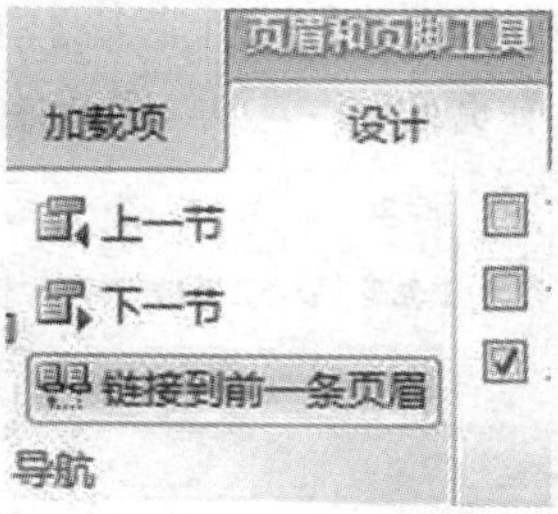

图 2-152　取消【链接到前一条页眉】

输入页眉内容，如图 2-153 所示，双击页眉外任意位置，关闭页眉编辑即可。

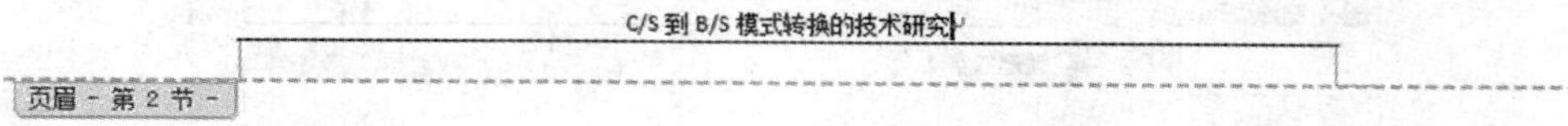

图 2-153　编辑页眉内容

(2)添加页脚，页脚为页码，正文页码从 1 开始。

双击页脚进行页脚编辑，单击【设计】选项卡中【导航】组的【链接到前一条页眉】按钮，此时按钮不再高亮显示，从而取消【与上一节相同】，如图 2-154 所示。

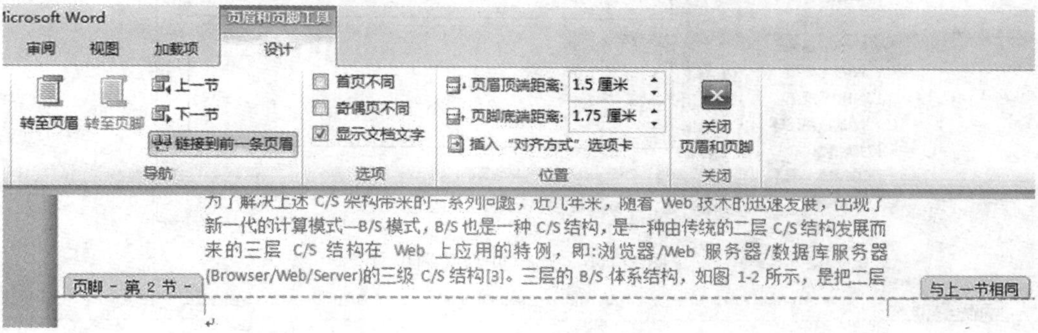

图 2-154　取消【与上一节相同】

单击【设计】选项卡中【页眉和页脚】组的【页码】按钮，在下拉选项中单击【设置页码格式】命令，在弹出【设置页码格式】对话框设置【页码编号】，如图 2-155 所示。

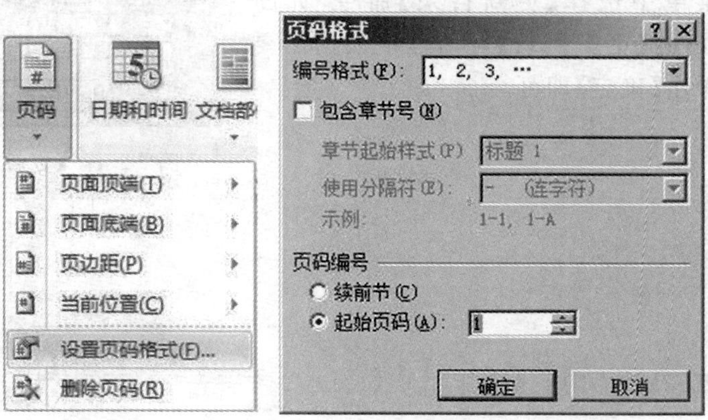

图 2-155　设置本节页码格式

单击【页码】按钮，在下拉选项中选择【页面底端】中需要的页码格式，如图 2-156 所示。此时在页脚中间位置插入本节页码，并且从“1”开始，如图 2-157 所示。

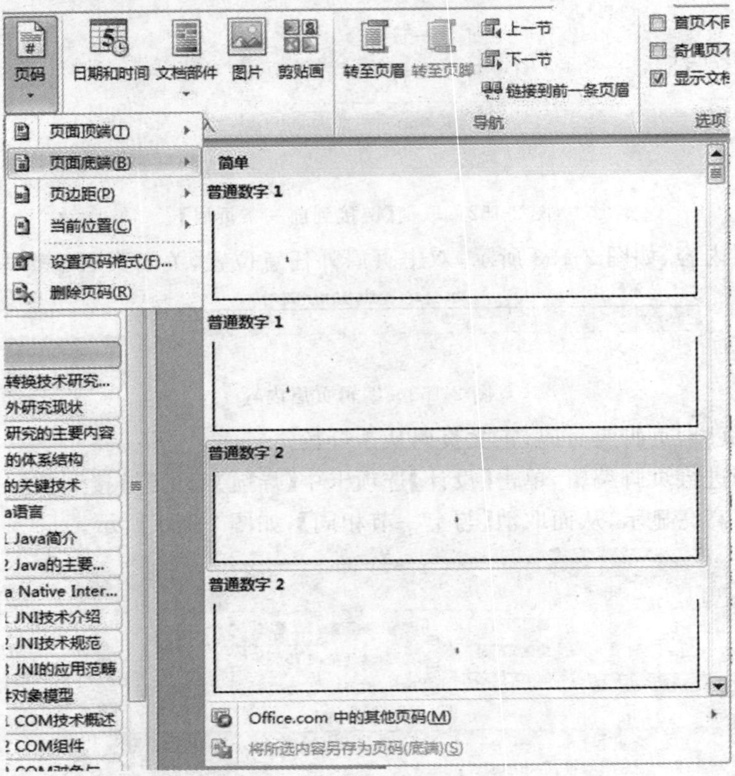

图 2-156　选择页码底端位置

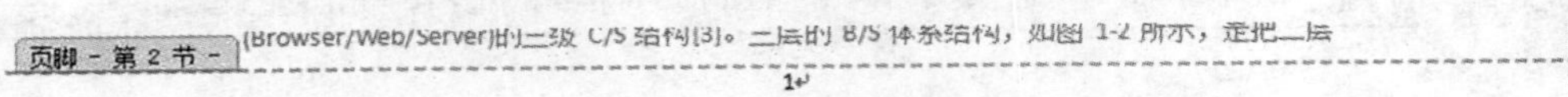

图 2-157　设置本节页码从 1 开始

(3)更新目录，将光标定位在目录上，单击右键，在弹出的快捷菜单中选择【更新目录】命令，如图 2-158所示，在弹出的【更新目录】对话框中根据需要选择选项命令，单击【确定】即可。

(4)保存文档。

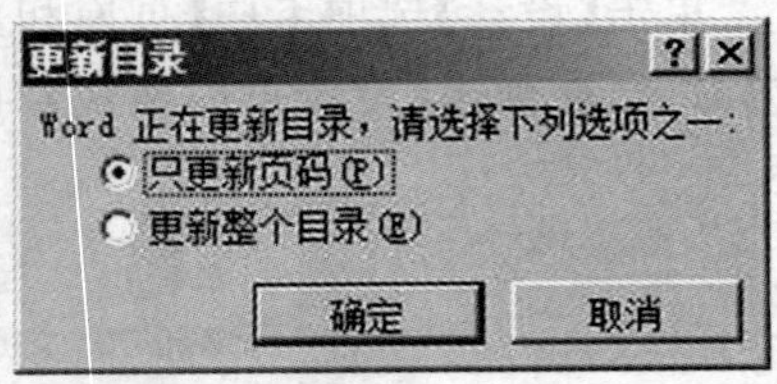

图 2-158　【更新目录】对话框

任务拓展

◎插入批注

◎邮件合并

一、插入批注

批注是文档的审阅者为文档添加的注释、说明、建议、意见等信息。在把文档分发给审阅者前设置文档保护，可以使审阅者只能添加批注而不能对文档正文修改，利用批注有利于保护文档和工作组成员之间的交流。

(一)添加批注

选中要添加批注的文字，单击【审阅】选项卡中【批注】组的【新建批注】按钮，选中的文字将被填充颜色，并且被一对括号括了起来，旁边为批注框。

在批注框中的“批注：”的后面写上批注内容，然后在文档的任意位置单击即可完成添加批注。

(二)编辑批注

如果对批注的内容不满意还可以进行修改。在已经添加了批注的内容上面右击，在弹出的快捷菜单中选择【编辑批注】命令，然后将光标定位在批注上即可进行修改。

(三)删除批注

选择需要删除的批注，单击【审阅】选项卡中【批注】组的【删除】按钮即可；单击【删除文档中的所有批注】可一次性删除所有批注。

提示：单击【批注】组中的【上一条】按钮和【下一条】按钮也可快速地找到要删除的批注。

二、邮件合并

“邮件合并向导”用于在 Word 2010 文档中完成信函、电子邮件、信封、标签或目录的邮件合并工作，采用分步完成的方式进行。下面以使用“邮件合并向导”创建邮件合并信函为例，使用方法如下：

第 1 步：打开 Word 2010 文档窗口，单击【邮件】选项卡中【开始邮件合并】组的【开始邮件合并】按钮，在打开的下拉菜单中选择【邮件合并分步向导】命令，如图 2-159 所示。

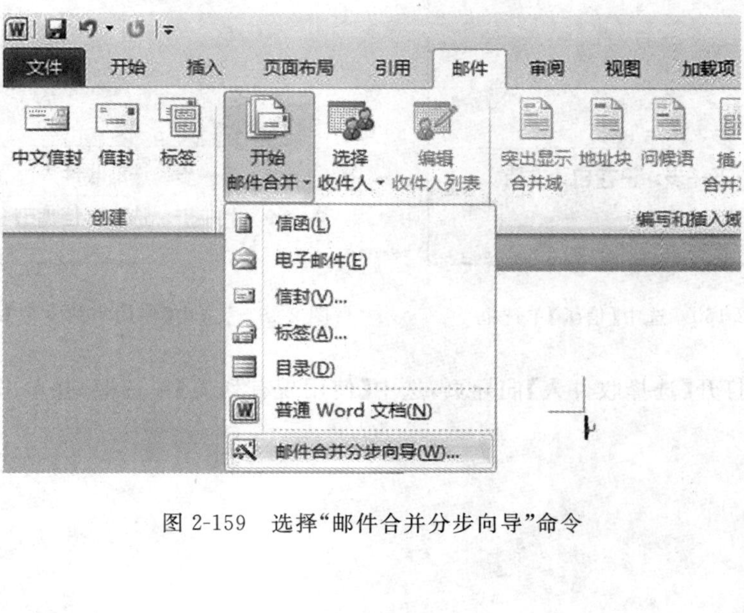

图 2-159 选择“邮件合并分步向导”命令

第 2 步：打开【邮件合并】任务窗格，在【选择文档类型】向导页选中【信函】单选框，单击【下一步：正在启动文档】，如图 2-160 所示。

第 3 步：在打开的【选择开始文档】向导页中，选中【使用当前文档】单选框，并单击【下一步：选取收件人】，如图 2-161 所示。

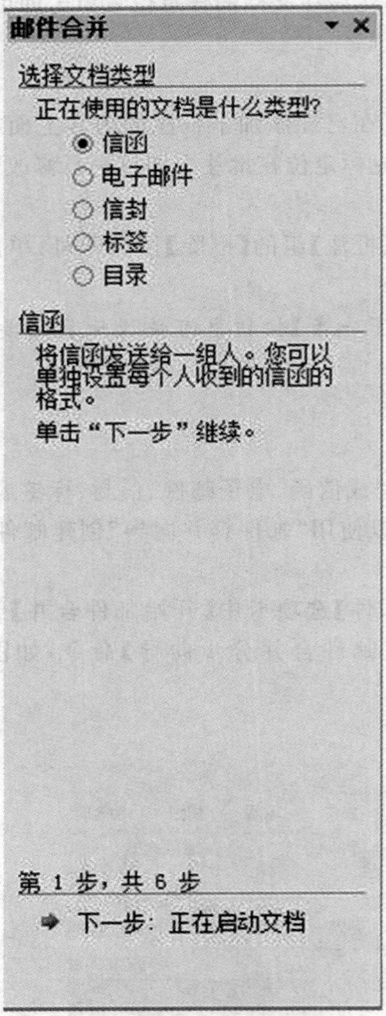

图 2-160　选中【信函】单选框

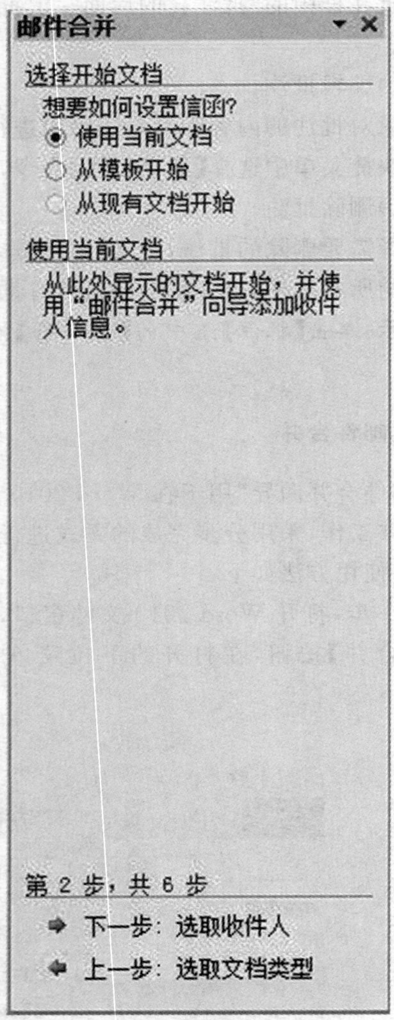

图 2-161　选中【使用当前文档】单选框

第 4 步：打开【选择收件人】向导页，选中【使用现有列表】单选框，并单击【浏览】，如图 2-162 所示。

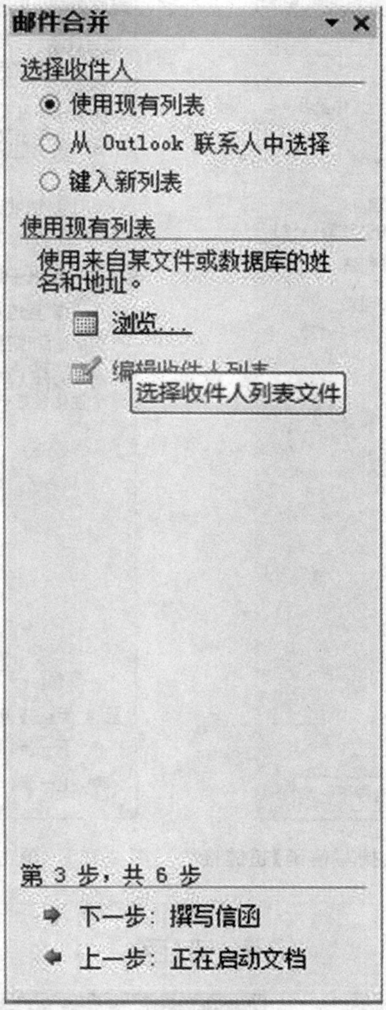

图 2-162　单击【浏览】超链接

打开提前做好的“通讯录.xls”，如图 2-163 所示。

姓 名	性 别	职 务	联系电话	任职单位	联络地址	邮政编码	联络邮件
张海燕	女士	总经理	64075194	北京中达康医疗保健品有限公司	北京东城区北新仓18号	100700	accolades@sina.com
郭文艺	先生	总经理	65543188	北京全景视拓图片有限公司	北京市东城区朝阳门北大街8号	100027	wenyi@bdelsaer.com
高建华	先生	助理总裁	65643298	中国惠普有限公司	北京市朝阳区东三环南路2号	100022	jian-hua-gao@hp.com
麦浩东	先生	网络主管	010-62501200	北京恒电创新科技有限公司	北京市海淀区中关村南大街6号	100086	jeidar@szonline.net
迪特.阿伯乐	先生	经理	65018821	北京京马化纤有限公司	北京市朝阳区甜水园东街18号楼	100026	jingma@ keeven.com

图 2-163　选择通讯录电子表格

第 5 步：单击【下一步：撰写信函】按钮，如图 2-164 所示。

第 6 步：编辑邀请函，将光标定位在需要添加域的位置，单击【其他项目】，如图 2-165 所示，选中需要添加的域“姓名”，单击【插入】按钮，如图 2-166 所示。

图 2-164　单击【下一步:撰写信函】超链接

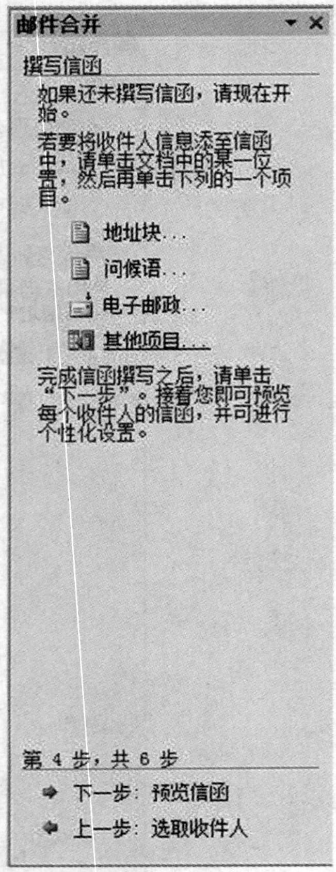

图 2-165　单击【其他项目】超链接

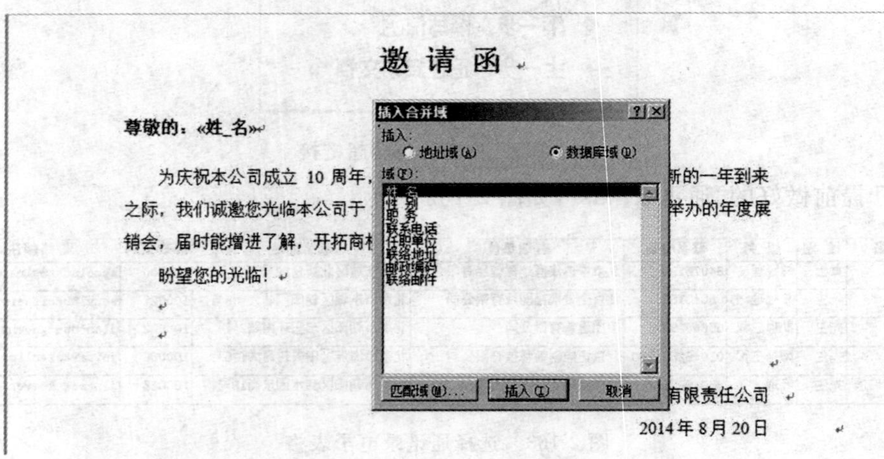

图 2-166　插入合并域

第 7 步:单击【预览信函】按钮,预览信函。

第 8 步:单击【邮件】选项卡中【完成】组的【完成并合并】按钮下拉选项中【编辑单个文档】,如图 2-167 所示,打开【合并到新文档】对话框,如图 2-168 所示,单击【确定】按钮。

就会一次性生成除了姓名不同,其他内容相同的多个文档(文档的个数取决于建立的 Excel 表格里的记录),如图 2-169 所示。

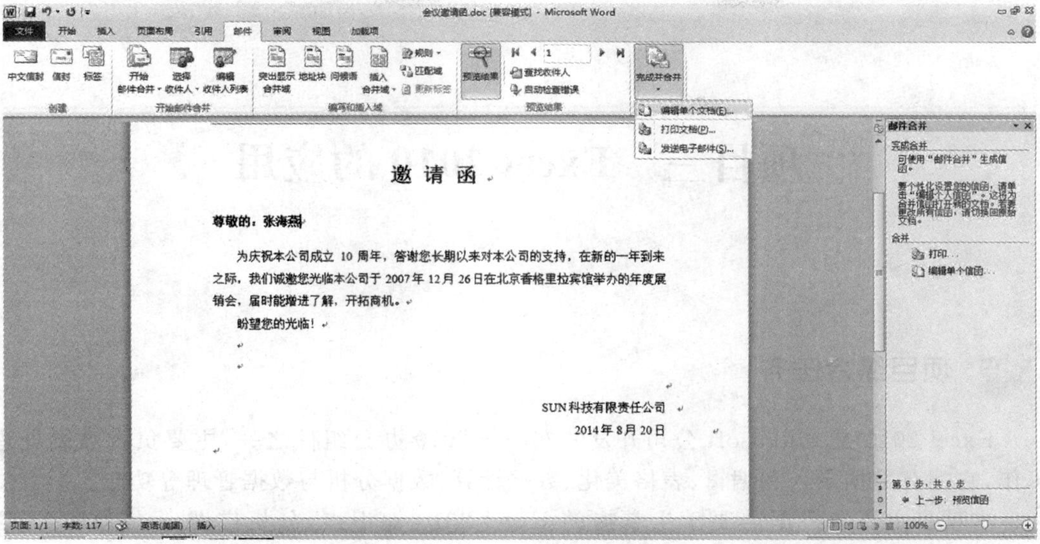

图 2-167　编辑单个文档

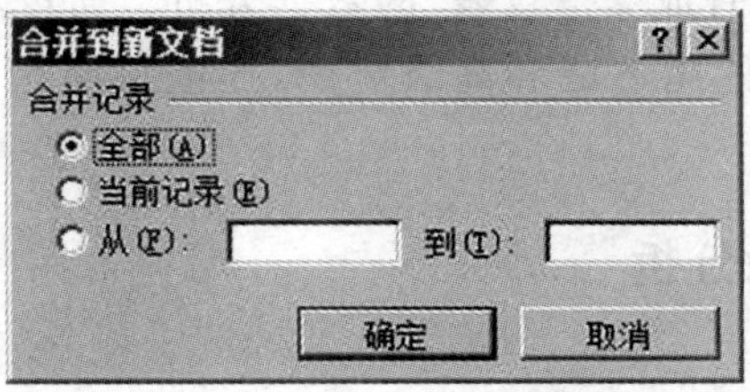

图 2-168　合并到新文档

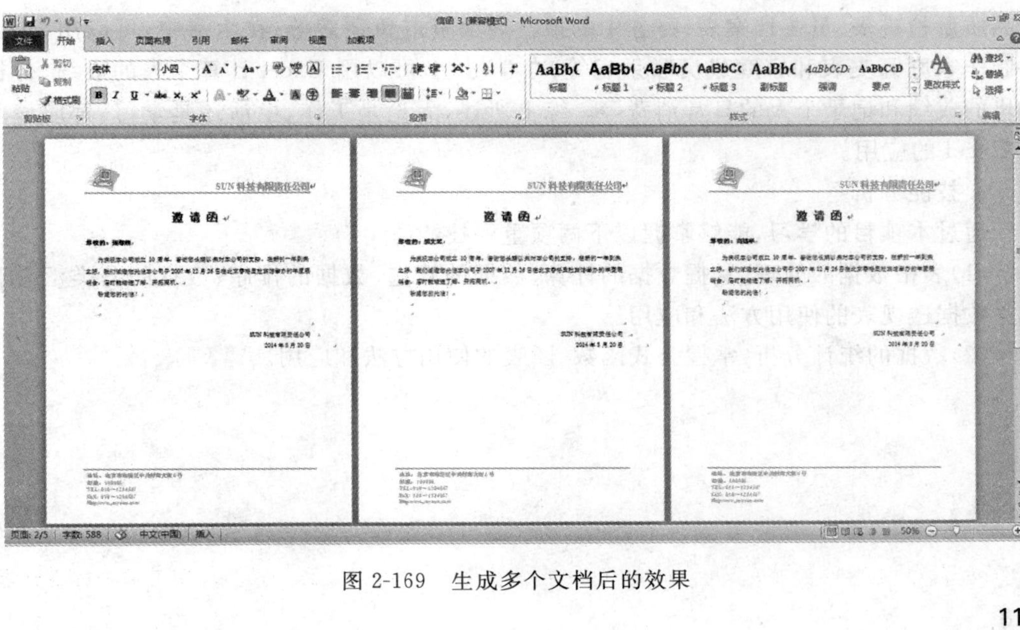

图 2-169　生成多个文档后的效果

项目三　Excel 2010 的应用

项目综合任务

Excel 2010 是 Microsoft 公司开发的 Office 2010 办公组件之一，主要负责数据处理工作，它拥有数据录入和编辑、表格美化、数据计算、数据分析与数据管理等功能。

本项目主要是根据需要学生掌握的 Excel 2010 知识点，分析广潍一汽大众 4S 店 2015 年 10 月成交信息情况，提炼出 3 个工作任务："月成交信息表"的创建和编辑、"月成交信息表"的美化与打印、"月成交信息表"的数据分析。通过本项目的学习，学生不仅能够掌握 Excel 2010 的基本使用方法和高级应用，还能灵活运用所学知识完成实际工作任务。

职业素质与技能分析

1. 职业素质

Excel 广泛应用于数据处理领域，在工作中，可以用 Excel 制作工资表、产品销售表、产品质量检查表、员工档案表、财务中的损益表及资产负债表等；在生活中，可以用 Excel 来制作家庭开支表和家庭成员联系表等；在学习上，可以用 Excel 计算个人的成绩、分析全班的成绩和记录个人的日常消费等。综上所述，无论是工作、生活还是学习，都应该掌握 Excel 的应用。

2. 技能分析

通过本项目的学习，能够掌握以下两项重要技能。

(1)表格数据的处理：掌握数据的计算、数据的筛选、数据的排序、数据的分类汇总和建立数据透视表的使用方法和应用。

(2)数据的统计分析：掌握公式函数、图表的使用方法和应用。

项目实施

任务一 “月成交信息表”的创建和编辑

任务描述

根据“广潍一汽大众 4S 店 2015 年 10 月成交信息情况，制作一个 Excel 工作表，要求包含每个销售人员的基本信息，并且能够充分展示销售人员的销售情况及销售业绩。“月成交信息表”的最终效果如图 3-1 所示。

广潍一汽大众4S店2015年10月份成交信息表

工号	姓名	性别	所在小组	客户留档数	宝来销售量	捷达销售量	高尔夫销售量	速腾销售量	迈腾销售量	CC销售量	合计销售量	成交率
0182531	王娟	女	一组	95	5	3	0	4	3	1	16	16.84%
0182532	乔国红	男	二组	76	4	3	2	3	4	0	16	21.05%
0182533	赵磊	男	一组	88	3	3	0	4	2	1	13	14.77%
0182534	梅海波	男	三组	92	7	6	1	4	2	0	20	21.74%
0182535	朱雁	女	三组	96	6	1	2	5	5	3	22	22.92%
0182536	张婧	女	三组	86	2	5	1	3	3	0	14	16.28%
0182537	吉增国	男	一组	84	2	4	1	1	1	1	10	11.90%
0182538	李薇薇	女	二组	91	3	6	2	2	1	1	15	16.48%
0182539	于雷	男	一组	78	3	2	1	2	2	0	10	12.82%
0182540	殷飞	男	三组	64	2	4	0	3	2	0	11	17.19%
0182541	赵志宇	男	二组	74	1	5	0	0	3	1	10	13.51%
0182542	马晓娟	女	二组	88	4	3	1	3	1	1	13	14.77%
0182543	陈炳霞	女	三组	86	3	4	1	2	2	0	12	13.95%
0182544	臧立堂	男	一组	79	2	3	0	1	4	1	11	13.92%
0182545	付伟	女	二组	98	5	3	2	4	4	2	20	20.41%

图 3-1 “月成交信息表”效果图

任务目标

(1)掌握工作簿和工作表的基本操作。

(2)掌握单元格数据的录入和编辑。

(3)掌握单元格的基本操作。

(4)能够灵活运用公式和函数完成计算。

任务知识

◇Excel 2010 的基本操作

◇工作表的基本操作

◇单元格数据的基本操作

◇单元格和单元格区域的操作

◇公式和函数

一、Excel 2010 的基本操作

(一)新建文档

新建 Excel 2010 文档主要有 3 种方法。

方法 1:单击【开始】→【所有程序】→【Microsoft Office】→【Microsoft Office Excel 2010】命令,即可创建新文档。

方法 2:在打开的 Excel 2010 文档中,单击【文件】选项卡,在左侧列表中单击【新建】按钮,在右侧【可用模板】列表框中双击【空白文档】按钮(或单击【空白文档】按钮后再单击右侧【创建】按钮),即可创建新文档,如图 3-2 所示。

提示:按【Ctrl+N】快捷键可快速新建文档。

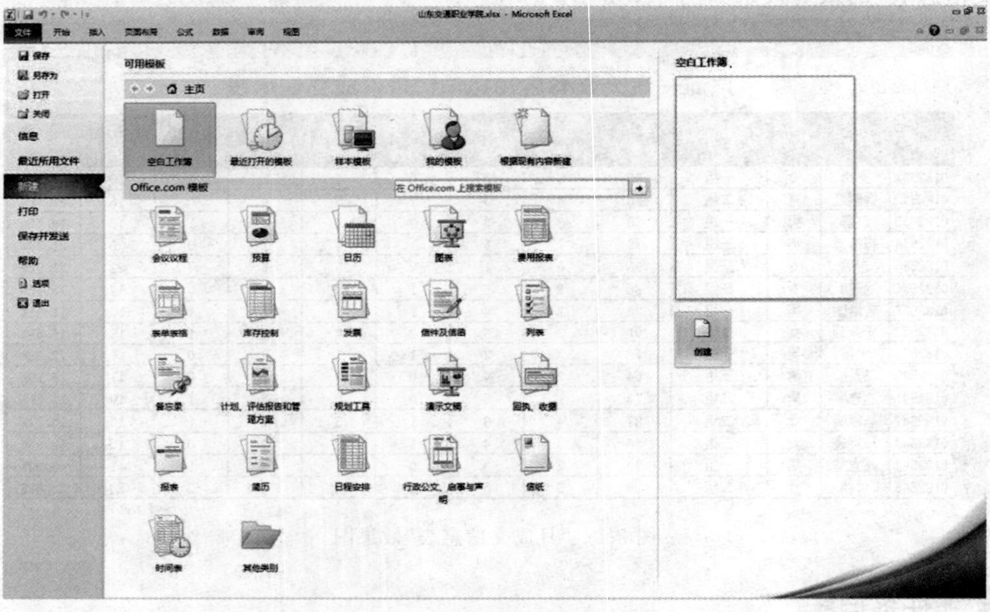

图 3-2 【新建】按钮新建文档

提示:如图 3-2 所示,在【Office. com 模版】列表框中,可以选择多种类型的文档,如会议议程、预算、其他类别等。

方法 3:在 Windows 桌面或文件夹的空白处单击右键,在弹出的快捷菜单中选择【新建】→【Microsoft Excel 工作表】命令,即可创建一个 Excel 文档。

(二)文档的窗口组成

Excel 2010 文档窗口主要由标题栏、功能区、工具栏、文本编辑区和状态栏等部分组成,如图 3-3 所示。

1. 工作表标签

Excel 文档以工作簿为单位保存,新建工作簿里默认包含 3 个工作表,即 Sheet1、Sheet2 和 Sheet3,可以根据需要添加或删除工作表,单击【工作表标签】进行工作表切换。

2. 列和行

用大写英文字母 A,B,C,…,Z,AA,BB,…来表示列标;用阿拉伯数字 1,2,3,…来表示行号。Excel 2010 工作表包含 1048576 行、16384 列。

3. 单元格

单元格是工作表中最基本的数据单元,也是电子表格软件处理数据最小的单位。单元格里最多可以存放 32767 个字符,但只能显示 1024 个字符。

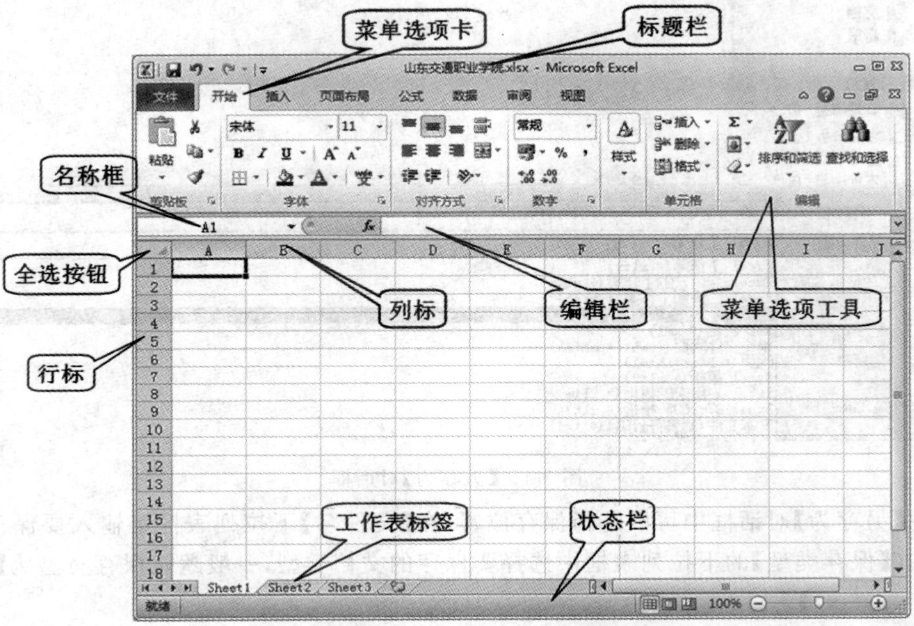

图 3-3　Excel 2010 文档窗口

通常情况下:

(1)由列标和行号来标识这个单元格的地址,列标在前,行号在后。例如,B3。

(2)由多个相邻单元格形成的矩形区域叫作"单元格区域"。例如,A2:D8。

(3)最小的区域是一个单元格,最大的区域是整个工作表。

(4)活动单元格是指当前正在使用的单元格,在屏幕上用带黑色粗线的方框指示其位置。

(三)保存文档

在文档处理过程中要养成随时保存文档的习惯,这样可以避免因误操作、计算机死机或断电而造成的数据损失。

常用保存文档方法如下:

1. 保存新建文档

单击【文件】选项卡,在左侧的列表中单击【保存】按钮(或单击【自定义快速访问工具栏】中的【保存】按钮或按【Ctrl+S】快捷键)。

若是第 1 次保存当前文档,会弹出【另存为】对话框,如图 3-4 所示。

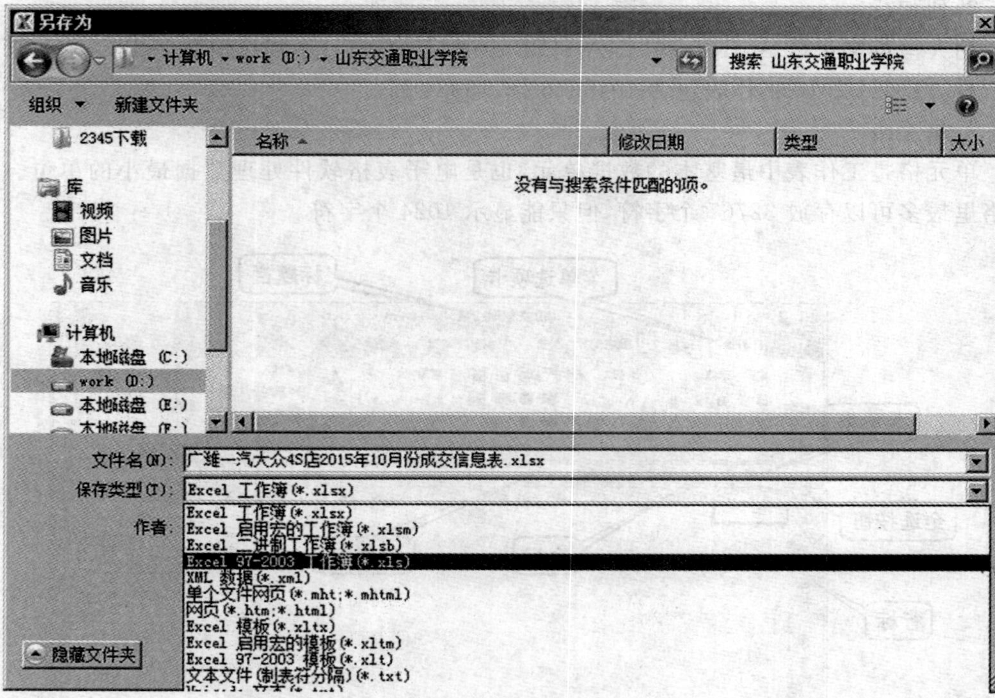

图 3-4 【另存为】对话框

在【另存为】对话框中可以选择保存位置，在【文件名】下拉列表框里输入要保存的文件名，在【保存类型】的下拉列表框中选择要保存的文档类型，一般默认保存类型为【Excel 文档(＊.xlsx)】。

提示：若希望保存的文档能在 Excel 97-2003 版本中打开，【保存类型】选择【Excel 97-2003 文档(＊.xls)】。

2. 保存已有文档

打开已有文档，若只是修改内容，只需保存即可；若修改后文档需要另外保存，不覆盖修改前文档，可单击【文件】选项卡【另存为】按钮，会弹出如图 3-4 所示对话框，可更改修改后文档【保存位置】及【文件名】等信息。

提示：【另存为】文档即已有文档保持不变，又保存了一份修改后的文档。

二、工作表的基本操作

一个 Excel 文档就是一个工作簿，包含多个工作表，可以根据需要对工作表进行添加、删除、复制、切换和重命名等操作。

提示：工作表的插入、删除、移动、复制、重命名操作是不可撤销的。

(一)选择工作表

单击某个工作表标签，可以选择该工作表为当前工作表。按住【Ctrl】键分别单击工作表标签，可同时选择多个工作表。

（二）插入新工作表

方法 1：单击【开始】选项卡中【单元格】组的【插入】按钮，在弹出的下拉列表中选择【插入工作表】选项，如图 3-5 所示。

提示：在如图 3-5 所示选项中，还可以选择【插入单元格】、【插入工作表行】或【插入工作表列】选项，进行单元格、行或列的插入。

方法 2：单击工作表标签右侧的【插入工作表】按钮“ ”，在工作表最后插入一个空白工作表。

方法 3：右击工作表标签，在快捷菜单中选择【插入】命令，然后选择适当的模板，单击【确定】按钮，即可在当前工作表前面插入选定格式的工作表。

（三）从工作簿中删除工作表

方法 1：单击要删除的工作表标签，单击【开始】选项卡中【单元格】组的【删除】按钮，在弹出的菜单中选择【删除工作表】选项，如图 3-6 所示。

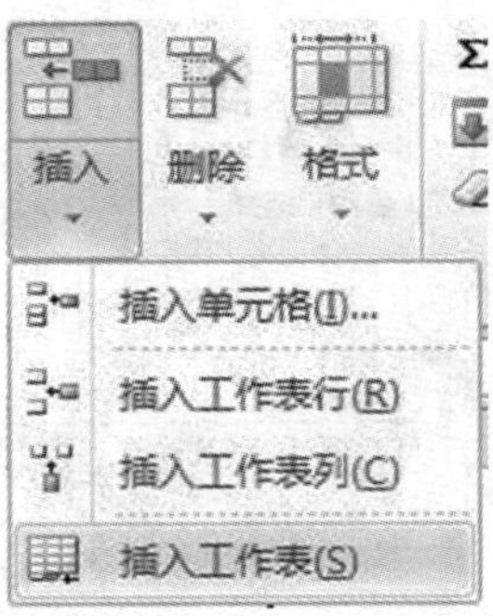

图 3-5 【插入】按钮

图 3-6 【删除】按钮

提示：在如图 3-6 所示选项中，还可以选择【删除单元格】、【删除工作表行】或【删除工作表列】选项，进行单元格、行或列的删除。

方法 2：右击待删除的工作表标签，在弹出的快捷菜单中选择【删除】命令。

（四）重命名工作表

方法 1：将鼠标移动到当前工作表的标签处并双击，此时标签上的名称成高亮显示，然后输入新的名称，输入完毕后，按【Enter】键或单击工作表中任意一个单元格。

方法 2：右击待重新命名的工作表标签，在快捷菜单中选择【重命名】命令，输入新名称，按【Enter】键。

（五）移动或复制工作表

1. 用鼠标直接移动或复制工作表

选定要移动或复制的工作表，用鼠标直接拖动到当前工作簿的某个位置（小黑三角指示处），释放鼠标，即可将该工作表移动或复制（在拖动时按住【Ctrl】键）到指定位置。同样，也可以将选定的工作表移动或复制到其他工作簿。

2. 用快捷菜单移动或复制工作表

右击待移动或复制的工作表标签，在弹出的快捷菜单中选择【移动或复制工作表】命令，弹出【移动或复制工作表】对话框，如图 3-7 所示。选择相应选项后，可以将选定的工作表移动或复制（选中【建立副本】复选框）到本工作簿（或已经打开的其他工作簿）的另外位置。

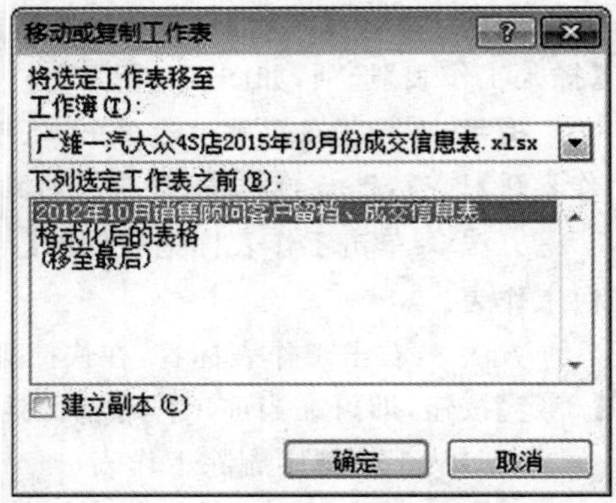

图 3-7 【移动或复制工作表】对话框

（六）工作表隐藏和取消

1. 工作表的隐藏

（1）选择待隐藏的工作表，单击【开始】选项卡中【单元格】组的【格式】按钮，在弹出菜单【可见性】右侧菜单中选择【隐藏工作表】，如图 3-8 所示。

图 3-8 【隐藏工作表】选项

（2）右击待隐藏的工作表标签，在弹出的快捷菜单中选择【隐藏】，如图 3-9 所示。

2. 工作表隐藏的取消

（1）在如图 3-8 所示的选项中，还可以选择【隐藏行】、【隐藏列】、【取消隐藏行】、【取消隐藏列】或【取消隐藏工作表】，进行行、列的隐藏和取消隐藏以及取消工作表的隐藏。

（2）在如图 3-9 所示的选项中，还可以选择【取消隐藏】，进行工作表隐藏取消，此时会弹出【取消隐藏】对话框，如图 3-10 所示，选择需要取消隐藏的工作表，单击【确定】即可。

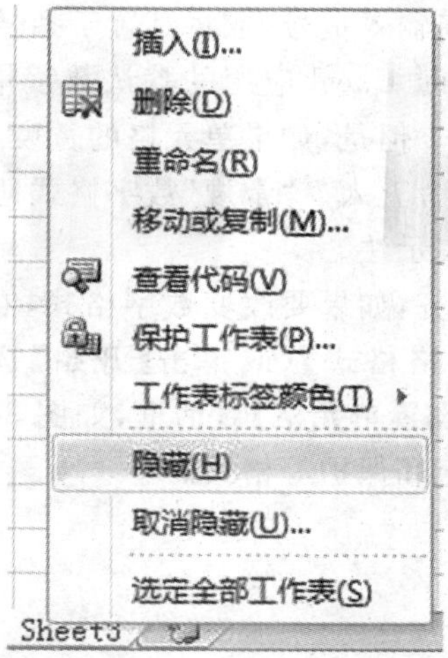

图 3-9 【快捷菜单】隐藏工作表

三、单元格数据的基本操作

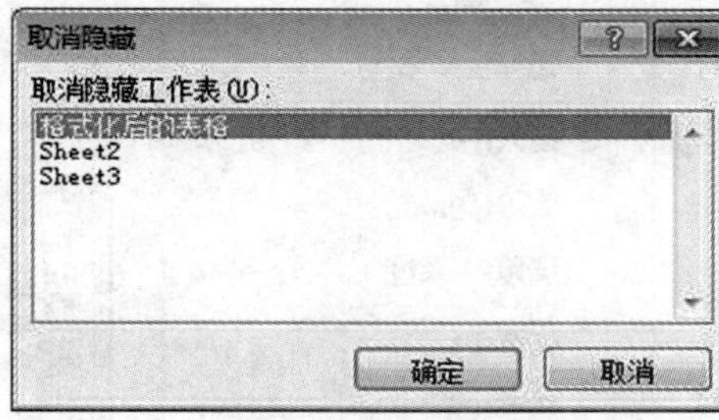

图 3-10 【取消隐藏】对话框

(一)单元格数据的输入与编辑

单击单元格,输入数据,即可输入新数据或将单元格原来数据覆盖。

双击单元格,可对单元格内数据进行修改,方法是将光标定位在需要修改的位置修改即可。另外,也可将光标定位在 Excel 窗口编辑栏进行单元格内数据修改,特别是修改公式等长数据。

提示:若同时在多个单元格内输入相同数据,首先选择需要输入相同数据的多个单元格,然后输入数据,最后按【Ctrl+Enter】键即可。

1. 文本(字符或文字)型数据及输入

(1)文本可以是字母、汉字、数字、空格和其他字符,也可以是它们的组合。

(2)在默认状态下,所有文字型数据在单元格中均左对齐。输入文字时,文字出现在活动单元格和编辑栏中。输入时注意以下两点:

①在当前单元格中,一般文字如字母、汉字等直接输入即可。

②如果把数字作为文本输入(如身份证号码、电话号码、=3+5、2/3 等),应先输入一个半角字符的单引号“'”再输入相应的字符。例如,输入“'01085526366”“'=3+5”“'2/3”。

2. 数字(值)型数据及输入

(1)数字型数据除了数字 0~9 外,还包括+(正号)、-(负号)、“、”、,(千分位号)、.(小数点)、/、$、%、E、e 等特殊字符。

(2)数字与非数字的组合均作为文本型数据处理。

(3)输入数字型数据时,应注意以下几点:

①输入分数时,应在分数前输入 0(零)及一个空格,如分数 2/3 应输入 02/3。如果直接输入 2/3,则系统将把它视作日期,认为是 2 月 3 日。

②输入负数时，应在负数前输入负号，或将其置于括号中。如－8 应输入－8 或(8)。

③“常规”格式是键入数字时 Excel 应用的默认数字格式。大多数情况下，“常规”格式的数字以键入时的方式显示。但是，如果单元格的宽度不足以显示完整数字，“常规”格式会对带小数点的数字进行四舍五入。“常规”数字格式还对较大的数字(具有 12 位或更多位数)使用科学记数(指数)表示法。

④数字格式数据默认右对齐，如果要改变数字格式，右击包含数字的单元格，在弹出的快捷菜单中选择【设置单元格格式】(或单击【开始】选项卡下【数字】组右下角按钮“ ”)，如图 3-11 所示，弹出【设置单元格】对话框，如图 3-12 所示，同时还可以对单元格数据设置对齐、字体、边框、填充和保护等格式。

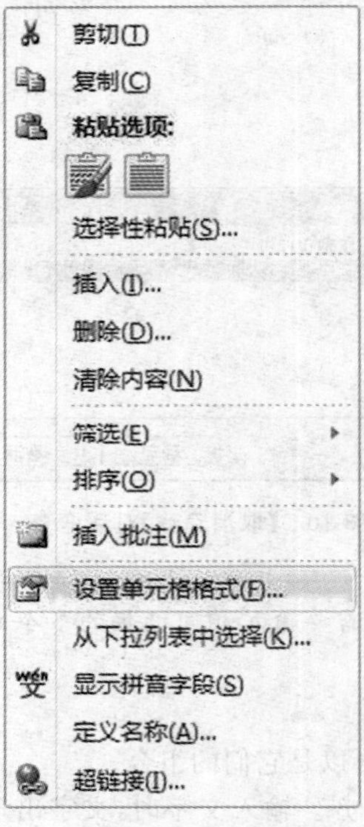

图 3-11　快捷菜单选择【设置单元格格式】

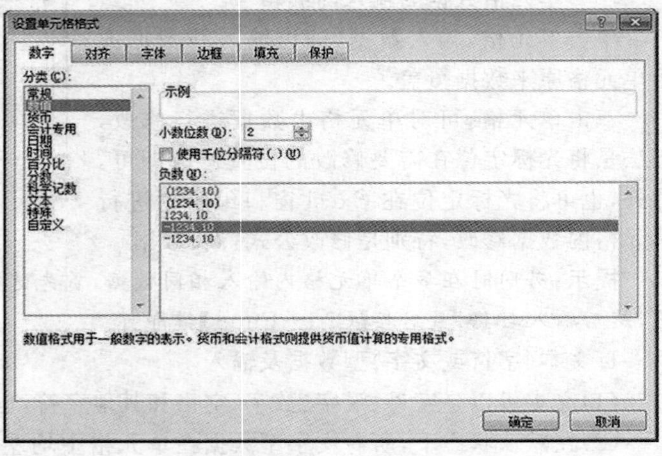

图 3-12　【设置单元格格式】对话框

⑤无论显示的数字的位数如何，Excel 只保留 15 位的数字精度。如果数字长度超出了 15 位，则 Excel 会将多余的数字位转换为 0(零)。

3. 日期和时间型数据及输入

一般情况下，日期分隔符使用“/”或“-”。例如，2016/2/16、2016-2-16、16/Feb/2016 或 16-Feb-2016 都表示 2016 年 2 月 16 日。

(1)如果只输入月和日，取计算机内部时钟的年份作为默认值。例如，在当前单元格中输入 2-16 或 2/16，按【Enter】键后显示 2 月 16 日，当再把刚才的单元格变为当前单元格时，在编辑栏中显示 2016-2-16(假设当前是 2016 年)。Excel 对日期的判断很灵活。例如，输入 2016-2-16 时，Excel 经过判断将认为是日期型数据；输入 16-Feb、16/Feb、Feb-16

或 Feb/16 时，都认为是 2 月 16 日。

(2)时间分隔符一般使用冒号“:”。例如，输入 7:0:1 或 7:00:01 都表示 7 点零 1 秒。可以只输入时和分，也可以只输入小时数和冒号，还可以输入小时数大于 24 的时间数据。如果要基于 12 小时制输入时间，则在时间(不包括只有小时数和冒号的时间数据)后输入一个空格，然后输入 AM 或 PM(也可以是 A 或 P)，用来表示上午或下午，否则，Excel 将基于 24 小时制计算时间。例如，如果输入 3:00 而不是 3:00 PM，将被视为 3:00 AM。

(3)如果要输入当前的日期，则按【Ctrl+“;”(分号)】。如果要输入当前的时间，则按【Ctrl+Shift+“:”(冒号)】。

(4)如果在单元格中既输入日期又输入时间，则中间必须用空格隔开。在如图 3-12 所示的【设置单元格格式】对话框中【数字】选项卡组的【日期】项，可以修改日期格式。

(二)自动填充数据

若输入大量相同的内容、公式，或输入的数据存在等差关系、等比关系时，可以利用 Excel 的自动填充功能完成数据的输入，方法是拖动单元格右下角的填充柄(黑色“十”字形)。

1. 填充相同的数据

方法 1:将数据输入一个单元格后，选中包含此单元格的一个连续区域，选择【开始】选项卡中【编辑】组的【填充】按钮下拉选项中“向下/向右/向上/向左”命令，如图 3-13 所示，可填充与该单元格相同的内容。

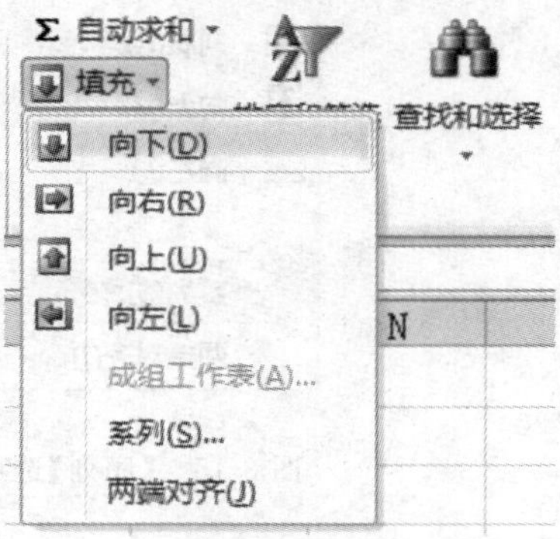

图 3-13 【填充】选项

方法 2:将数据(不具有增减的文本或数字)输入一个单元格后，选中此单元格，将鼠标放置在单元格右下角，当鼠标指针变成黑色“十”字形填充柄，按下左键拖动填充柄，可填充与该单元格相同的内容。

方法 3:将数据输入一个单元格后，选中此单元格，再按下右键拖动填充柄到指定点，在快捷菜单中选择合适的方式填充，如图 3-14 所示。

图 3-14 填充柄快捷菜单

2. 等比或等差数列的填充

方法 1:在相邻的两个单元格中输入成等比或等差级数关系的数字,选定这两个单元格,拖动填充柄。若是等差序列,则按下左键拖动填充柄,直接填充完毕;若是等比序列,则需按下右键拖动填充柄,至目标单元格后释放按键,弹出如图 3-15 所示的快捷菜单,单击快捷菜单中的"等比序列"命令,即可填充相应序列。

方法 2:将数列首项输入一个单元格后,选中包含此单元格的一个连续区域(一行或一列),单击【开始】选项卡中【编辑】组的【填充】按钮快捷选项中【系列】命令,如图 3-15 所示,打开【序列】对话框,如图 3-16 所示,根据需要设置相应的值即可。

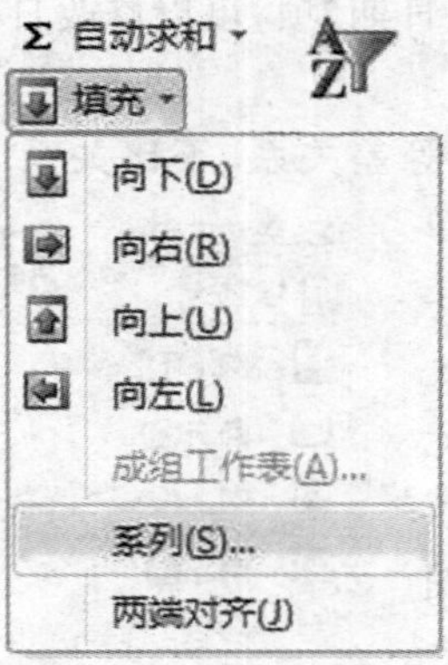

图 3-15 【序列】选项

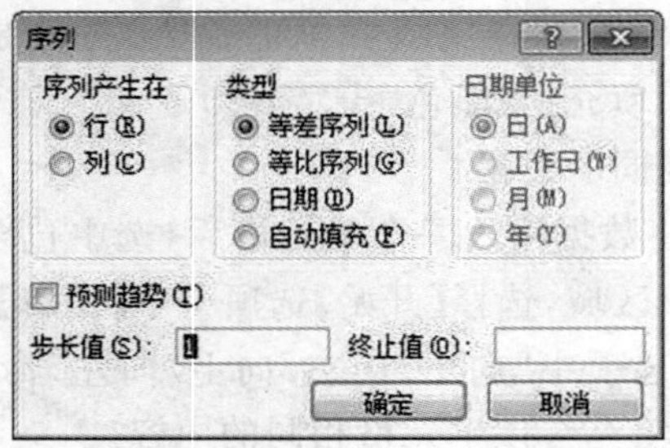

图 3-16 【序列】对话框

3. 用户自定义序列

系统已定义的序列用户可以直接应用。如果用户需要经常应用某个序列,则可自己定义序列。例如:春、夏、秋、冬序列;12 生肖:鼠、牛、虎、兔、龙、蛇……猪序列等。

方法是:

(1)选择【文件】选项卡单击【选项】命令,打开【Excel 选项】对话框,如图 3-17 所示。

(2)选择左侧列表中的【高级】选项,然后单击右侧【常规】中的【编辑自定义列表】按钮,弹出【自定义序列】对话框,如图 3-18 所示。

(3)选择左侧的【新序列】,在右侧的【输入序列】列表中逐项输入自定义的数据序列,每项数据输入完后按【Enter】键,单击【添加】按钮,新定义序列被添加到【自定义序列】列表。

(4)单击【确定】按钮,序列定义完毕。

提示:*也可以在工作表中依次输入序列,然后将其选中,在如图 3-17 对话框中单击【导入】按钮。*

4. 编辑或删除自定义序列

用户自定义的序列,可以进行编辑或删除。注意:不可对系统定义的序列进行编辑或删除操作。

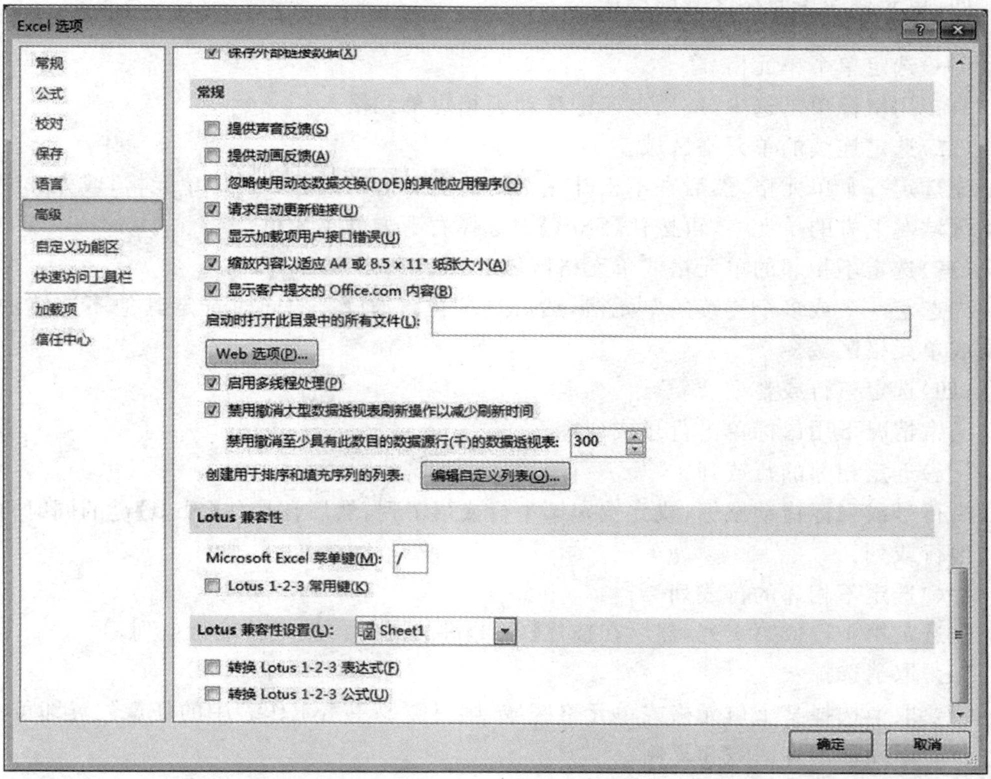

图 3-17 【Excel 选项】对话框

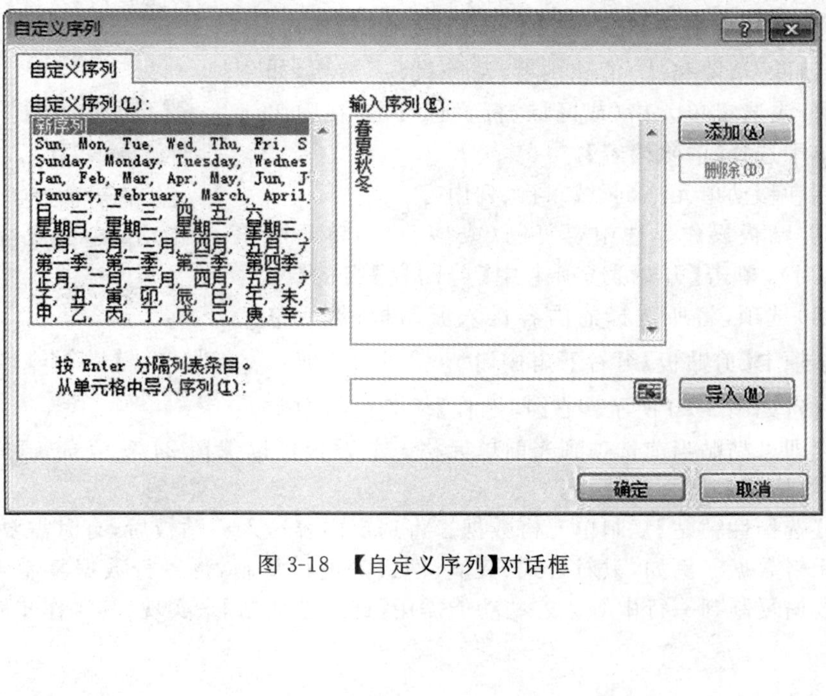

图 3-18 【自定义序列】对话框

四、单元格和单元格区域的操作

（一）选定单个单元格

直接用鼠标单击选中，或用方向键移动到相应单元格。

（二）选定连续的单元格区域

先选定一个单元格，然后在不松开左键的前提下拖动鼠标到目标单元格；或先选中单元格区域左上方的单元格，再按住【Shift】键选择右下方的单元格。

（三）选定不相邻的单元格或单元格区域

先选定一个或多个连续的单元格，然后在按住【Ctrl】键的同时选定其他不连续的单元格或单元格区域。

（四）选定整行或整列

通常情况下用鼠标单击行号或列标。

（五）选定相邻的行或列

沿行号或列标拖动鼠标，或先选定第 1 行或第 1 列，然后在按住【Shift】键的同时再选定其他行或列。

（六）选定不相邻的行或列

先选定第 1 行或第 1 列，然后在按住【Ctrl】键的同时再选定其他行或列。

（七）取消选择

若要取消选择某个单元格或单元格区域，则只需要单击工作表中的任意位置即可。

（八）单元格内容清除和复制

1. 清除单元格内容（只清除单元格中的数据，单元格仍然存在）

选定单元格，按【Delete】键；或选定单元格（或区域、行、列），在【开始】选项卡的【编辑】组中单击【清除】按钮，弹出“全部清除/清除格式/清除内容/清除批注”选项，如图3-19所示；或选定单元格（或区域、行、列）右击，在弹出的快捷菜单中选择【清除内容】。

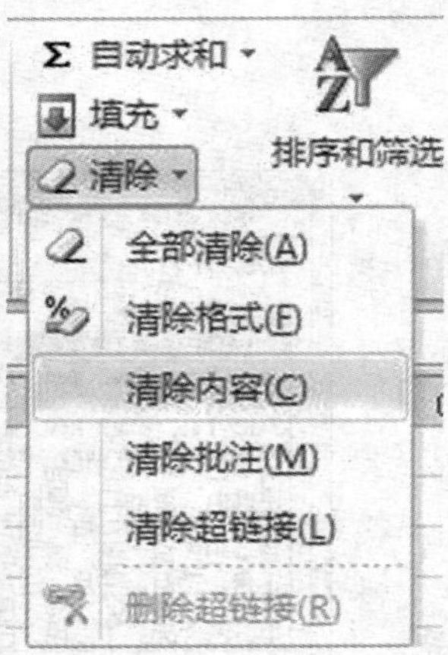

图 3-19 【清除】的下拉列表

2. 复制和移动单元格（区域）、行、列内容

（1）用剪贴板操作。选中要复制（或移动）的单元格（区域、行、列），单击【开始】选项卡中【剪贴板】组的【复制】（或剪切）选项，将所选择的内容送入剪贴板；然后单击【开始】选项卡【剪贴板】组右下角按钮“ ”，打开【剪贴板】任务窗格，如图 3-20 所示。在【剪贴板】任务窗格中单击所需内容即可粘贴当前选项到当前单元格。剪贴板可以保留 24 项信息。可以根据需要选择【全部粘贴】或【全部清空】。

（2）用【选择性粘贴】复制单元格数据。将选定内容送入剪贴板后，有时需要有选择地粘贴出单元格数据。例如，只对公式、数值、格式等进行复制，将一行数据复制到一列中，或将一列数据复制到一行中等。这些功能需用【选择性粘贴】来实现，其操作步骤如下：

①选定要复制单元格数据的区域，用前面的方法将其送入剪贴板(或用快捷键【Ctrl＋C】)；

②选定准备粘贴数据的区域，选择在【开始】选项卡中【剪贴板】组的【粘贴】按钮，在打开的下拉菜单中单击【选择性粘贴】命令，弹出【选择性粘贴】对话框，如图 3-21 所示。按照对话框上的选项选择需要粘贴的内容，单击【确定】按钮。

提示：【选择性粘贴】只能将用【复制】命令定义的数值、格式、公式或批注粘贴到当前选定单元格区域中，对使用【剪切】命令定义的选定区域不起作用。

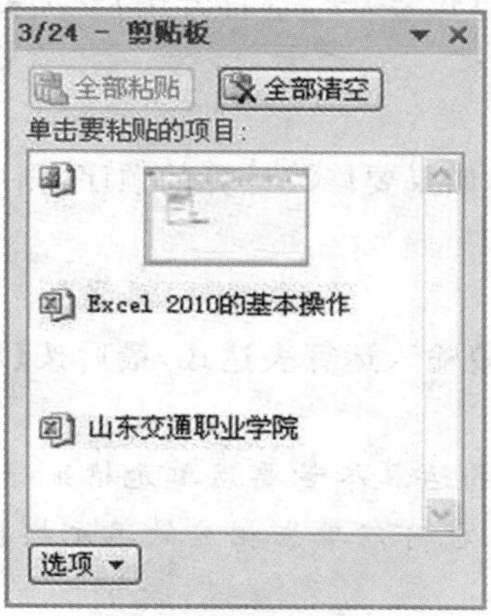

图 3-20 【剪贴板】任务窗格

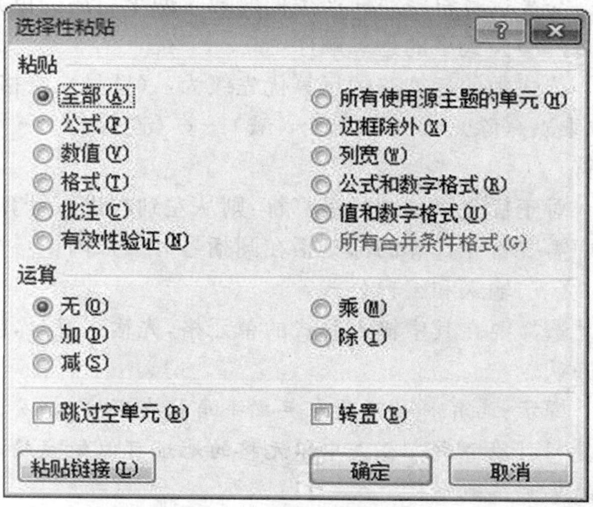

图 3-21 【选择性粘贴】对话框

五、公式和函数

公式是 Excel 2010 重要的内容之一，充分灵活地运用公式，可以实现数据处理的自动化。公式对于那些需要填写计算结果的表格非常有用。当公式引用的单元格的数据修改后，公式的计算结果会自动更新。

Excel 2010 中的公式与数学表达式基本相同，由参与运算的数据和运算符组成，但 Excel 2010 的公式必须以“＝”开头。

(一)公式中的运算符类型

Excel 2010 包含四类运算符：算术运算符、比较运算符、文本运算符和引用运算符。

1. 算术运算符

算术运算符包括＋(加号)、－(减号或负号)、*(星号或乘号)、/(除号)、%(百分号)、^(乘方)，用于完成基本的数学运算，返回值为数值。例如，在单元格中输入“＝2＋5^2”后回车，结果为 27。

2. 比较运算符

比较运算符包括＝(等号)、＞(大于)、＜(小于)、＞＝(大于等于)、＜＝(小于等于)、＜＞(不等于)，用以实现两个值的比较，结果是逻辑值 True 或 False。例如，在单元格中输入“＝3＜8”，结果为 True。

3. 文本运算符

文本运算符 & 用来连接一个或多个文本数据以产生组合的文本。例如，在单元格中输入“=‘职业’&‘学院’”(注意，文本输入时须加英文引号)后按【Enter】键，将产生“职业学院”的结果。输入“=‘职业’&‘技术’&‘学院’”，将产生“职业技术学院”的结果。

4. 引用运算符

单元格引用运算符：:(冒号)，如 A2:E2。

联合运算符：,(逗号)，将多个引用合并为一个引用。

交叉运算符：空格，产生同时属于两个引用的单元格区域的引用。

(二)公式中的运算顺序

公式中的运算符的运算优先级为：:(冒号)、空格、,(逗号)→%(百分比)→^(乘幂)→*(乘)、/(除)→+(加)、-(减)→&(连接符)→=、<、>、<=、>=、<>(比较运算符)。

对于优先级相同的运算符，则从左到右进行计算。如果要修改计算的顺序，则应把公式中需要首先计算的部分括在圆括号“( )”内。

(三)输入和编辑公式

选择要在其中输入公式的单元格，先输入等号，接着输入运算表达式，最后按【Enter】键确认。

提示：运算符必须是在英文半角状态下输入；公式的运算尽量要用单元格地址，以便于复制引用公式。公式中单元格的地址可以键盘输入，也可以单击相应的单元格得到相应的单元格地址。

如果需要修改某公式，则先单击包含该公式的单元格，在编辑栏中修改即可；也可以双击该单元格，直接在单元格中修改。

(四)在公式中使用函数

Excel 2010 提供了许多内置函数，共有财务、日期与时间、数学与三角函数、统计、查找与引用、数据库、文本、逻辑、信息等 9 类几百种函数，为用户对数据进行运算和分析带来了极大的方便。

函数一般是由函数名、括号和参数组成的，格式为“函数名(参数)”，例如，“=SUM(B2:E2)”。函数名一般是英文单词的缩写，参数即参加该函数运算的单元格、区域、数值或表达式，所以参数一般会是单元格名称、区名称、具体的数值或运算符号，若是不连续的区域，则用英文状态下的“,”分隔多个区域的名称。当函数以公式的形式出现时，则应在函数名称前面输入等号。

函数的使用方法有两种：

方法 1：单击【公式】选项卡，可调用所有函数的类型，如图 3-22 所示。

方法 2：选择【插入函数】按钮，打开图 3-23 所示的【插入函数】对话框。Excel 内置了几类比较常用的函数，需要时可以调用它们来实现运算。

在 Excel 中，使用【自动求和】等命令，实际是调用了求和(SUM)等函数，Excel 会自动识别结果单元格左侧或上方的连续数字单元格区域，将它们作为参数，自动将其作为要进行求和运算的区域。如果这个区域正好是预备参加运算的区域，则可确定公式，否则需重新选择正确的区域。

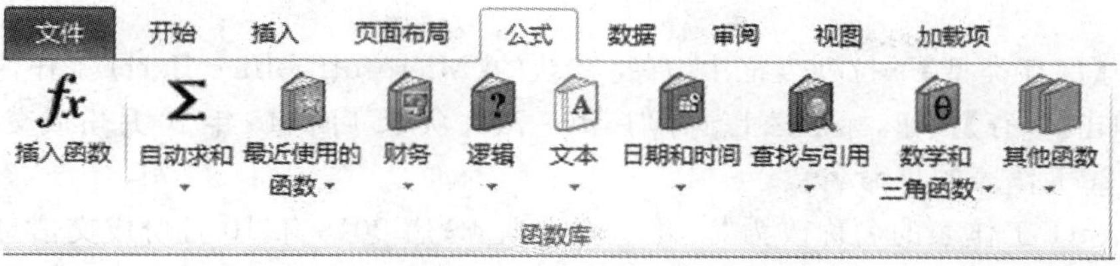

图 3-22 【公式】选项卡的【函数库】组

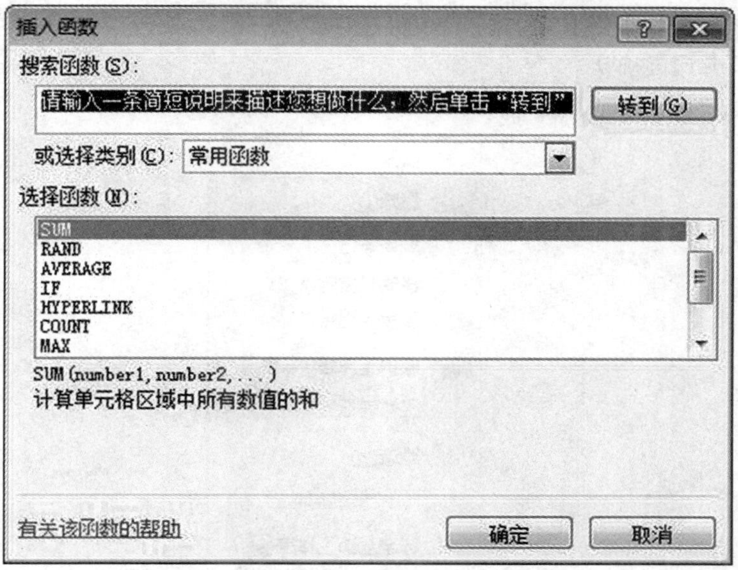

图 3-23 【插入函数】对话框

(五)公式和函数的自动填充

若某列/行数据的计算公式或函数相同，则可使用自动填充提高计算效率。操作方法是：选择公式所在单元格，移动鼠标到单元格的右下角，此时鼠标指针变为黑色“十”字形填充柄，按住左键拖动填充柄经过目标区域后放开左键即可。

任务实施

步骤 1. Excel 工作簿的新建和保存。

新建 Excel 工作簿并命名为“广潍一汽大众 4S 店 2015 年 10 月份成交信息表”，保存路径为“D:\计算机技能培训\Excel”文件夹。

(1)单击【开始】按钮，从【开始】菜单中选择【程序】→【Microsoft Office】→【Microsoft Office Excel 2010】命令，启动 Excel 2010 应用程序，系统自动创建一个空白工作簿“Book1”。

(2)单击【常用】工具栏上的【保存】按钮“”，打开【另存为】对话框，在【保存位置】下拉列表框中选择文档的保存位置为“D:\计算机技能培训\Excel”文件夹。

(3)在【文件名】组合框中输入文档的名称“广潍一汽大众4S店2015年10月份成交信息表”。

(4)在【保存类型】下拉列表框中,保持默认的【Microsoft Office Excel工作簿】类型。

(5)单击【保存】按钮,标题栏上显示“广潍一汽大众4S店2015年10月份成交信息表”。

步骤2.工作表的重命名。

将Sheet1工作表的名称改为“广潍一汽大众4S店2015年10月份成交信息表”。

工作表的重命名可通过以下两种方式实现:

方法1:右击Sheet1工作表标签,在弹出的快捷菜单中选择【重命名】命令,如图3-24所示,进入工作表名称编辑状态,输入新的名称“广潍一汽大众4S店2015年10月份成交信息表”,按【Enter】键确认。

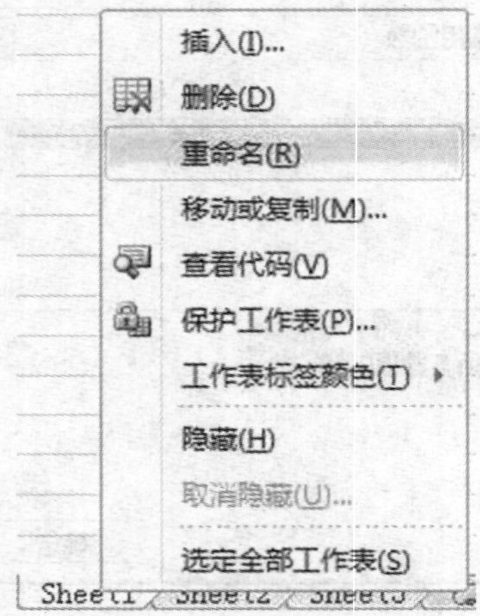

图3-24 工作表【重命名】命令

方法2:双击Sheet1工作表标签,直接进入工作表名称编辑状态,输入新的名称“广潍一汽大众4S店2015年10月份成交信息表”,按【Enter】键确认。

步骤3.数据的录入与编辑。

(1)输入表格标题。在Sheet1工作表中,选中A1单元格,输入“广潍一汽大众4S店2015年10月份成交信息表”,按【Enter】键确认,活动单元格移至A2单元格。

(2)输入行标题。

①依次往A2:N2单元格区域中输入以下内容:工号、姓名、性别、所在小组、客户留档数、宝来销售量、捷达销售量、高尔夫销售量、GTI销售量、速腾销售量、迈腾销售量、CC销售量、合计销售量、成交率。

②列标题中的“宝来销售量”等需要居两行显示,需要在输入“宝来”后,按【Alt+Enter】键另起一行输入“销售量”,或在【单元格格式】对话框中的【对齐】选项卡中选中【自动换行】项。

(3)输入“工号”内容。

①选中 A3:A11 单元格区域,单击右键,在弹出的【单元格格式】对话框的【数字】选项卡中设置为【文本】格式,如图 3-25 所示,在 A3 和 A4 中输入“0182531”和“0182532”,使用鼠标选中 A3:A4。

②将鼠标指针移到选中区域的右下角的填充柄处,此时指针呈细“十”形状,用左键拖曳填充柄到 A17,松开左键,则从 A3 到 A17 以步长为 1 的递增规律填充了从 0182531 到 0182545 的数字。

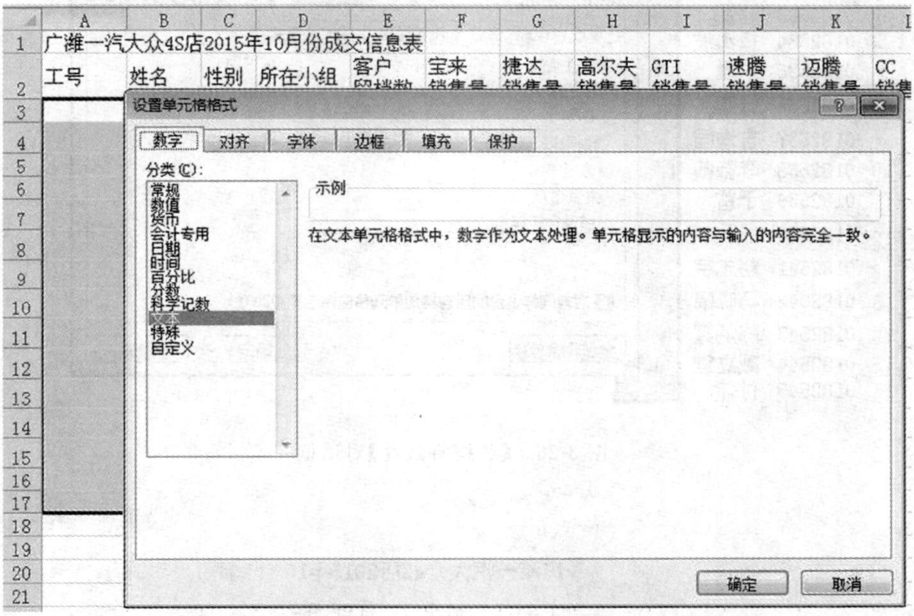

图 3-25 将所选单元格区域格式设置为“文本”

(4)在 B 列中输入“姓名”列的内容。

(5)输入“性别”列内容。

“性别”列数据可通过以下两种方式输入:

方法 1:使用【自动填充】填充完毕后选择修改。

①选中 C2 单元格,输入“男”,将鼠标指针置于该单元格右下角,用左键拖曳填充柄。

②单击【性别】应该为“女”的单元格,输入“女”。

方法 2:使用【数据】选项卡的【有效性】命令来辅助实现。

①在表格区域外空白处的连续两个单元格内(如 N1:N2 内)分别输入“男”“女”。

②选中 C3:C17 单元格区域,选择【数据】选项卡中【数据工具】组的【数据有效性】命令,弹出如图 3-26 所示的【数据有效性】对话框。

③将【数据有效性】对话框中的【设置】选项卡中的【允许】项设置为【序列】,【来源】设为“$O$1:$O$2”,可以用鼠标选中,如图 3-26 所示。

单击 C3:C17 单元格区域中的任一单元格，左侧会出现下拉箭头，单击下拉菜单，如图 3-27 所示，可选择“男”或“女”。

(6)依次输入“所在小组”“客户留档数”和“宝来销售量”等列中的数据。

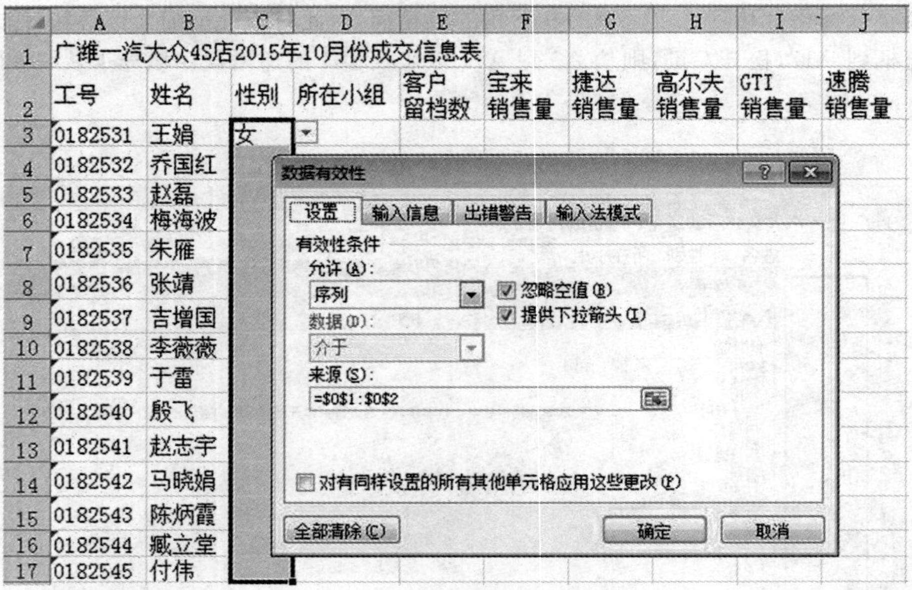

图 3-26 【数据有效性】对话框

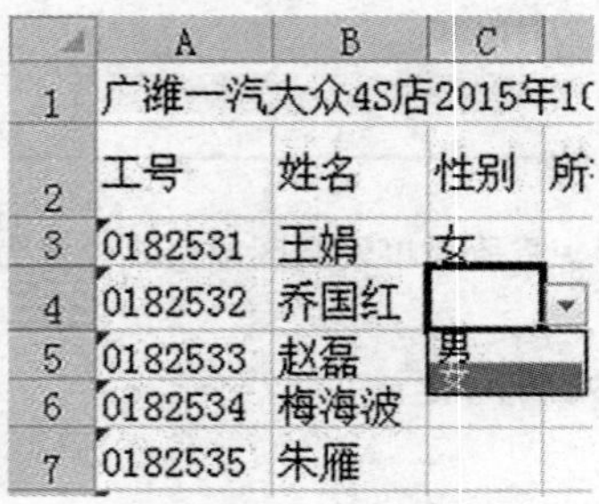

图 3-27 使用下拉菜单输入“男”或“女”

步骤 4. 计算“合计销售量”和“成交率”。

(1)使用函数计算“合计销售量”。

选中 M3 单元格，选择【公式】选项卡中【函数库】组的【自动求和】按钮“Σ ▾”，系统自动构造公式，使用鼠标重新选取 F3:L3 区域作为函数 SUM 的参数，如图 3-28 所示，按【Enter】键确认，得到“合计销售量”的合计结果。使用【自动填充】的方法完成单元格区域 M4:M17 中“合计销售量”的合计结果。

	A	B	C	D	E	F	G	H	I	J	K	L	M	N	O
1	广潍一汽大众4S店2015年10月份成交信息表														
2	工号	姓名	性别	所在小组	客户留档数	宝来销售量	捷达销售量	高尔夫销售量	GTI销售量	速腾销售量	迈腾销售量	CC销售量	合计销售量	成交率	
3	0182531	王娟	女	一组	95	5	3	0	0	4	3	1	=SUM(F3:L3) SUM(number1, [number2], ...)		
4	0182532	乔国红	男	二组	76	4	3	2	0	3	4	0			
5	0182533	赵磊	男	一组	88	3	3	0	1	4	2	1			
6	0182534	梅海波	男	三组	92	7	6	1	0	4	2	0			
7	0182535	朱雁	女	三组	96	6	1	2	1	5	5	3			
8	0182536	张靖	女	三组	86	2	5	1	0	3	3	0			
9	0182537	吉增国	男	一组	84	2	4	1	1	1	1	1			
10	0182538	李薇薇	女	二组	91	3	6	2	0	2	1	1			
11	0182539	于雷	男	一组	78	3	2	1	0	2	2	0			
12	0182540	殷飞	男	三组	64	2	4	0	0	3	2	0			
13	0182541	赵志宇	男	二组	74	1	5	0	1	0	3	1			
14	0182542	马晓娟	女	二组	88	4	3	1	0	3	1	1			
15	0182543	陈炳霞	女	三组	86	3	4	1	0	2	2	0			
16	0182544	臧立堂	男	一组	79	2	3	0	0	1	4	1			
17	0182545	付伟	女	二组	98	5	3	2	1	4	4	2			

图 3-28　使用【自动求和】命令计算“合计销售量”

(2)使用公式计算“成交率”。

①单击 N3 单元格,在其中输入计算公式“＝M3/E3”,如图 3-29 所示,按【Enter】键确认,得到运算结果。利用填充柄填充 N4:N17 单元格,计算所有员工的“成交率”。

②这时的成交率均显示为小数形式,单击右键,在弹出的【单元格格式】对话框内设置分类为“百分比”,【小数点位数】设置为“2”,如图 3-30 所示。

提示:单元格地址的取得,可以手工输入,也可以单击单元格获得。

	A	B	C	D	E	F	G	H	I	J	K	L	M	N
1	广潍一汽大众4S店2015年10月份成交信息表													
2	工号	姓名	性别	所在小组	客户留档数	宝来销售量	捷达销售量	高尔夫销售量	GTI销售量	速腾销售量	迈腾销售量	CC销售量	合计销售量	成交率
3	0182531	王娟	女	一组	95	5	3	0	0	4	3	1	16	=M3/E3
4	0182532	乔国红	男	二组	76	4	3	2	0	3	4	0	16	
5	0182533	赵磊	男	一组	88	3	3	0	1	4	2	1	14	
6	0182534	梅海波	男	三组	92	7	6	1	0	4	2	0	20	
7	0182535	朱雁	女	三组	96	6	1	2	1	5	5	3	23	
8	0182536	张靖	女	三组	86	2	5	1	0	3	3	0	14	
9	0182537	吉增国	男	一组	84	2	4	1	1	1	1	1	11	
10	0182538	李薇薇	女	二组	91	3	6	2	0	2	1	1	15	
11	0182539	于雷	男	一组	78	3	2	1	0	2	2	0	10	
12	0182540	殷飞	男	三组	64	2	4	0	0	3	2	0	11	
13	0182541	赵志宇	男	二组	74	1	5	0	1	0	3	1	11	
14	0182542	马晓娟	女	二组	88	4	3	1	0	3	1	1	13	
15	0182543	陈炳霞	女	三组	86	3	4	1	0	2	2	0	12	
16	0182544	臧立堂	男	一组	79	2	3	0	0	1	4	1	11	
17	0182545	付伟	女	二组	98	5	3	2	1	4	4	2	21	

图 3-29　利用公式计算“成交率”

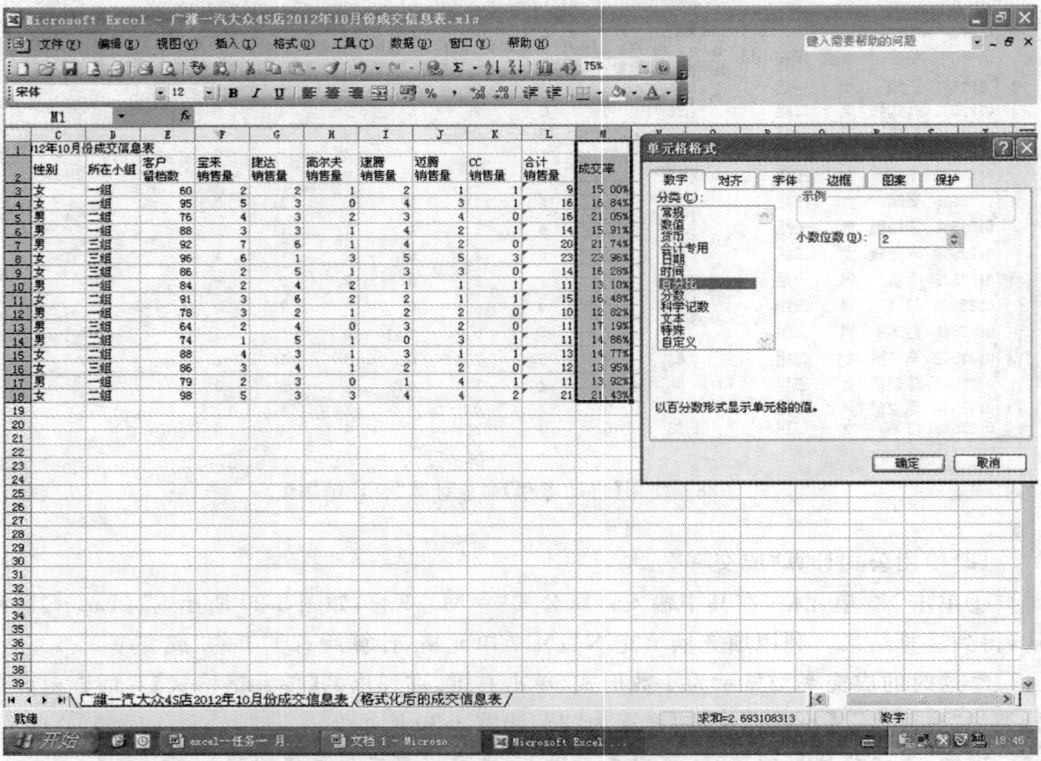

图 3-30　设置"成交率"单元格格式

步骤 5. 行/列的添加与删除。

(1)列的删除。

①根据公司要求,自 2015 年 10 月起将"GTI 销售量"一并汇入到"高尔夫销售量"中,则需要制表人员将"高尔夫销售量"列中的数据修改为当前"高尔夫销售量"和"GTI 销售量"两者的累加数后,再将"GTI 销售量"列删除。

②将"高尔夫销售量"数值修改为当前"高尔夫销售量"和"GTI 销售量"两者的数值累加,需要选取两空白列第 O 列和 P 列作为过渡列,先将每位销售人员的"高尔夫销售量"和"GTI 销售量"之和暂放于 O3:O17,则需要在单元格 O3 中使用求和函数,输入"=SUM(H3:I3)",如图 3-31 所示,计算单元格 O3 的数值,再使用【自动填充】计算单元格 O4:O17 的值。

③选中单元格区域 O3:O17,按【Ctrl+C】组合键复制,选中 P3 单元格,单击右键,在弹出的快捷菜单中选择【选择性粘贴】,在【选择性粘贴】对话框中选择【数值】选项,如图 3-32 所示,则 P3:P17 中的数值为 O3:O17 的数值,即"高尔夫销售量"和"GTI 销售量"两者的数值累加,且不会因接下来"GTI 销售量"列的删除而变化。

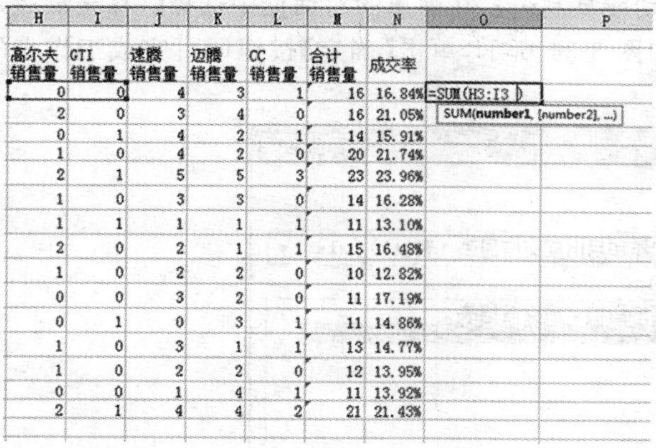

图 3-31 使用求和函数计算单元格 O3 的值

图 3-32 选择【选择性粘贴】中的【数值】选项

④单击列标 I，选中第 I 列即“GIT 销售量”所在列，单击右键，在弹出的快捷菜单中选择【删除】命令，如图 3-33 所示，则删除当前第 I 列。

图 3-33 使用快捷菜单中的【删除】命令删除列

⑤选中单元格 H3:H17，即“高尔夫销售量”数据区域，按【Delete】键清除单元格数据，选中单元格区域 P3:P17，使用【Ctrl＋C】组合键复制，再选择单元格 H3，使用【Ctrl＋V】组合键粘贴，则实现将高尔夫销售量修改为原“高尔夫销售量”和“GTI 销售量”两者的累加数。

(2)行的添加。单击第 3 行行号，右击，在弹出快捷菜单中单击【插入】命令，即在上方插入一行，在其中输入相关数据，并利用自动填充功能计算“合计销售量”和“成交率”。

步骤 6. 工作表的删除和复制。

(1)Sheet2 和 Sheet3 工作表的删除。在单击 Sheet2 工作表标签后，按住【Ctrl】键，再单击 Sheet3 工作表标签，此时两个工作表均被选中，右击，在弹出快捷菜单中选择【删除】命令。

(2)工作表的复制。单击工作表标签“广潍一汽大众 4S 店 2015 年 10 月份成交信息表”，右击，在弹出快捷菜单中选择【移动或复制…】，在弹出的对话框中选择【(移至最后)】和【建立副本】(若不选中则为移动)，如图 3-34 所示，单击【确定】按钮即可完成工作表的复制。

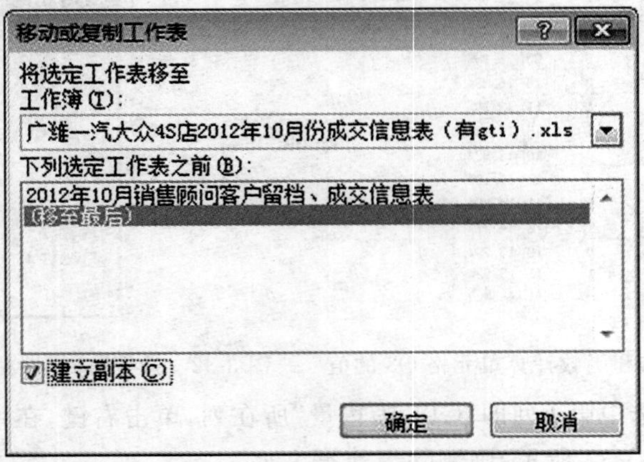

图 3-34 【移动或复制工作表】对话框

步骤 7. 工作簿的保存。

单击保存按钮“ ”，或使用【文件】→【保存】命令进行保存。单击窗口右上角的关闭按钮“×”，或单击【文件】→【关闭】命令关闭文件。如果没有保存，则会弹出提示保存对话框，单击【是】按钮即可。

任务拓展

◇常用函数补充

◇相对引用、绝对引用和混合引用

一、常用函数补充

(一)COUNTIF 函数

格式：COUNTIF(Range, Criteria)

功能：统计某个单元格区域中符合指定条件的单元格数目。

参数说明：Range 代表要统计的单元格区域；Criteria 表示指定的条件表达式。

应用举例：在 C17 单元格中输入公式：=COUNTIF(B1:B13,“>=80”)，确认后，即可统计 B1 至 B13 单元格区域中数值大于等于 80 的单元格数目。

(二)IF 函数

格式：=IF(Logical, Value_if_true, Value_if_false)

功能：根据给定的条件进行判断，若条件是真，则返回第二个参数的值；否则，返回第三个参数的值。

参数说明：Logical 代表逻辑判断表达式；Value_if_true 表示当判断条件为逻辑“真”(TRUE)时的显示内容，如果忽略，则返回“TRUE”；Value_if_false 表示当判断条件为逻辑“假”(FALSE)时的显示内容，如果忽略，则返回“FALSE”。

应用举例：在C29单元格中输入公式：=IF(C26>=18,"符合要求","不符合要求")，确认以后，如果C26单元格中的数值大于或等于18，则C29单元格显示"符合要求"字样，反之显示"不符合要求"字样。

（三）MAX函数

格式：MAX(number1,number2,…)

主要功能：求出一组数中的最大值。

参数说明：number1,number2,…代表需要求最大值的数值或引用单元格（区域），参数不超过30个。

应用举例：输入公式：=MAX(E44:J44,7,8,9,10)，确认后即可显示E44至J44单元格区域和数值7,8,9,10中的最大值。如果参数中有文本或逻辑值，则忽略。

（四）RANK函数

格式：RANK(number,ref,order)

功能：返回某一数值在一列数值中的相对于其他数值的排位。

参数说明：number代表需要排序的数值；ref代表排序数值所处的单元格区域；order代表排序方式参数（如果为"0"或忽略，则按降序排名，即数值越大，排名结果数值越小；如果为非"0"值，则按升序排名，即数值越大，排名结果数值越大）。

二、相对引用、绝对引用和混合引用

Excel提供3种不同的引用类型：相对引用、绝对引用和混合引用（可用功能键【F4】切换），默认方式为相对引用。在实际应用中，要根据数据的关系决定采用哪种引用类型。

（一）相对引用

相对引用是直接引用单元格区域名，不需要加"$"符号。例如，公式=A1+B1+C1中的A1、B1、C1都是相对引用。使用相对引用后，系统记住建立公式的单元格和被引用单元格的相对位置。复制公式时，新的公式单元格和被引用的单元格之间仍保持这种相对位置关系。

（二）绝对引用

绝对引用的单元格名中，列标、行号前都有"$"符号。例如，上述公式改为绝对引用后，单元格中输入的公式应为：=$A$1+$B$1+$C$1。使用绝对引用后，被引用的单元格与引用公式所在单元格之间的位置关系是绝对的，无论这个公式复制到任何单元格，公式所引用的单元格不变，因而引用的数据也不变。

（三）混合引用

混合引用有两种情况，若在列标（字母）前有"$"符号，而行号（数字）前没有"$"符号，被引用的单元格列的位置是绝对的，行的位置是相对的；反之，列的位置是相对的，行的位置是绝对的。例如，$A1是列绝对、行相对，A$1是列相对、行绝对。

任务二 “月成交信息表”的美化与打印

任务描述

通过任务一制作的“月成交信息表”建立了表格并填充了数据，而表格外观还不够专业和美观，也不符合打印要求。本任务对该“月成交信息表”进行美化修饰，对行高/列宽、单元格对齐方式、表格边框、单元格底纹等进行设置，并根据打印需要进行页面设置和打印等操作。最终打印效果如图 3-35 所示。

追求卓越品质，真诚面向用户　　潍坊广潍一汽大众4S店

广潍一汽大众4S店2015年10月份成交信息表

工号	姓名	性别	所在小组	客户留档数	宝来销售量	捷达销售量	高尔夫销售量	速腾销售量	迈腾销售量	CC销售量	合计销售量	成交率
0182530	王慧	女	一组	60	2	2	1	2	1	1	9	15.00%
0182531	王娟	女	一组	95	5	3	0	4	3	1	16	16.84%
0182532	乔国红	男	二组	76	4	3	2	3	4	0	16	21.05%
0182533	赵磊	男	一组	88	3	3	1	4	2	1	14	15.91%
0182534	梅海波	男	三组	92	7	6	1	4	2	0	20	21.74%
0182535	朱雁	女	三组	96	6	1	3	5	5	3	23	23.96%
0182536	张靖	女	三组	86	2	5	1	3	3	0	14	16.28%
0182537	吉增国	男	一组	84	2	4	2	1	1	1	11	13.10%
0182538	李薇薇	女	二组	91	3	6	2	2	1	1	15	16.48%
0182539	于雷	男	一组	78	3	2	1	2	2	0	10	12.82%
0182540	殷飞	男	三组	64	2	4	0	3	2	0	11	17.19%
0182541	赵志宇	男	二组	74	1	5	1	0	3	1	11	14.86%
0182542	马晓娟	女	二组	88	4	3	1	3	1	1	13	14.77%
0182543	陈炳霞	女	三组	86	3	4	1	2	2	0	12	13.95%
0182544	臧立堂	男	一组	79	2	3	0	1	4	1	11	13.92%
0182545	付伟	女	二组	98	5	3	3	4	4	2	21	21.43%

制表人：刘娜　　统计时间截止：2015/10/31

图 3-35　格式化后的“月成交信息表”打印效果图

任务目标

(1)掌握单元格数据的格式设置。

(2)掌握单元格数据的对齐方式。

(3)掌握条件格式和自动套用格式的使用。

(4)掌握行高、列宽的设置方式。

(5)掌握页面设置和打印预览等打印相关操作。

任务知识

◇设置单元格格式
◇设置行高与列宽
◇打印与预览

一、设置单元格格式

Excel 2010 在有关单元格数据格式上的设置包括字体、对齐方式、数字等。要设置数据格式，一般有以下两种方法：

方法 1：选择需要修改格式单元格区域，单击【开始】选项卡中【字体】组、【对齐方式】组、【数字组】中的各按钮进行设置。也可以单击这 3 种右下角按钮“ ”，打开【设置单元格格式】对话框，进行详细设置，如图 3-36 所示。

方法 2：右击单元格区域，在弹出快捷菜单中选择【设置单元格格式】命令，弹出【设置单元格格式】对话框。

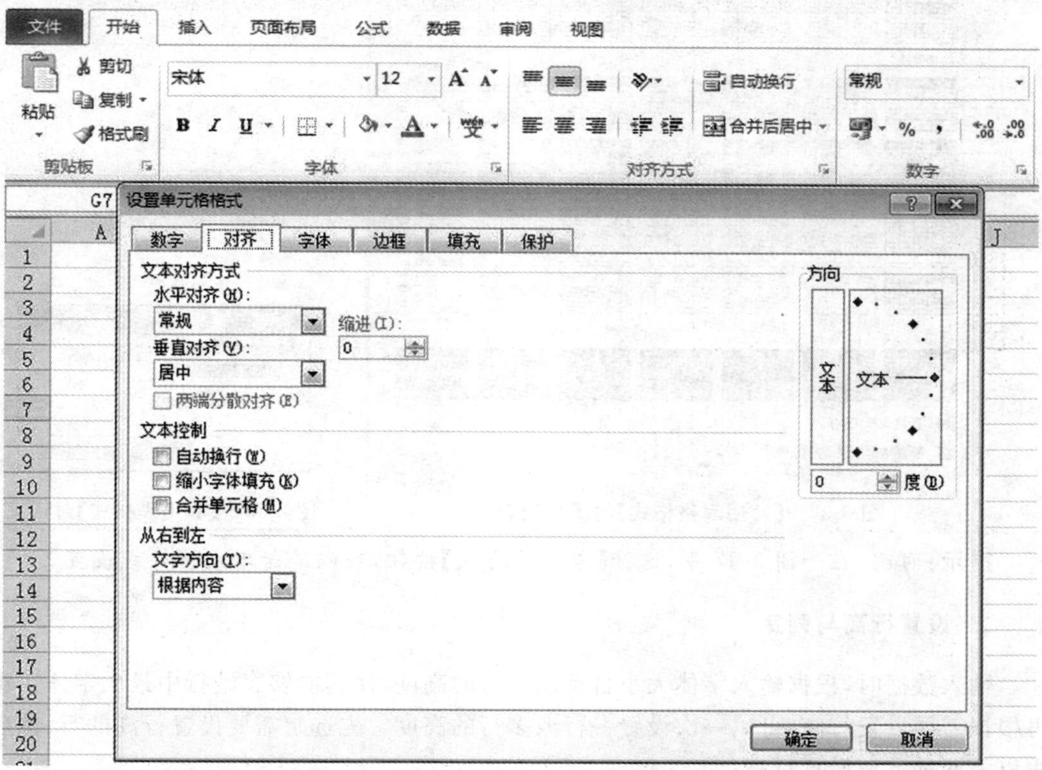

图 3-36 设置单元格格式

提示：单击【设置单元格格式】对话框中相应的选项进行【数字】、【对齐】、【字体】、【边框】、【填充】和【保护】的格式设置。

系统设置了多种专业性的报表格式供选择，可以选择其中一种格式自动套用到选定的工作表单元格区域，通过【套用表格格式】，可以对表格起到快速美化的效果。其应用方法是：

(1)选定要套用自动格式的单元格区域。

(2)单击【开始】选项卡中【样式】组的【套用表格格式】按钮，弹出如图 3-37 所示的【套用表格格式】下拉列表，选择一个合适的格式，即可打开【套用表格格式】对话框，如图 3-38 所示。

(3)选择要套用格式的单元格区域，单击【确定】按钮，将会为选择的数据区设置指定的表格样式。

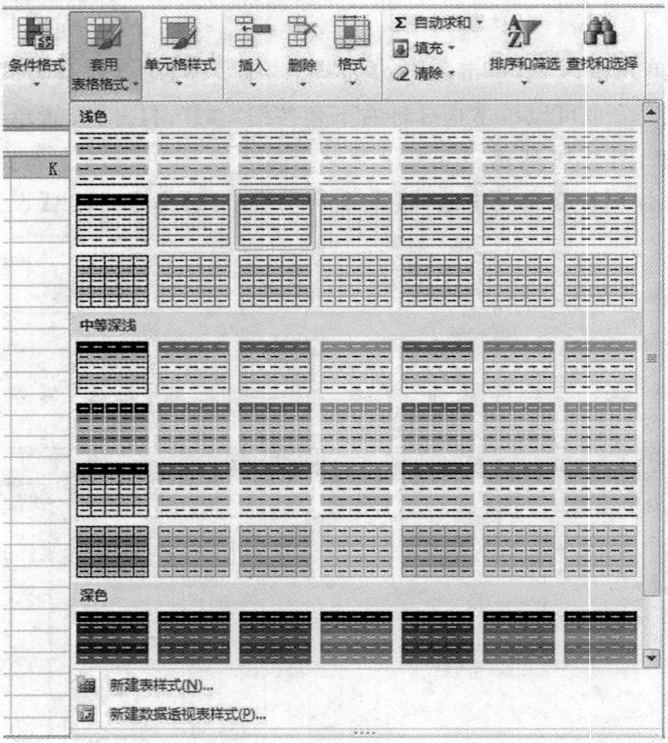

图 3-37 【套用表格格式】的下拉列表

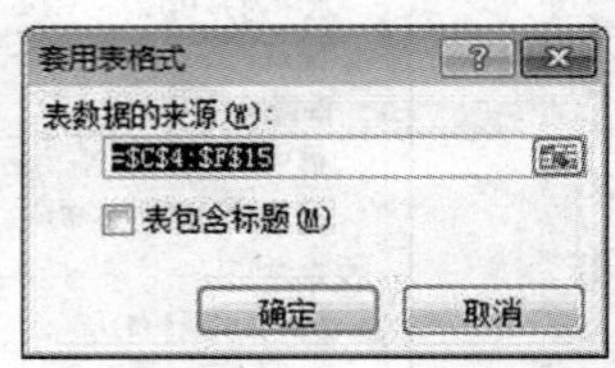

图 3-38 【套用表格式】对话框

提示：同理，在如图 3-37 中，选择【单元格样式】按钮，可以进行单元格样式设置。

二、设置行高与列宽

输入数据时，根据输入字体大小自动调整行的高度，使其能够容纳行中最大字体。也可根据需要设置行高，可以一次设置一行或多行的高度。先选定需要设置行高的行，然后用以下两种方法设置行高：

方法 1：将鼠标移到所选行号的下边框，鼠标指针变为一条水平黑短线和两个反向的垂直箭头时，拖动该边框改变行的高度。

方法 2：右击行号，在弹出的快捷菜单中，选择【行高】命令，弹出对话框，如图 3-39 所示。

单击【开始】选项卡中【单元格】组的【格式】按钮，在打开的菜单中选择【行高】命令，或选择【自动调整行高】命令（根据单元格中内容自动调整行高），如图 3-40 所示。

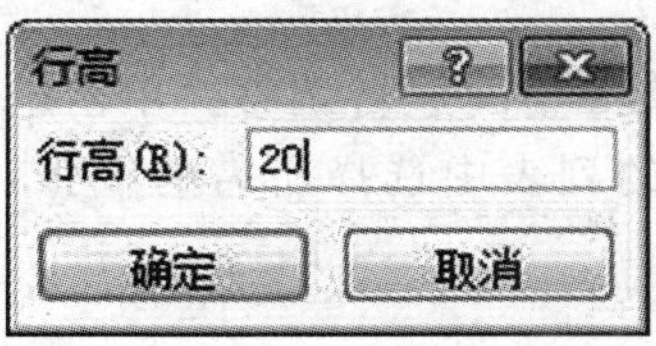

图 3-39 【行高】对话框

图 3-40 【格式】命令设置【行高】

提示：列宽与行高设置方法类似，不再赘述。

三、打印与预览

工作表或图表在编辑好之后，应使用【打印预览】命令看一下模拟显示，若不满意，则可通过【页面设置】进行适当设置。

（一）设置页边距

页边距是指工作表数据区域与页面边界的距离，可以通过设置页边距来控制数据打印到纸张上的位置。

单击【页面布局】选项卡中【页面设置】组的【页边距】命令，可在弹出的列表中选择预设的页边距，如图 3-41 所示。如果想自定义页边距，可单击如图 3-41 所示【自定义边距】命令，打开如图 3-42 所示的【页面设置】对话框，在【页边距】选项卡中，可设置上、下、左、右边距及页眉、页脚的位置。

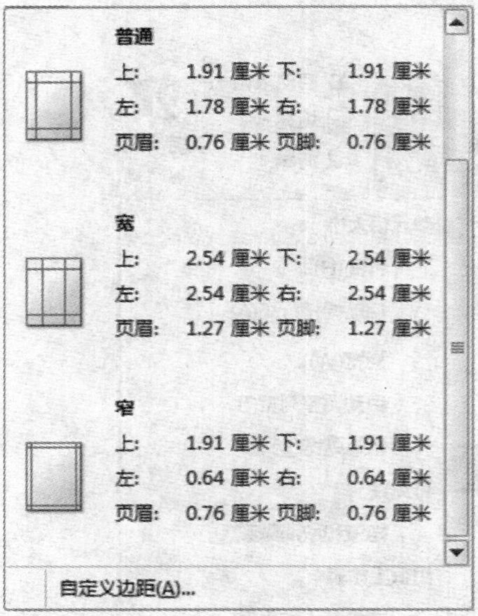

图 3-41 设置页边距

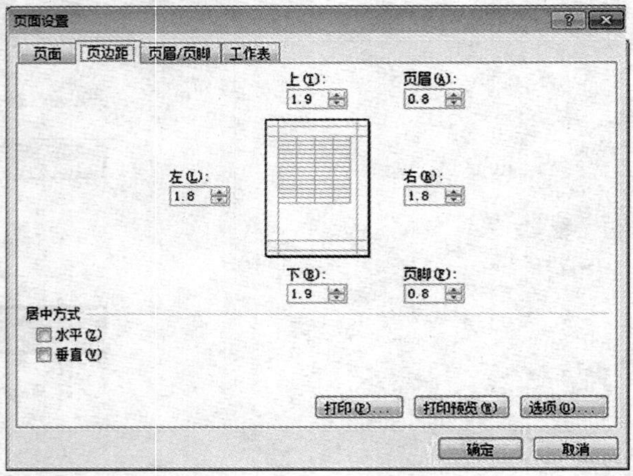

图 3-42 【页面设置】对话框中的【页边距】选项卡

（二）设置纸张的大小和方向

Excel 工作表的默认纸张大小为 A4，可以根据实际情况进行调整。单击【页面布局】选项卡中【页面设置】组的【纸张大小】按钮，在弹出的列表中选择所需的纸张，然后单击【纸张方向】，选择纸张的【纵向】或【横向】。

（三）设置打印比例

如果工作表的页数很多，希望在有限的纸张数量的情况下打印工作表中的所有内容，就可能需要通过缩小打印比例，以便在一张纸上可以打印出更多的内容。其方法是：单击【页面布局】选项卡中【调整为合适大小】组的相应选项按钮，可设置打印时的缩放比例，如图 3-43 所示。

（四）设置打印区域

如果不希望打印整个工作表，而只需要打印其中的某个数据区域，可以使用打印区域功能，让 Excel 只打印用户指定的部分。创建打印区域的步骤如下：

步骤 1. 选定打印区域。

步骤 2. 单击【页面布局】选项卡中【页面设置】组的【打印区域】按钮，在弹出的选项中选择【设置打印区域】命令，在所选区域四周自动添加虚的边框线，系统将只打印边框线包围部分的内容。

（五）设置打印行和列的标题

当打印一个较长的工作表时，常常需要在每一页上打印行或列标题，操作方法如下：单击【页面布局】选项卡中【页面设置】组的【打印标题】按钮，在打开的【页面设置】对话框的【工作表】选项卡中进行设置，如图 3-44 所示。将光标放到【顶端标题行】或

【左端标题列】文本框，在工作表中单击行标题或列标题所在的行号或列标，或直接输入行号或列标，单击【确定】按钮即可。在选项卡中也可设置打印区域、打印行号列标、网格线等信息。

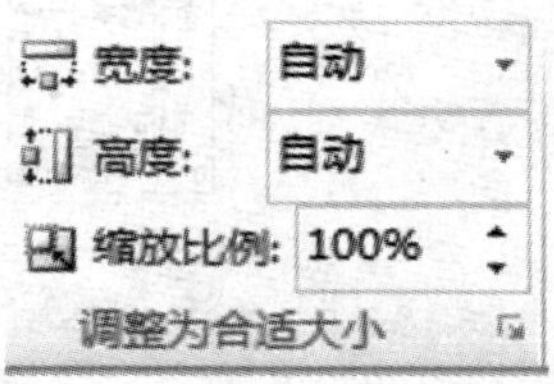

图 3-43 设置打印比例

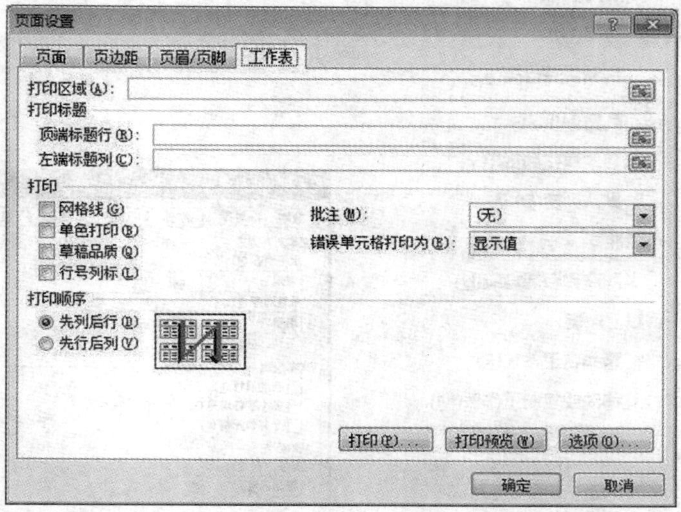

图 3-44 【页面设置】对话框中的【工作表】选项卡

任务实施

步骤 1. 设置单元格的对齐方式。

(1)标题以外单元格的对齐设置。将标题以外有数据的单元格的对齐方式设置为“水平、垂直均居中”，操作步骤如下：

①打开“D:\计算机技能培训\Excel”文件夹中的“广潍一汽大众 4S 店 2015 年 10 月份成交信息表”文件。

②选择要设置的区域，单击【开始】选项卡中【单元格】组的【格式】命令，如图 3-45 所示，打开【设置单元格格式】对话框，如图 3-46 所示，切换到【对齐】选项卡，在【文本对齐方式】栏中设置【水平对齐】为【居中】，设置【垂直对齐】为【居中】，单击【确定】按钮完成设置。

(2)标题单元格的对齐设置。将标题“广潍一汽大众 4S 店 2015 年 10 月份成交信息表”作为表格标题居中。标题单元格的对齐方式可通过以下两种方法实现：

方法 1：选择单元格区域 A1：M1，使用【单元格格式】对话框，切换到【对齐】选项卡，在【文本控制】栏中设置为【合并单元格】，在【文本对齐方式】选项组中设置【水平对齐】为【居中】。

方法 2：选择单元格区域 A1：M1，单击【合并并居中】按钮“ ”，则实现单元格的合并及水平方向居中，即作为表格标题居中，效果如图 3-47 所示。

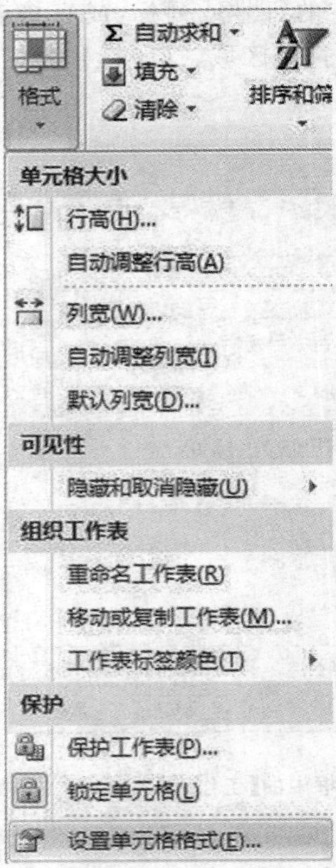

图 3-45　选择【设置单元格格式】命令

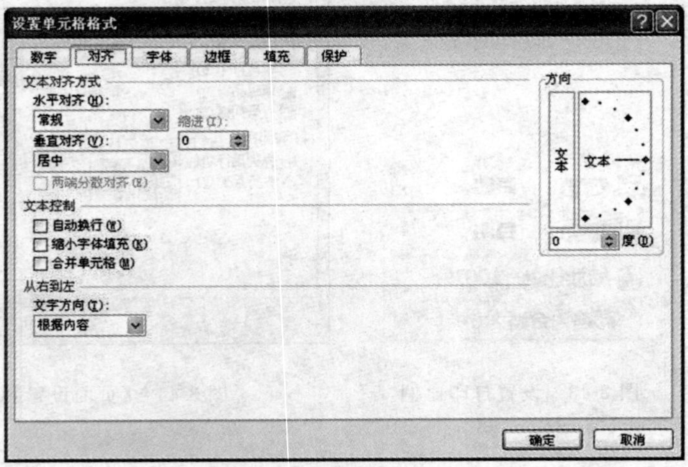

图 3-46　设置单元格格式【对齐】选项卡

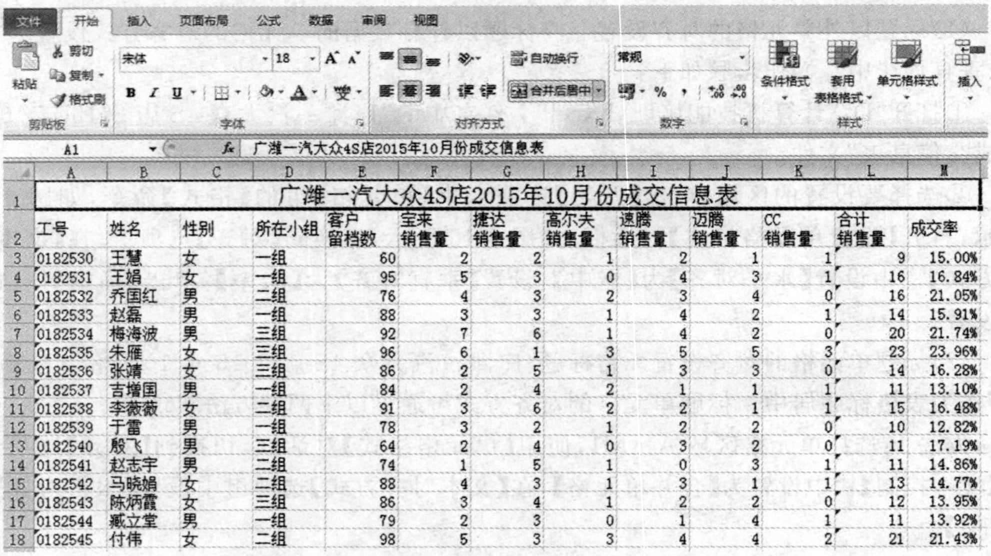

图 3-47　设置完【合并并居中】的标题单元格样式

步骤 2. 字体、字号、字体颜色的设置。

在单元格格式对话框中设置，不再作详细描述。

步骤 3. 行高、列宽的设置。

将第 1、2 行的行高设置为 40；第 3～18 行的行高设置为 18；将第 D 列的列宽设置为 12；其余数据列的列宽设置为 9。

(1)行高的设置。用鼠标选择行号 1、2，选中第 1、2 行，右击，在弹出的菜单中选择【行高】，在弹出的对话框中设置行高为 40；第 3～18 行行高设置为 18。

(2)列宽的设置。选择 A～M 列，右击，在弹出的菜单中选择【列宽】，在弹出的对话框中设置列宽为 9。选择第 D 列，设置列宽为 12。

步骤 4. 边框和底纹的设置。

将第 2 行数据的填充颜色设置为【靛蓝】，并给表格设置边框线，要求外部为粗边边框，内部为细边边框。

(1)底纹的设置。选择单元格区域 A2:M2，打开【单元格格式】对话框，切换到【图案】选项卡，选择【靛蓝】颜色，如图 3-48 所示；或使用【开始】选项卡上的【填充颜色】命令按钮“ ”，同样可以实现。

(2)边框的设置。选择单元格区域 A1:M18，打开【单元格格式】对话框，切换到【边框】选项卡，【预置】项目选择【内部】，默认边框线为细实线；【样式】项目选择【粗实线】；【预置】项目选择【外边框】，如图 3-49 所示，单击【确定】按钮，则给表格设置为外边框为粗实线，内边框为默认细实线的边框。

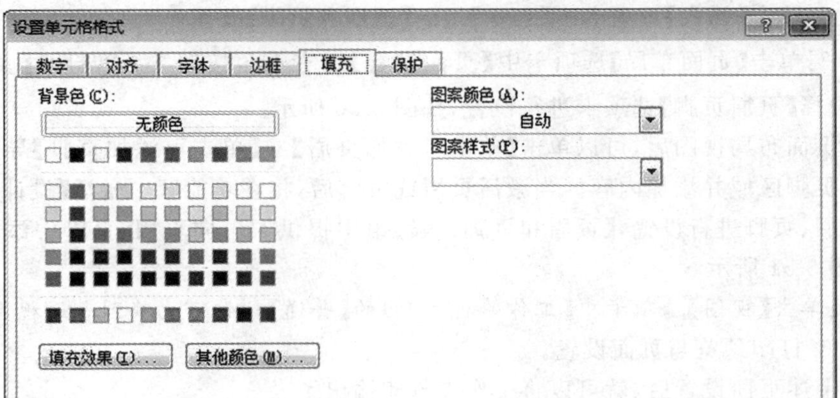

图 3-48 【填充】选项卡

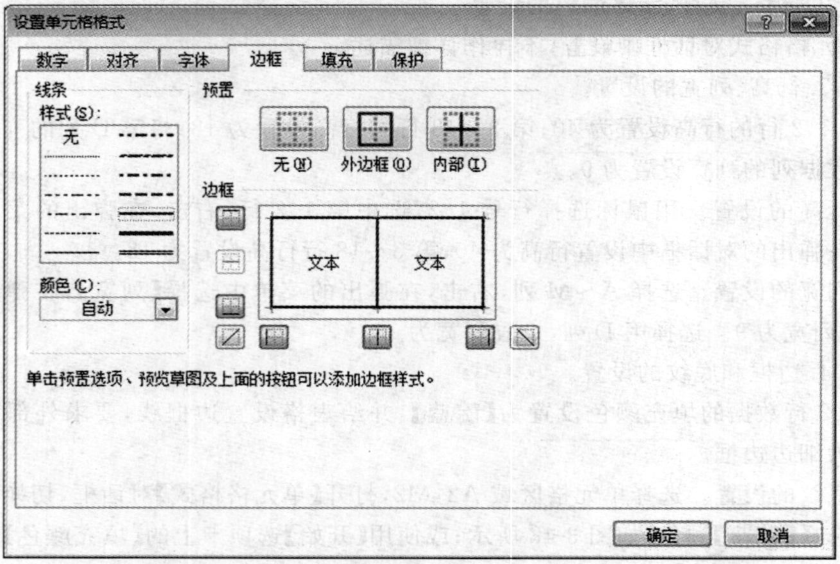

图 3-49 【边框】选项卡

步骤 5. 页眉、页脚设置。

页眉位于工作表的顶部，而页脚位于工作表的底部。通常可以在页眉和页脚处放入一些有利于识别工作表名称、用途等其他一些辅助信息的内容，如页码、页数、制作日期等。要编辑页眉和页脚，主要方法如下：

方法 1：单击【视图】选项卡中【工作簿视图】组的【页面布局】按钮。

方法 2：单击【插入】选项卡中【文本】组的【页眉和页脚】按钮。

方法 3：单击【页面布局】选项卡中【页面设置】组右下角按钮“”，打开【页面设置】对话框，选择【页眉页脚】选项卡进行设置，如图 3-50 所示。

进入页面布局视图后，可以单击【单击可添加页眉】或【单击可添加页脚】导航文字激活页眉和页脚区域并添加内容。当激活页眉或页脚后，将在功能区中激活【设计】选项卡，用于对页眉、页脚进行设置，【页眉和页脚元素】组中提供了可向页眉、页脚中添加的丰富内容，如图 3-51 所示。

提示：单击【视图】选项卡中【工作簿视图】组的【普通】按钮可切换到普通视图。

步骤 6. 打印预览与页面设置。

完成上述页面设置后，就可以将工作表打印输出了。

(1)单击【文件】选项卡，在左侧列表中选择【打印】命令，展开【打印面板】，如图 3-52 所示。

提示：【文件选项卡】面板左侧分布了多个选项，用于对打印机、打印范围和页数、打印方向、纸张大小、页边距等进行设置。面板右侧显示了当前工作表第一页的预览效果，可以单击预览图左下角的按钮来改变当前显示的页面。

(2)单击预览图右下角的【显示边距】按钮“”，可以在预览图四周显示一些黑色的线段，通过拖动这些线段来调整页边距，而单击【缩放到页面】按钮“”，则可以按原始比例显示待打印工作表的页面。

(3)如果确认无误,可以单击打印面板中的“打印”按钮,将工作表打印输出。

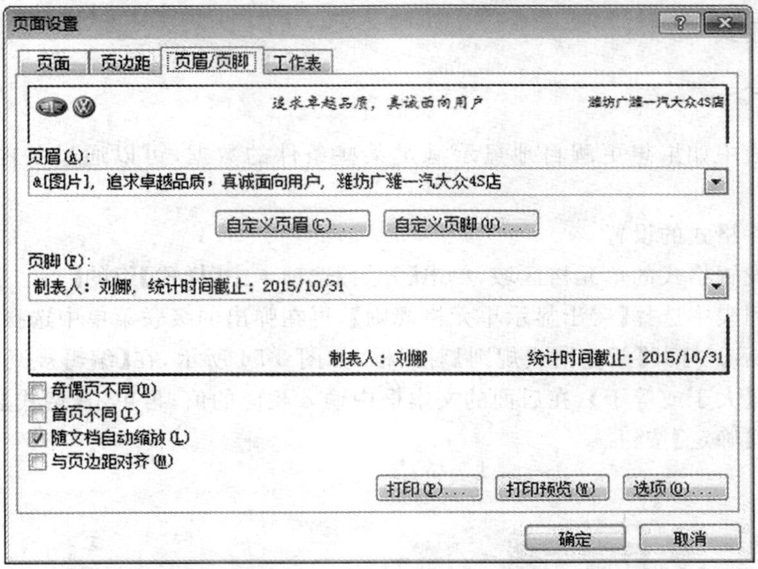

图 3-50 【页面设置】对话框

图 3-51 页眉和页脚工具【设计】选项卡

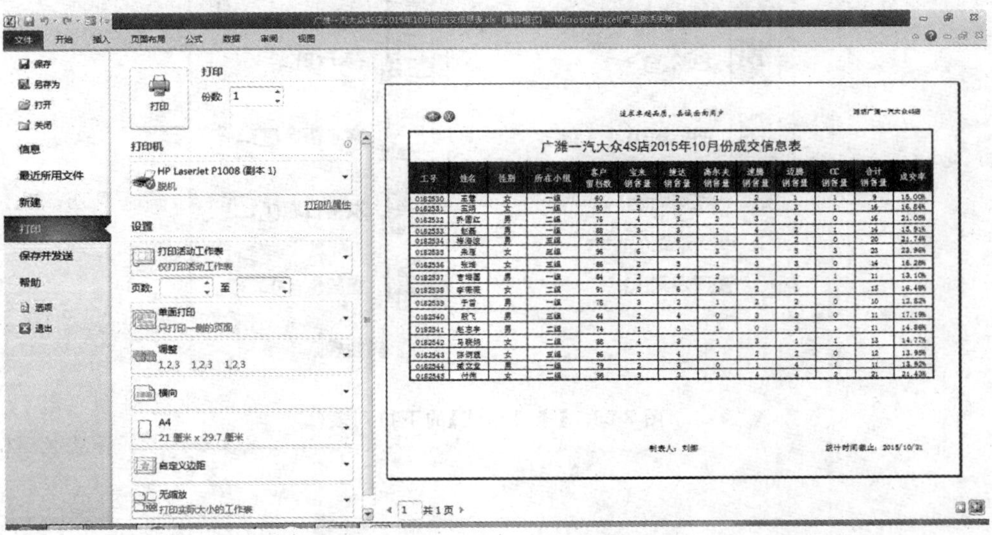

图 3-52 打印面板

任务拓展

◎条件格式

条件格式

在工作表中如果想更醒目地显示满足某些条件的数据，可以通过条件格式来达到目的。

（一）条件格式的设置

选中要设置格式的单元格区域，单击【开始】选项卡中【样式】组的【条件格式】按钮，在弹出的下拉列表中选择【突出显示单元格规则】，再在弹出的级联菜单中选择【其他规则】，如图 3-53 所示。打开【新建格式规则】对话框，如图 3-54 所示，在【编辑规则说明】中选择【单元格值】、【大于或等于】，在后面的文本框中输入相应的值；再单击【格式】按钮，设置填充颜色，单击【确定】按钮。

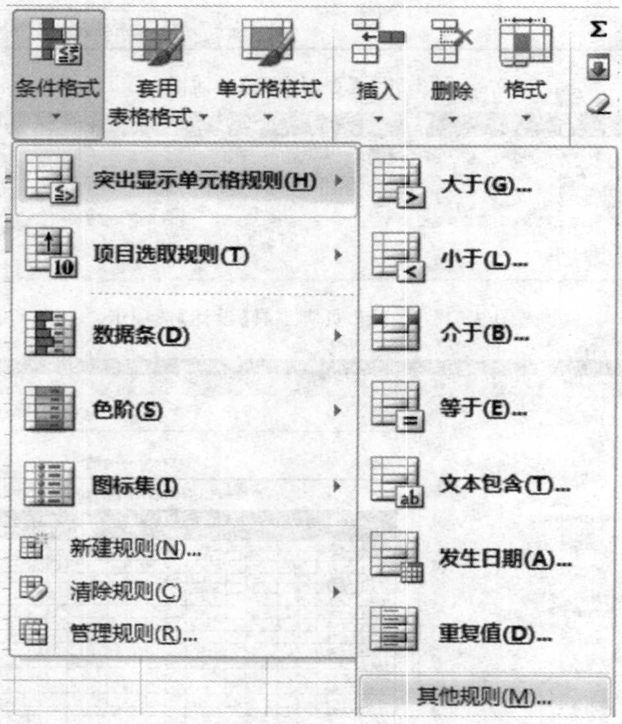

图 3-53 【条件格式】的下拉列表

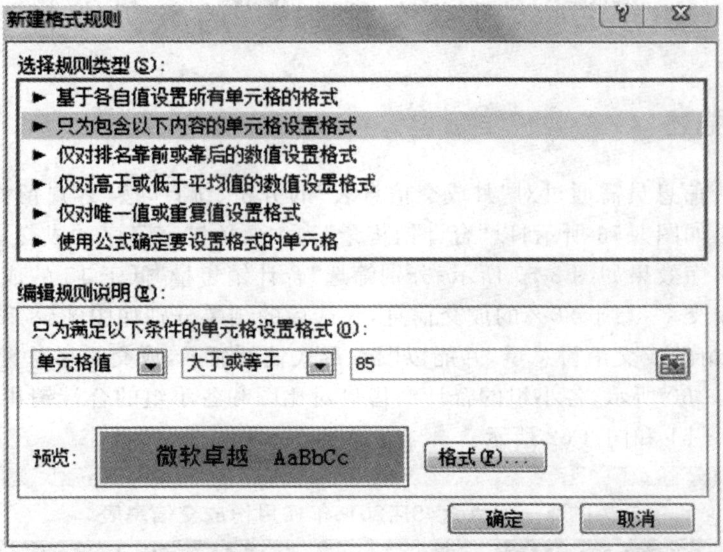

图 3-54 【新建格式规则】对话框

(二)条件格式的删除

单击【开始】选项卡中【样式】组的【条件格式】按钮,在弹出的下拉列表中选择【清除规则】,如图 3-55 所示。在【清除规则】的级联菜单中选择【清除所选单元格的规则】或【清除整个工作表的规则】命令即可。

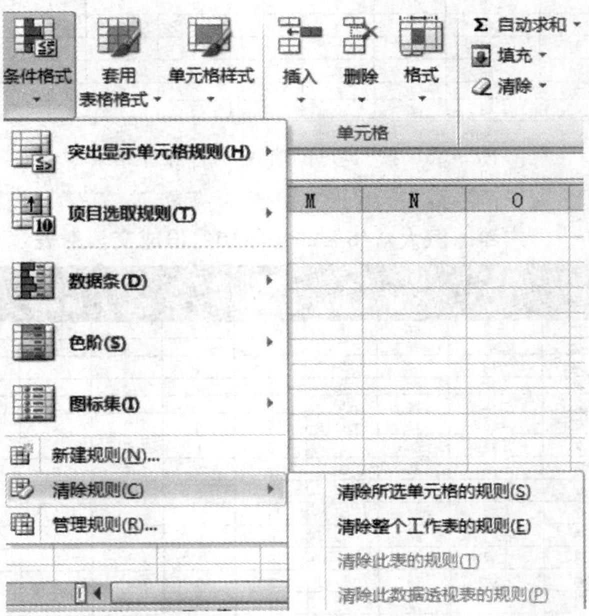

图 3-55 【清除规则】列表

任务三 “月成交信息表”的数据分析

任务描述

汽车4S店信息员需通过对“月成交信息表”的分析、统计，按“客户留档数”进行升序排序，排序效果如图3-56所示；以“合计销售量”为主要关键字降序、“成交率”为次要关键字降序排序，排序效果如图3-57所示；分别筛选“合计销售量”低于15的成交信息情况和第二小组中“成交率”高于20%的成交信息，筛选后的结果分别如图3-58和图3-59所示；分类汇总各小组的成交销售总量，并能以图表形式辅助显示，成交销售总量按小组分类汇总的效果如图3-60所示，各小组的合计销售量对比图和各小组的合计销售量所占份额比例图分别如图3-61和图3-62所示。

广潍一汽大众4S店2015年10月份成交信息表

工号	姓名	性别	所在小组	客户留档数	宝来销售量	捷达销售量	高尔夫销售量	速腾销售量	迈腾销售量	CC销售量	合计销售量	成交率
0182530	王慧	女	一组	60	2	2	1	2	1	1	9	15.00%
0182540	殷飞	男	三组	64	2	4	0	3	2	0	11	17.19%
0182541	赵志宇	男	二组	74	1	5	1	0	3	1	11	14.86%
0182532	乔国红	男	二组	76	4	3	2	3	4	0	16	21.05%
0182539	于雷	男	一组	78	3	2	1	2	2	0	10	12.82%
0182544	臧立堂	男	一组	79	2	3	0	1	4	1	11	13.92%
0182537	吉增国	男	一组	84	2	4	2	1	1	1	11	13.10%
0182536	张婧	女	三组	86	2	5	1	3	3	0	14	16.28%
0182543	陈炳霞	女	三组	86	3	4	1	2	2	0	12	13.95%
0182533	赵磊	男	一组	88	3	3	1	4	2	1	14	15.91%
0182542	马晓娟	女	二组	88	4	3	1	3	1	1	13	14.77%
0182538	李薇薇	女	二组	91	3	6	2	2	1	1	15	16.48%
0182534	梅海波	男	三组	92	7	6	1	4	2	0	20	21.74%
0182531	王娟	女	一组	95	5	3	0	4	3	1	16	16.84%
0182535	朱雁	女	三组	96	6	1	3	5	5	3	23	23.96%
0182545	付伟	女	二组	98	5	3	3	4	4	2	21	21.43%

图3-56 按“客户留档数”升序排序结果

广潍一汽大众4S店2015年10月份成交信息表

工号	姓名	性别	所在小组	客户留档数	宝来销售量	捷达销售量	高尔夫销售量	速腾销售量	迈腾销售量	CC销售量	合计销售量	成交率
0182535	朱雁	女	三组	96	6	1	3	5	5	3	23	23.96%
0182545	付伟	女	二组	98	5	3	3	4	4	2	21	21.43%
0182534	梅海波	男	三组	92	7	6	1	4	2	0	20	21.74%
0182532	乔国红	男	二组	76	4	3	2	3	4	0	16	21.05%
0182531	王娟	女	一组	95	5	3	0	4	3	1	16	16.84%
0182538	李薇薇	女	二组	91	3	6	2	2	1	1	15	16.48%
0182536	张婧	女	三组	86	2	5	1	3	3	0	14	16.28%
0182533	赵磊	男	一组	88	3	3	1	4	2	1	14	15.91%
0182542	马晓娟	女	二组	88	4	3	1	3	1	1	13	14.77%
0182543	陈炳霞	女	三组	86	3	4	1	2	2	0	12	13.95%
0182540	殷飞	男	三组	64	2	4	0	3	2	0	11	17.19%
0182541	赵志宇	男	二组	74	1	5	1	0	3	1	11	14.86%
0182544	臧立堂	男	一组	79	2	3	0	1	4	1	11	13.92%
0182537	吉增国	男	一组	84	2	4	2	1	1	1	11	13.10%
0182539	于雷	男	一组	78	3	2	1	2	2	0	10	12.82%
0182530	王慧	女	一组	60	2	2	1	2	1	1	9	15.00%

图3-57 以“合计销售量”为主要关键字降序，“成交率”为次要关键字降序排序结果

广潍一汽大众4S店2015年10月份成交信息表

	工号	姓名	性别	所在小组	客户留档数	宝来销售量	捷达销售量	高尔夫销售量	速腾销售量	迈腾销售量	CC销售量	合计销售量	成交率
3	0182530	王慧	女	一组	60	2	2	1	2	1	1	9	15.00%
6	0182533	赵磊	男	一组	88	3	3	1	4	2	1	14	15.91%
9	0182536	张靖	女	三组	86	2	5	1	3	3	0	14	16.28%
10	0182537	吉增国	男	一组	84	2	4	2	1	1	1	11	13.10%
12	0182539	于雷	男	一组	78	3	2	1	2	2	0	10	12.82%
13	0182540	殷飞	男	三组	64	2	4	0	3	2	0	11	17.19%
14	0182541	赵志宇	男	二组	74	1	5	1	0	3	1	11	14.86%
15	0182542	马晓娟	女	二组	88	4	3	1	3	1	1	13	14.77%
16	0182543	陈炳霞	女	三组	86	3	4	1	2	2	0	12	13.95%
17	0182544	臧立堂	男	一组	79	2	3	0	1	4	1	11	13.92%

图 3-58　“合计销售量低于 15”的信息筛选结果

广潍一汽大众4S店2015年10月份成交信息表

	工号	姓名	性别	所在小组	客户留档数	宝来销售量	捷达销售量	高尔夫销售量	速腾销售量	迈腾销售量	CC销售量	合计销售量	成交率
5	0182532	乔国红	男	二组	76	4	3	2	3	4	0	16	21.05%
18	0182545	付伟	女	二组	98	5	3	3	4	4	2	21	21.43%

图 3-59　“成交率高于 20％”的信息筛选结果

广潍一汽大众4S店2015年10月份成交信息表

	工号	姓名	性别	所在小组	客户留档数	宝来销售量	捷达销售量	高尔夫销售量	速腾销售量	迈腾销售量	CC销售量	合计销售量	成交率
5				一组 汇总								25	
7				二组 汇总								16	
9				一组 汇总								14	
13				三组 汇总								57	
15				一组 汇总								11	
17				二组 汇总								15	
19				一组 汇总								10	
21				三组 汇总								11	
24				二组 汇总								24	
26				三组 汇总								12	
28				一组 汇总								11	
30				二组 汇总								21	
31				总计								227	

图 3-60　将“合计销售量”按小组分类汇总结果(2 级)

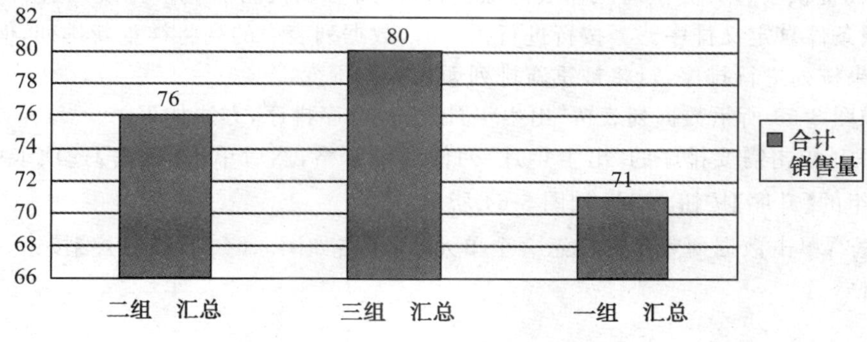

图 3-61　各小组合计销售量对比图

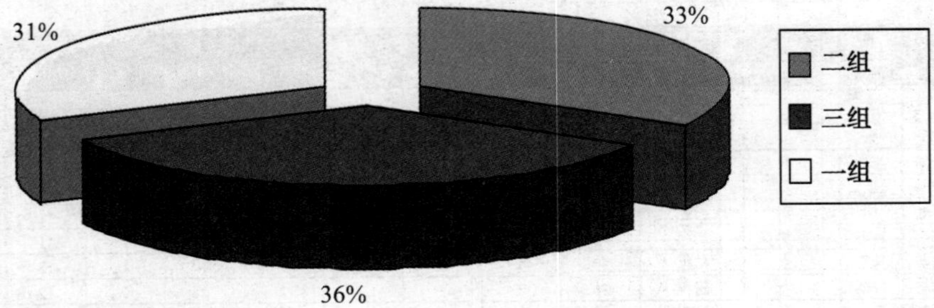

图 3-62　各小组合计销售量所占份额比例图

任务目标

(1)了解按照关键字进行排序的原则。

(2)理解主要关键字、次要关键字、第三关键字的含义。

(3)掌握排序的方法。

(4)掌握自动筛选的方法。

(5)掌握分类汇总的意义和方法。

(6)掌握图表的插入与编辑。

任务知识

◇数据的排序

◇数据的筛选

◇数据的分类汇总与分级显示

◇图表的插入与编辑

一、数据的排序

Excel 提供了多种方法对工作表区域进行排序，可以根据需要按行或列进行升序、降序或按照条件自定义排序。当按行进行排序时，数据列表中的列将被重新排列，但行保持不变，如果按列进行排序，行将被重新排列而列保持不变。

将如图 3-63 所示数据列表按“出生年月”进行升序排序，方法如下：

方法 1：单击需要排序的“出生年月”列任意单元格，然后单击【数据】选项卡中【排序和筛选】组的【升序】按钮“A/Z↓”，如图 3-64 所示。

方法 2：单击数据列表中的任意一个单元格，单击如图 3-64 所示【排序】按钮，弹出【排序】对话框。

	A	B	C	D	E	F	G	H	I
1	姓名	性别	民族	籍贯	出生年月	年龄	工作日期	文化程度	基本工资
2	林海	女	汉	浙江绍兴	1965年11月	43	1988年8月	中专	¥ 2,000.00
3	陈鹏	男	回	陕西蒲城	1984年11月	24	2003年12月	研究生	¥ 2,500.00
4	刘学燕	女	汉	山东高青	1967年4月	42	1986年9月	大学本科	¥ 2,400.00
5	黄璐京	女	汉	山东济南	1971年1月	38	1993年1月	大专	¥ 3,000.00
6	王卫平	男	回	宁夏永宁	1972年3月	37	1989年12月	大学	¥ 3,200.00
7	任水滨	女	汉	河北青县	1980年11月	28	2004年12月	大学	¥ 2,500.00
8	张晓寰	男	汉	北京长辛店	1965年11月	43	1994年1月	大专	¥ 1,900.00
9	许东东	男	汉	江苏沛县	1966年7月	42	1986年12月	研究生	¥ 2,200.00
10	王川	男	汉	山东历城	1970年11月	38	1995年2月	大学肄业	¥ 2,400.00
11	连威	男	汉	湖南南县	1981年5月	28	2004年7月	大学本科	¥ 3,100.00
12	高琳	女	汉	河北文安	1972年3月	37	1977年9月	研究生	¥ 3,000.00
13	沈克	女	满	辽宁辽中	1982年4月	27	2005年12月	大学本科	¥ 2,600.00
14	艾芳	男	汉	福建 南安	1983年12月	25	2005年6月	研究生	¥ 2,700.00
15	王小明	男	汉	湖北恩施	1963年10月	45	1988年9月	大学本科	¥ 2,300.00
16	胡海涛	男	汉	北京市	1969年10月	39	1988年10月	大学本科	¥ 2,100.00
17	庄凤仪	男	汉	安徽太湖	1971年11月	37	1994年10月	大学本科	¥ 2,500.00
18	沈奇峰	男	汉	山西万荣	1981年1月	28	2004年2月	大专	¥ 3,000.00
19	金星	女	汉	江苏南通	1955年6月	53	1972年9月	高中	¥ 3,100.00
20	岳晋生	男	藏	四川遂宁	1962年11月	46	1979年7月	研究生	¥ 3,200.00

图 3-63　数据列表

图 3-64　【排序】按钮

在【主要关键字】下拉列表框中选择"出生年月",设置好主要关键字后,可以对排序依据进行设置,例如,数值、单元格颜色、字体颜色、单元格图标,在这里可以选择默认的数据作为排序依据。最后对数据排序次序进行设置,在次序下拉菜单中选择升序、降序或自定义序列。在这里选择升序,设置完成后,单击【确定】即可,如图 3-65 所示。

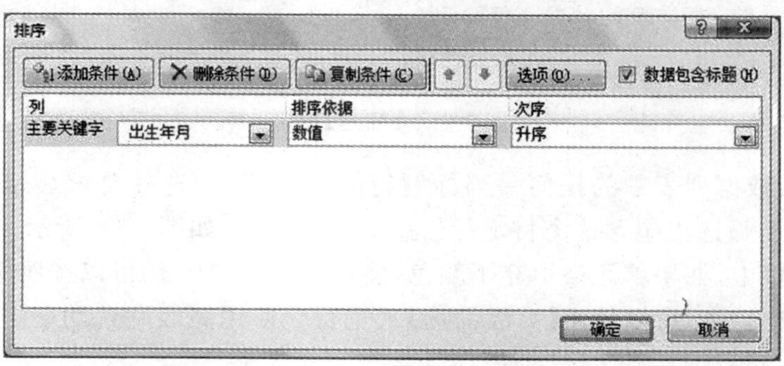

图 3-65　【排序】对话框

除了可以对数据表进行单一列的排序之外,还可以对列表中的数据按"性别"的升序来排序,性别相同的数据按"文化程度"升序排序,"性别"和"文化程度"都相同的按"基本工资"从小到大的顺序来排序,此时需要对 3 个不同的列进行同事排序,方法如下:

在如图 3-65 所示【排序】对话框中,【主要关键字】下拉列表框中选择"性别",在添加好主要关键字后，单击【添加条件】按钮，此时在对话框中显示【次要关键字】，与设置【主要关键字】方法相同，在下拉菜单中选择【文化程度】，然后再单击【添加条件】添加第三个排序条件，选择“基本工资”。在设置多个列排序的条件后，单击【确定】即可看到多列排序后的数据表，如图 3-66 所示。

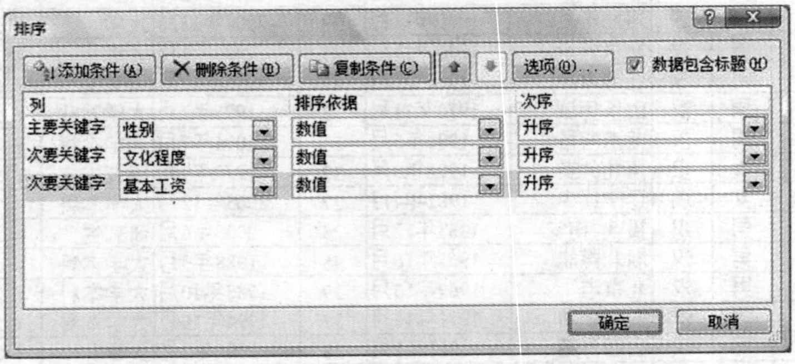

图 3-66　多个排序对话框

在 Excel 2010 中，排序条件最多可以支持 64 个关键字。

二、数据的筛选

筛选数据列表是将不符合特定条件的行隐藏起来，这样可以更方便地对数据进行查看。Excel 提供了两种筛选数据列表的命令。

使用 Excel 的自动筛选功能时，首先单击数据列表中任意单元格，然后单击【数据】选项卡中【排序和筛选】组的【筛选】按钮，如图 3-67 所示。

图 3-67　【筛选】按钮

此时，单击数据列表中的任何一列标题行的下拉箭头，选择要求显示的特定行的信息，Excel 会自动筛选出包含这个特定行信息的全部数据，如图 3-68 所示。

在数据表格中，如果单元格填充了颜色，使用 Excel 2010 还可以按照颜色进行筛选。

如果条件比较多，可以使用【高级筛选】来进行。使用高级筛选功能可以一次把数据都找出来。

例如想要把性别为男、文化程度为研究生、工资大于 2000 的人显示出来，方法如下：先设置一个条件区域，第一行输入排序的字段名称，在第二行中输入条件，建立一个条件区域，如图 3-69 所示。

然后选中数据区域中的一个单元格，单击如图 3-70 所示的【高级】命令。Excel 自动选择好了筛选的区域，单击这个条件区域框中的拾取按钮，选中刚才设置的条件区域，单击拾取框中的按钮返回【高级筛选】对话框，单击【确定】按钮即可。

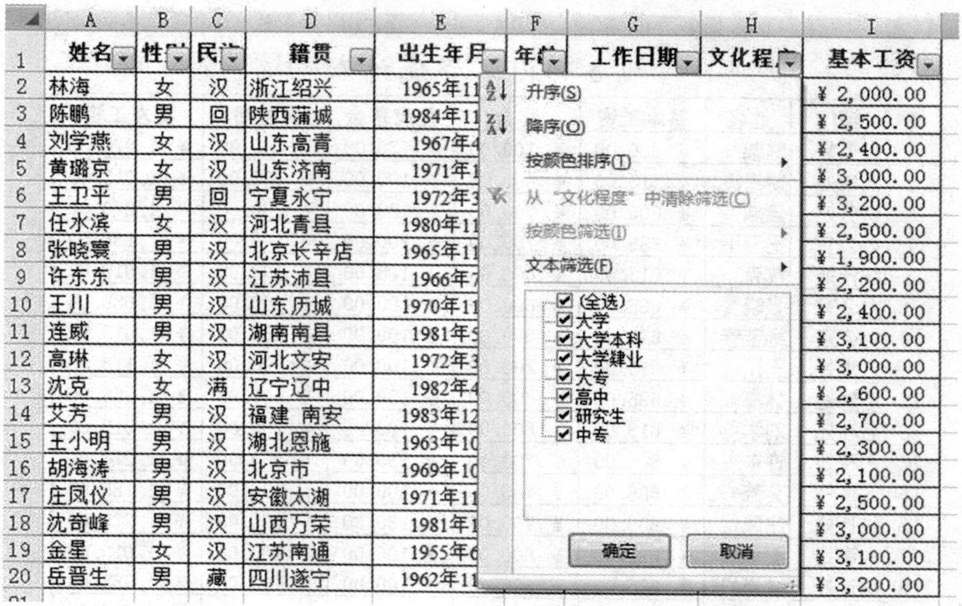

图 3-68 自动筛选

性别	民族	基本工资
男	研究生	>2000

图 3-69 设置条件区域

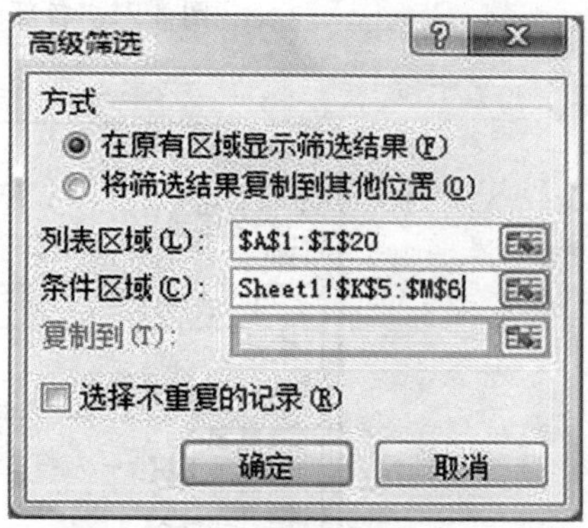

图 3-70 【高级筛选】对话框

三、数据的分类汇总与分级显示

分类汇总是Excel中最常用的功能之一，它能够快速地以某一个字段为分类项，对数据列表中的数值字段进行各种统计计算，如求和、计数、平均值、最大值、最小值、乘积等。

如图 3-71 所示的"各部门工资统计表"，需要求得出数据表中每个部门的员工实发工资之和。

首先单击部门单元格，单击【数据】选项卡中【排序和筛选】组的【升序】按钮，把数据表按照"部门"进行排序，然后单击【数据】选项卡中【分级显示】组的【分类汇总】标签，【分类字段】的下拉列表框中选择分类字段为"部门"，选择【汇总方式】为"求和"，【选定汇总项】选择"实发工资"，单击【确定】按钮。如图 3-72 所示。

	A	B	C	D	E	F	G
1	各部门工资统计表						
2							
3	部门	姓名	基本工资	奖金	住房基金	保险费	实发工资
4	办公室	陈鹏	¥ 800.00	¥ 700.00	¥ 130.00	¥ 100.00	¥ 1,270.00
5	人事处	胡海涛	¥ 613.00	¥ 600.00	¥ 100.00	¥ 100.00	¥ 1,013.00
6	财务处	连威	¥ 800.00	¥ 700.00	¥ 130.00	¥ 100.00	¥ 1,270.00
7	办公室	王卫平	¥ 685.00	¥ 700.00	¥ 100.00	¥ 100.00	¥ 1,185.00
8	统计处	沈克	¥ 613.00	¥ 600.00	¥ 100.00	¥ 100.00	¥ 1,013.00
9	办公室	张晓寰	¥ 685.00	¥ 600.00	¥ 100.00	¥ 100.00	¥ 1,085.00
10	办公室	杨宝春	¥ 613.00	¥ 600.00	¥ 100.00	¥ 100.00	¥ 1,013.00
11	人事处	王川	¥ 613.00	¥ 700.00	¥ 100.00	¥ 100.00	¥ 1,113.00
12	后勤处	林海	¥ 685.00	¥ 700.00	¥ 130.00	¥ 100.00	¥ 1,155.00
13	后勤处	刘学燕	¥ 613.00	¥ 600.00	¥ 100.00	¥ 100.00	¥ 1,013.00
14	人事处	许东东	¥ 800.00	¥ 700.00	¥ 130.00	¥ 100.00	¥ 1,270.00
15	人事处	艾芳	¥ 685.00	¥ 700.00	¥ 100.00	¥ 100.00	¥ 1,185.00
16	统计处	庄凤仪	¥ 800.00	¥ 700.00	¥ 130.00	¥ 100.00	¥ 1,270.00
17	人事处	王小明	¥ 613.00	¥ 600.00	¥ 100.00	¥ 100.00	¥ 1,013.00
18	统计处	沈奇峰	¥ 685.00	¥ 600.00	¥ 100.00	¥ 100.00	¥ 1,085.00
19	统计处	岳晋生	¥ 613.00	¥ 600.00	¥ 100.00	¥ 100.00	¥ 1,013.00
20							

图 3-71　各部门工资统计表

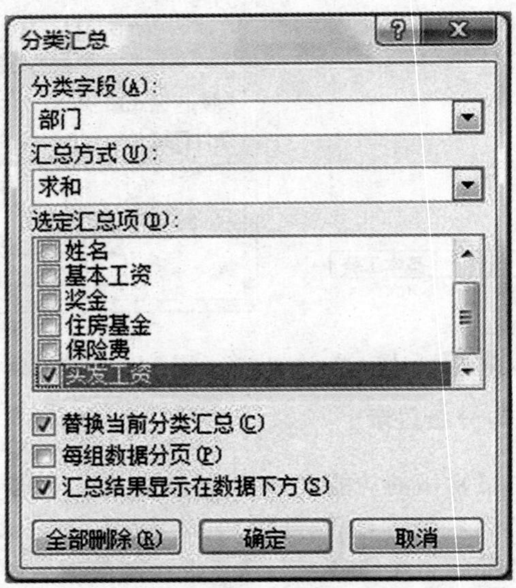

图 3-72　【分类汇总】对话框

单击【确定】，计算好各部门实发工资之和，如图 3-73 所示。

在分类汇总中数据是分级显示的，现在工作表的左上角出现了这样的一个区域“123”，单击“1”，在表中就只有这个总计项出现了，如图 3-74 所示。

	A	B	C	D	E	F	G
1	各部门工资统计表						
2							
3	部门	姓名	基本工资	奖金	住房基金	保险费	实发工资
4	办公室	陈鹏	¥ 800.00	¥ 700.00	¥ 130.00	¥ 100.00	¥ 1,270.00
5	办公室	王卫平	¥ 685.00	¥ 700.00	¥ 100.00	¥ 100.00	¥ 1,185.00
6	办公室	张晓寰	¥ 685.00	¥ 600.00	¥ 100.00	¥ 100.00	¥ 1,085.00
7	办公室	杨宝春	¥ 613.00	¥ 600.00	¥ 100.00	¥ 100.00	¥ 1,013.00
8	办公室 汇总						¥ 4,553.00
9	财务处	连威	¥ 800.00	¥ 700.00	¥ 130.00	¥ 100.00	¥ 1,270.00
10	财务处 汇总						¥ 1,270.00
11	后勤处	林海	¥ 685.00	¥ 700.00	¥ 130.00	¥ 100.00	¥ 1,155.00
12	后勤处	刘学燕	¥ 613.00	¥ 600.00	¥ 100.00	¥ 100.00	¥ 1,013.00
13	后勤处 汇总						¥ 2,168.00
14	人事处	胡海涛	¥ 613.00	¥ 600.00	¥ 100.00	¥ 100.00	¥ 1,013.00
15	人事处	王川	¥ 613.00	¥ 700.00	¥ 100.00	¥ 100.00	¥ 1,113.00
16	人事处	许东东	¥ 800.00	¥ 700.00	¥ 130.00	¥ 100.00	¥ 1,270.00
17	人事处	艾芳	¥ 685.00	¥ 700.00	¥ 100.00	¥ 100.00	¥ 1,185.00
18	人事处	王小明	¥ 613.00	¥ 600.00	¥ 100.00	¥ 100.00	¥ 1,013.00
19	人事处 汇总						¥ 5,594.00
20	统计处	沈克	¥ 613.00	¥ 600.00	¥ 100.00	¥ 100.00	¥ 1,013.00
21	统计处	庄凤仪	¥ 800.00	¥ 700.00	¥ 130.00	¥ 100.00	¥ 1,270.00
22	统计处	沈奇峰	¥ 685.00	¥ 600.00	¥ 100.00	¥ 100.00	¥ 1,085.00
23	统计处	岳晋生	¥ 613.00	¥ 600.00	¥ 100.00	¥ 100.00	¥ 1,013.00
24	统计处 汇总						¥ 4,381.00
25	总计						¥17,966.00

图 3-73 分类汇总后

	A	B	C	D	E	F	G
1	各部门工资统计表						
2							
3	部门	姓名	基本工资	奖金	住房基金	保险费	实发工资
25	总计						¥17,966.00
26							

图 3-74 “1”级汇总

单击“**2**”，出现的就只有这些汇总的部分，可以清楚地看到各部门的汇总，如图3-75所示。

	A	B	C	D	E	F	G
1	各部门工资统计表						
2							
3	部门	姓名	基本工资	奖金	住房基金	保险费	实发工资
8	办公室 汇总						¥ 4,553.00
10	财务处 汇总						¥ 1,270.00
13	后勤处 汇总						¥ 2,168.00
19	人事处 汇总						¥ 5,594.00
24	统计处 汇总						¥ 4,381.00
25	总计						¥17,966.00
26							

图 3-75 “2”级汇总

单击"3",可以显示所有的内容。

四、图表的插入与编辑

把工作表中的部分或全部数据用图形的形式表示出来就是图表。图表可使繁杂的数据更加生动、易懂,可以直观、清晰地显示不同数据间的差异或规律。当工作表中的数据发生变化时,图表中对应项的数据也会自动更新。

(一)创建图表

在 Excel 中,可以利用【图表】工具栏创建简单图表,也可以利用图表向导创建各种图表。创建图表的过程很简单,有以下两种方法。

方法 1:选择创建图表的数据,单击功能键【F11】,按默认格式(簇状柱形图)建立一个图表工作表。

方法 2:选择创建图表的数据,单击【插入】选项卡中【图表】组的各个图表类型按钮。

提示:单击【插入】选项卡中【图表】组右下角按钮" ",打开【插入图表】对话框,如图 3-76 所示,选择图标类型及其子类型,单击【确定】按钮。

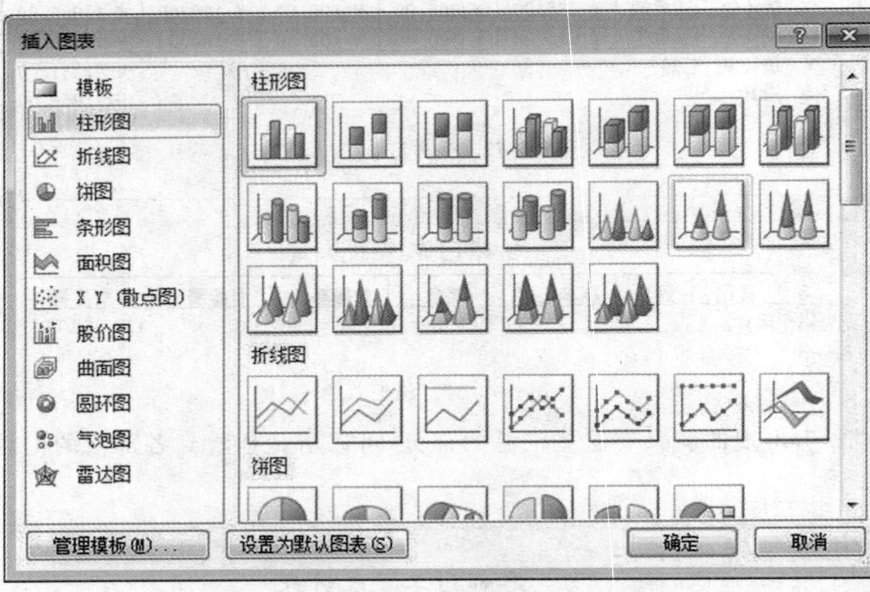

图 3-76 【插入图表】对话框

例如创建如图 3-77 所示图表的步骤是:

(1)将活动单元格放到数据区的任何位置。

(2)单击【插入】选项卡中【图表】组的【柱形图】按钮,弹出柱形图的子类型列表,如图 3-76 所示。

(3)选择其中【二维柱形图】中的【簇状圆柱形图】,即可创建出如图 3-77 所示的图表。

姓名	岗位工资	薪级工资	岗位津贴	其他补贴	应发工资
张小敏	680	643	440	300	2063
王楠南	960	673	660	320	2613
刘紧珂	1024	760	800	340	2924
刘小林	960	643	660	360	2623
李小玉	960	610	660	310	2540

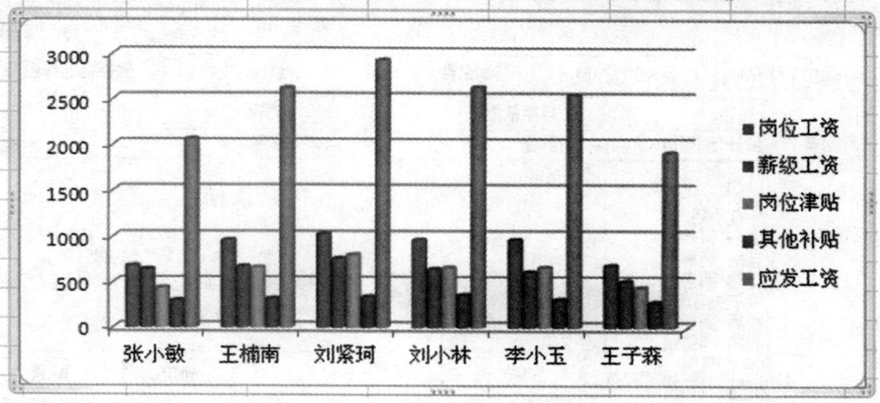

图 3-77 图表结果

（二）编辑图表

建立图表后，可以对它进行修改，如图表的大小、类型或数据系列。图表与建立它的工作表数据之间建立了动态链接关系，当改变工作表中的数据时，图表会随之更新；反之，当拖动图表上的结点而改变图表时，工作表中的数据也会动态地发生变化。还可进行更改图表类型，修改图表中的数据，移动嵌入式图表和改变其大小，修改图表中的图形，增加和删除数据系列等编辑操作。

（三）格式化图表

（1）图表格式的设置主要包括对标题、图例等项重新进行字体、字形、字号、图案、对齐方式等的设置，以及对坐标轴格式的重新设置。

（2）双击图表中的标题、图例、分类轴、网格线或数据系列等部分，打开相应的对话框，可以进行图表格式的设置。

任务实施

步骤 1. 将“月成交信息表”按不同条件排序。

（1）使用排序，按“客户留档数”进行升序排序。

①打开“广潍一汽大众 4S 店 2015 年 10 月份成交信息表. xlsx”工作簿，单击工作表标签“格式化后的成交信息表”，按住【Ctrl】键向右拖动，复制一个工作表，重命名为“按客户留档数升序排序表”。

②单击数据信息表中“客户留档数”列中数据区域中的任意一个单元格。

③单击【数据】选项卡中【排序和筛选】组的【升序】按钮。

（2）使用排序，以“合计销售量”为主要关键字，“成交率”为次要关键字降序排序。

①同(1)方法复制工作表“格式化后的成交信息表”重命名为“按合计销售量和成交率降序排序表”。

②单击数据数据区域的任意一个单元格，单击【数据】选项卡中【排序和筛选】组的【排序】按钮，打开【排序】对话框，如图 3-78 所示。

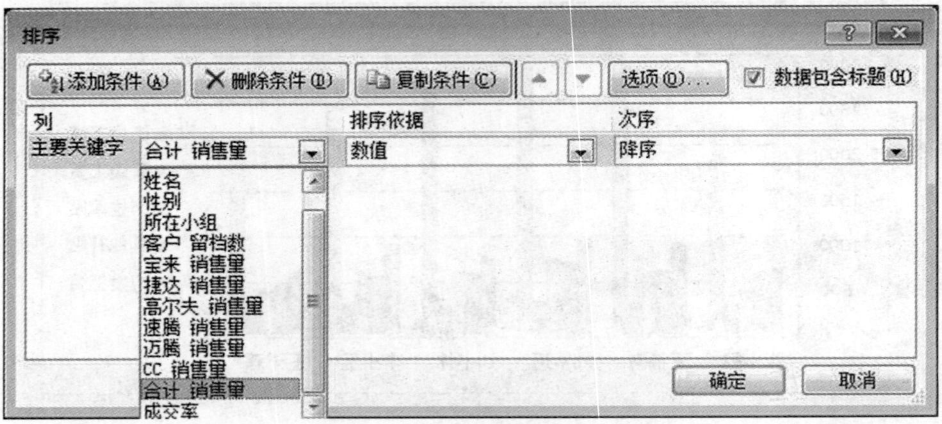

图 3-78　主要关键字

③在【主要关键字】下拉列表中选择“合计销售量”选项，次序里选择“降序”。

④单击【添加条件】按钮，在【次要关键字】下拉列表中选择“成交率”选项，次序里选择“降序”，如图 3-79 所示，单击【确定】按钮。

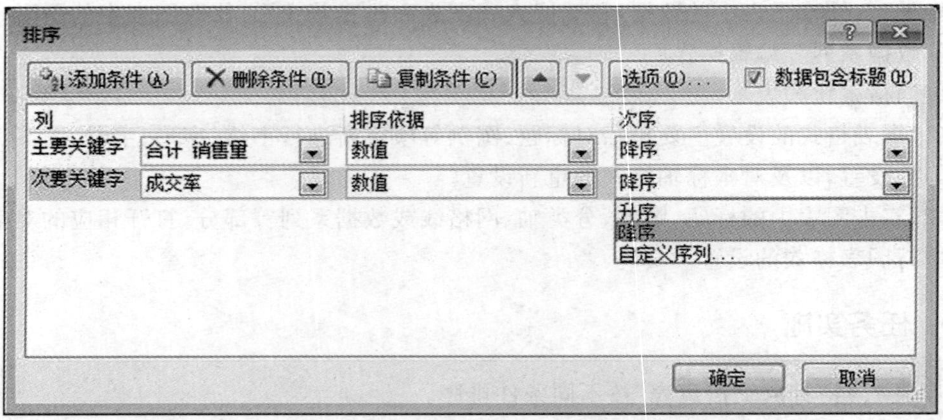

图 3-79　添加【次要关键字】

步骤 2. 筛选出符合条件的成交信息。

使用自动筛选，筛选出“合计销售量低于 15”的成交信息。

(1)复制工作表“格式化后的成交信息表”，重命名为“合计销售量低于 15”。

(2)将光标置于数据区域内任意单元格中，选择【数据】选项卡中【筛选】组的【自动筛选】按钮，使各列标题处出现可供构造筛选条件的下拉按钮，如图 3-80 所示。

广潍一汽大众4S店2015年10月份成交信息表

工号	姓名	性别	所在小组	客户留档数	宝来销售量	捷达销售量	高尔夫销售量	速腾销售量	迈腾销售量	CC销售量	合计销售量	成交率
0182530	王慧	女	一组	60	2	2	1	2	1	1	9	15.00%
0182531	王娟	女	一组	95	5	3	0	4	3	1	16	16.84%
0182532	乔国红	男	二组	76	4	3	2	3	4	0	16	21.05%
0182533	赵磊	男	一组	88	3	3	1	4	2	1	14	15.91%
0182534	梅海波	男	三组	92	7	6	1	4	2	0	20	21.74%
0182535	朱雁	女	三组	96	6	1	3	5	5	3	23	23.96%

图 3-80　【自动筛选】状态图

（3）在“合计销售量”的下拉列表中选择“数字筛选”，弹出“数字筛选的多种方式”，如图 3-81 所示，选择“小于”的条件，如图 3-82 所示，单击【确定】按钮，筛选结果如图 3-83 所示。

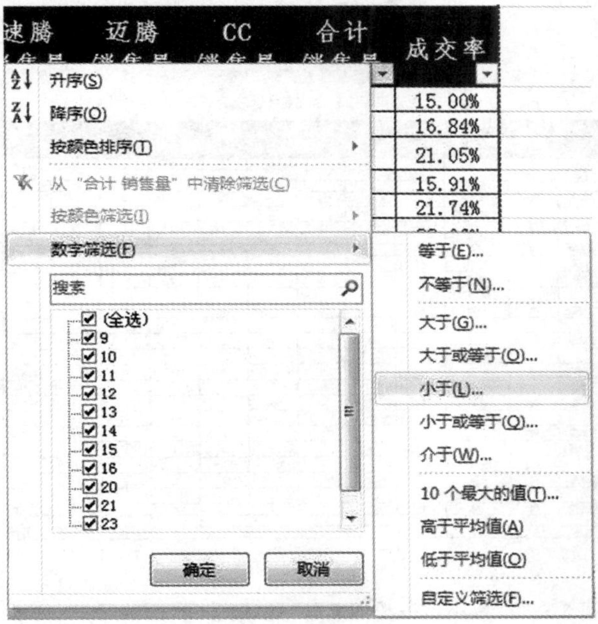

图 3-81　数字筛选

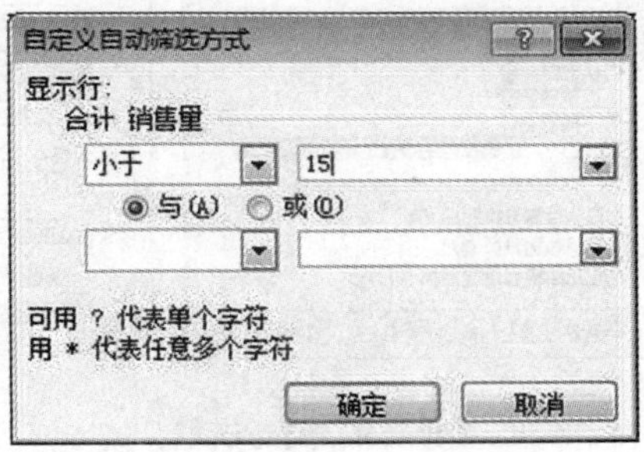

图 3-82　构造小于 15 的筛选条件

广潍一汽大众4S店2015年10月份成交信息表

工号	姓名	性别	所在小组	客户留档数	宝来销售量	捷达销售量	高尔夫销售量	速腾销售量	迈腾销售量	CC销售量	合计销售量	成交率
0182530	王慧	女	一组	60	2	2	1	2	1	1	9	15.00%
0182533	赵磊	男	一组	88	3	3	1	4	2	1	14	15.91%
0182536	张靖	女	三组	86	2	5	1	3	3	0	14	16.28%
0182537	吉增国	男	一组	84	2	4	2	1	1	1	11	13.10%
0182539	于雷	男	一组	78	3	2	1	2	2	0	10	12.82%
0182540	殷飞	男	三组	64	2	4	0	3	2	0	11	17.19%
0182541	赵志宇	男	二组	74	1	5	1	0	3	1	11	14.86%
0182542	马晓娟	女	二组	88	4	3	1	3	1	1	13	14.77%
0182543	陈炳霞	女	三组	86	3	4	1	2	2	0	12	13.95%
0182544	臧立堂	男	一组	79	2	3	0	1	4	1	11	13.92%

图 3-83　筛选小于 15 之后的结果

提示：再次单击【筛选】按钮可取消筛选。

步骤 3. 分类汇总各小组合计销售量并以图表显示。

利用分类汇总统计各小组的合计销售量。

(1)复制“格式化后的成交信息表”工作表并移至最后，重命名为“各小组的销售总量”。

(2)在“各小组的销售总量”工作表中，将“所在小组”列按照升序排序，使得相同小组的数据行汇聚到一起。

(3)单击【数据】选项卡中【分级显示】组的【分类汇总】按钮，打开【分类汇总】对话框，然后进行以下设置：在【分类字段】下拉列表中选择“所在小组”；在【汇总方式】下拉列表中选择“求和”；在【选定汇总项】列表中选择“合计销售量”，如图 3-84 所示。

(4)单击【确定】按钮后，得到的分类汇总的结果如图 3-85 所示。

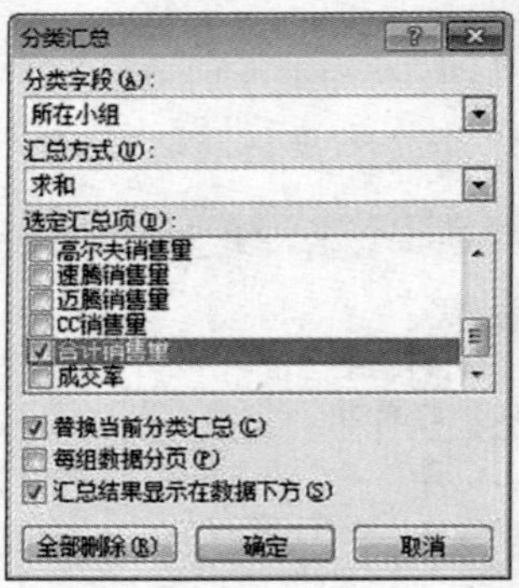

图 3-84 【分类汇总】对话框

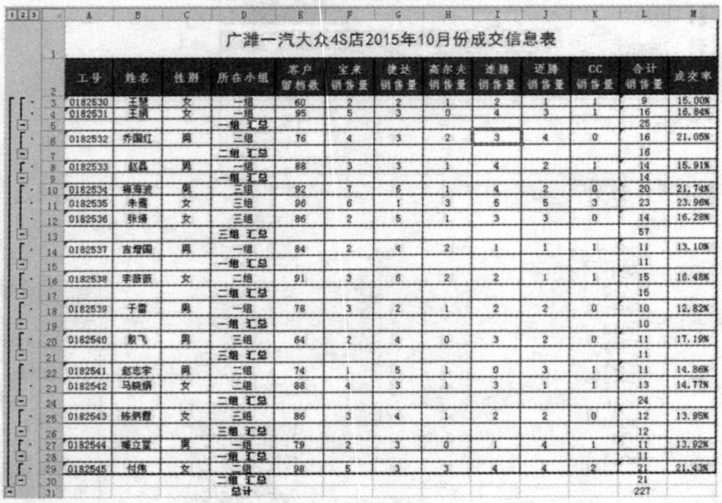

广潍一汽大众4S店2015年10月份成交信息表

工号	姓名	性别	所在小组	客户留档数	宝来销售量	捷达销售量	高尔夫销售量	速腾销售量	迈腾销售量	CC销售量	合计销售量	成交率
0182530	王慧	女	一组	60	2	2	1	2	1	1	9	15.00%
0182531	王娟	女	一组	95	5	3	0	4	3	1	16	16.84%
			一组 汇总								25	
0182532	乔国红	男	二组	76	4	3	2	3	4	0	16	21.05%
			二组 汇总								16	
0182533	赵磊	男	一组	88	3	3	1	4	2	1	14	15.91%
			一组 汇总								14	
0182534	梅海波	男	三组	92	7	6	1	4	2	0	20	21.74%
0182535	朱露	女	三组	96	6	1	3	5	5	3	23	23.96%
0182536	张靖	女	三组	86	2	5	1	3	3	0	14	16.28%
			三组 汇总								57	
0182537	吉增国	男	一组	84	2	4	2	1	1	1	11	13.10%
			一组 汇总								11	
0182538	李薇薇	女	二组	91	3	6	2	2	1	1	15	16.48%
			二组 汇总								15	
0182539	于雷	男	一组	78	3	2	1	2	2	0	10	12.82%
			一组 汇总								10	
0182540	殷飞	男	三组	64	2	4	0	3	2	0	11	17.19%
			三组 汇总								11	
0182541	赵志宇	男	二组	74	1	5	1	0	3	1	11	14.86%
0182542	马晓娟	女	二组	88	4	3	1	3	1	1	13	14.77%
			二组 汇总								24	
0182543	陈炳霞	女	三组	86	3	4	1	2	2	0	12	13.95%
			三组 汇总								12	
0182544	谭立贤	男	一组	79	2	3	0	1	4	1	11	13.92%
			一组 汇总								11	
0182545	付伟	女	二组	98	5	3	3	4	4	2	21	21.43%
			二组 汇总								21	
			总计								227	

图 3-85 “按小组分类汇总各小组销售量”的结果

(5)单击工作表左上角的查看分类汇总层次的按钮中的“1 2 3”，只查看“2”级汇总数据。

提示：复制某级分类汇总数据，首先按“【Alt+；】”组合键选择，然后再复制。

步骤 4. 建立图表。

(1)新建一个工作表，命名为“2 级汇总数据图表”，将之前操作得到的 2 级分类汇总数据复制至新工作表，选中数据，单击【插入】选项卡中【图表】组的【柱形图】按钮，在下拉列表选择【簇形柱状图】。若需要进一步设置，则在图表空白处单击右键，在弹出的快捷菜单中进行设置即可，如图 3-86 所示。因本图表需要在柱状图上显示每小组的汇总数，需要在弹出的快捷菜单中选择【图标选项】，并在【图表选项】对话框的【数据标志】选项卡中的【数据标签包括】中选择【值】，如图 3-87 所示。

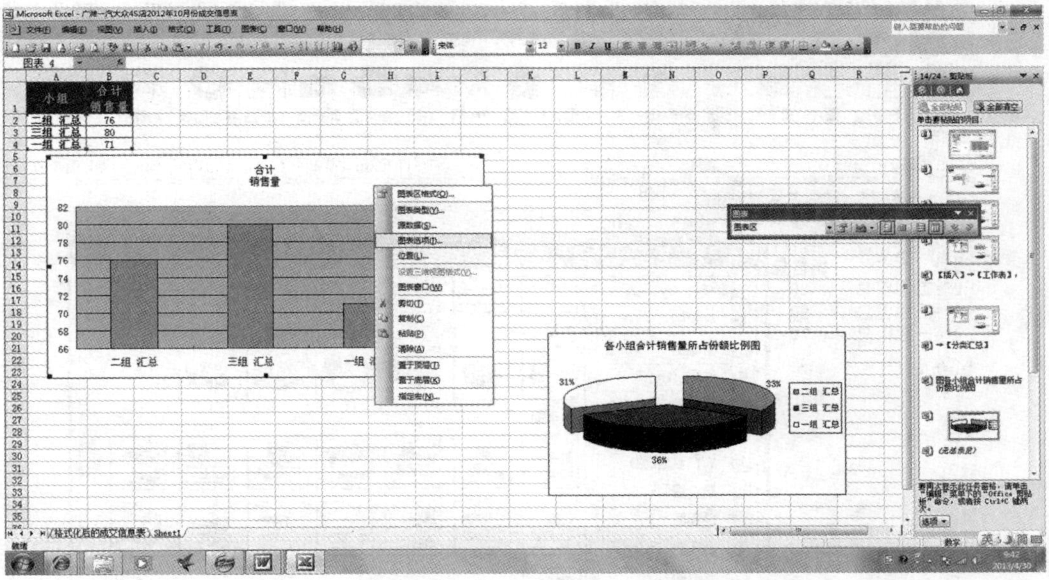

图 3-86　通过快捷菜单进行图表设置

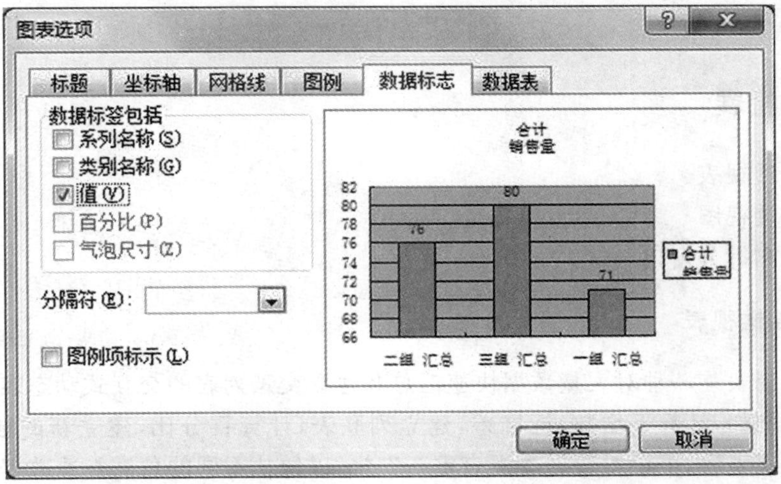

图 3-87　【数据标志】选项卡

(2)公司还需要了解各小组的合计销售量所占的份额比例，就需要建立饼状图。选中数据，单击【插入】选项卡中【图表】组的【饼图】按钮，在弹出的选项中选择【分离型三维饼图】，如图 3-88 所示，单击【确定】即可。

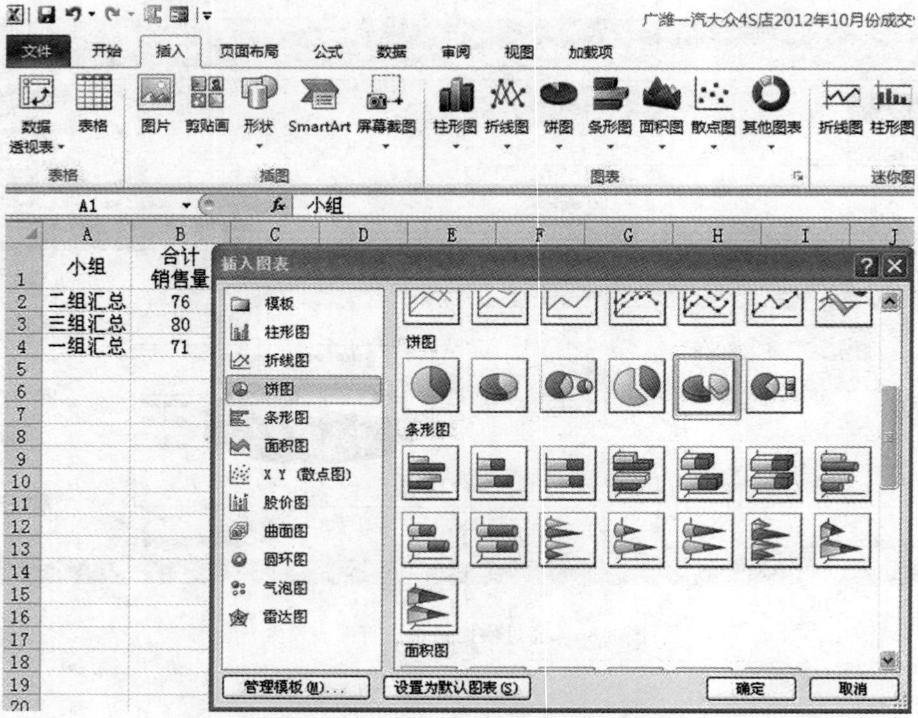

图 3-88　选择图表类型

任务拓展

◇数据透视表
◇数据透视图
◇冻结和拆分窗口

一、数据透视表

数据透视表是一种对大量数据快速汇总和建立交叉列表的交互式动态表格，能分析、组织数据。例如，计算平均数、标准差，建立列联表，计算百分比，建立新的数据子集等。建好数据透视表后，可以对数据透视表重新安排，以便从不同的角度查看数据。数据透视表可以从大量看似无关的数据中寻找背后的联系，从而将纷繁的数据转化为有价值的信息，以供研究和决策所用。如图 3-89 所示数据表中，显示了每个财季产品销售的明细数据。

现在要求统计每个财季的利润，可以结合条件格式判断最低利润出自哪个财季。

单击【插入】选项卡中【表格】组的【数据透视表】按钮，打开【创建数据透视表】对话框，如图 3-90 所示，然后选择透视表的数据来源的区域，单击【确定】按钮，建立的数据透视表，如图 3-91 所示。

	A	B	C	D	E	F	G	H	I	J	K
1	财季	销售城市	产品名称	成本	单价	数量	折扣	成交金额	利润	利润率	销售员
2	Q1	北京	键盘	135	180	20	0.19	2916	216	8.00%	金士鹏
3	Q1	北京	蓝牙适配器	81	108	20	0.14	1857.6	237.6	14.67%	金士鹏
4	Q2	北京	蓝牙适配器	81	108	95	0.25	7695	0	0.00%	金士鹏
5	Q2	北京	手写板	142.5	190	18	0.07	3180.6	615.6	24.00%	金士鹏
6	Q2	北京	鼠标	224.25	299	15	0.15	3812.25	448.5	-2.67%	金士鹏
7	Q3	北京	SD存储卡	217.5	290	7	0.15	1725.5	203	-1.33%	金士鹏
8	Q4	北京	SD存储卡	217.5	290	30	0.01	8613	2088	32.00%	金士鹏
9	Q3	上海	鼠标	224.25	299	56	0.15	14232.4	1674.4	-2.67%	金士鹏
10	Q3	上海	无线网卡	133.5	178	77	0.02	13431.88	3152.38	30.67%	金士鹏
11	Q4	上海	鼠标	224.25	299	12	0.05	3408.6	717.6	12.00%	金士鹏
12	Q4	上海	无线网卡	133.5	178	50	0.11	7921	1246	18.67%	金士鹏
13	Q1	天津	麦克风	74.25	99	4	0.3	277.2	-19.8	-6.67%	金士鹏
14	Q2	天津	DVD光驱	180	240	10	0.13	2088	288	16.00%	金士鹏
15	Q2	天津	DVD光驱	180	240	20	0.04	4608	1008	28.00%	金士鹏
16	Q2	天津	键盘	135	180	15	0.18	2214	189	9.33%	金士鹏
17	Q2	天津	麦克风	74.25	99	62	0.15	5217.3	613.8	-2.67%	金士鹏
18	Q2	天津	手写板	142.5	190	42	0.21	6304.2	319.2	5.33%	金士鹏
19	Q2	天津	鼠标	224.25	299	6	0.25	1345.5	0	0.00%	金士鹏
20	Q2	天津	无线网卡	133.5	178	15	0.14	2296.2	293.7	14.67%	金士鹏
21	Q3	天津	SD存储卡	217.5	290	16	0.12	4083.2	603.2	17.33%	金士鹏
22	Q3	天津	键盘	135	180	22	0.21	3128.4	158.4	5.33%	金士鹏
23	Q4	天津	SD存储卡	217.5	290	8	0.01	2296.8	556.8	32.00%	金士鹏

图 3-89 每个财季产品销售的明细数据

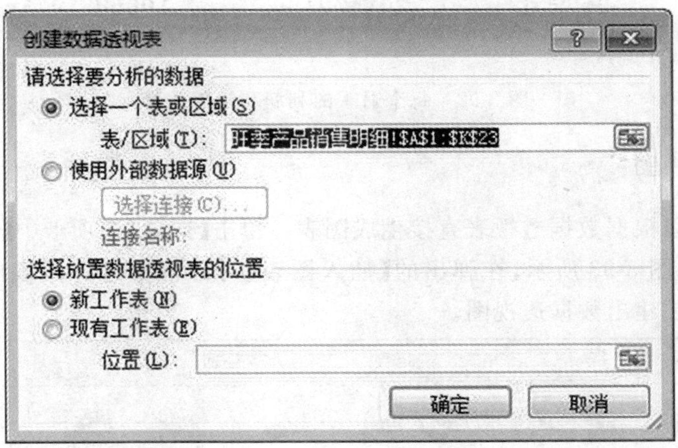

图 3-90 【创建数据透视表】对话框

先在添加到报表的字段中选择财季，然后拖动利润和数量字段到数值区域，数据透视表中就会显示每个财季的利润和销售数量。同样，在数据透视表中可以直接看到利润和销售数量的汇总数目。结合条件格式功能，查看出哪个财季利润最低，如图 3-92 所示。

图 3-91　建立数据透视表

行标签	值 求和项:利润	求和项:数量
Q1	18914.79	925
Q2	63987.23	3980
Q3	53392.1	2327
Q4	65176.27	2826
总计	201470.39	10058

图 3-92　每个财季的利润和销售数量

二、数据透视图

同时，还可以根据数据透视表直接生成图表。单击【选项】选项卡中【工具】组的【数据透视图】按钮，如图 3-93 所示，在弹出的【插入图表】对话框中选择图表的样式，单击【确定】就可以直接创建出数据透视图。

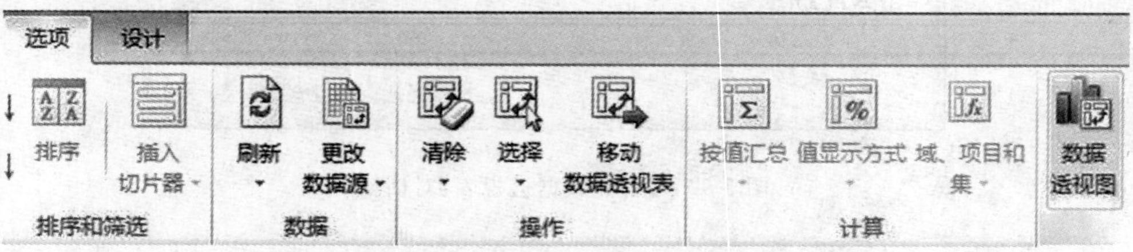

图 3-93　【数据透视图】按钮

如果单击“财季”的下拉箭头，这实际上是透视表中字段，选择“Q1”，可以看到图表中的数据也发生了变化，其他有很多在透视表中使用的方法也可以在这个图表中使用，然后设置图表的格式，完成后的图如图 3-94 所示。

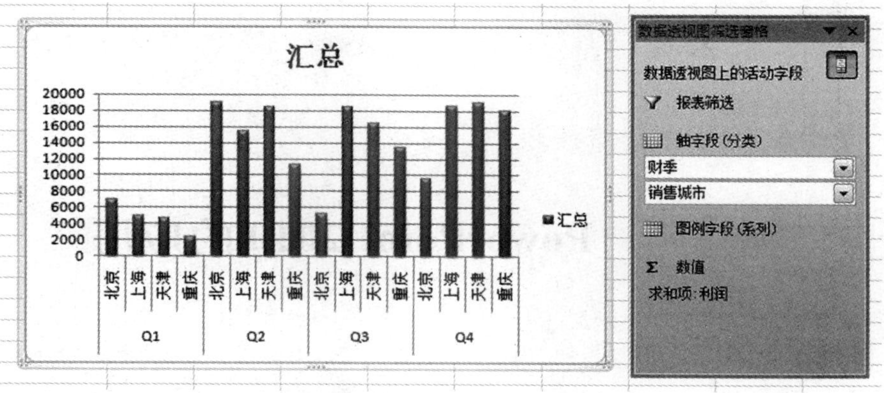

图 3-94 数据透视图生成图表

三、冻结和拆分窗口

(一)拆分窗口

单击【视图】选项卡中【窗口】组的【拆分】按钮,拆分窗口。如果只需要垂直拆分,可以直接拖动垂直滚动条到最顶端,此时横项拆分线就会消失,如图 3-95 所示。

F 数量	G 折扣	H 成交金额	C 产品名称	D 成本	E 单价	F 数量	G 折扣
20	0.19	2916	键盘	135	180	20	0.19
20	0.14	1857.6	蓝牙适配器	81	108	20	0.14
95	0.25	7695	蓝牙适配器	81	108	95	0.25
18	0.07	3180.6	手写板	142.5	190	18	0.07
15	0.15	3812.25	鼠标	224.25	299	15	0.15
7	0.15	1725.5	SD存储卡	217.5	290	7	0.15
30	0.01	8613	SD存储卡	217.5	290	30	0.01
56	0.15	14232.4	鼠标	224.25	299	56	0.15

图 3-95 拆分窗口

撤销窗口的拆分:再次单击【拆分】按钮即可撤销窗口的拆分。

(二)冻结窗格

使用冻结窗格可更好地查看数据表头。选中一个单元格,单击【视图】选项卡中【窗口】组的【冻结窗格】按钮,可以根据需要选择冻结选项,如图 3-96 所示。

图 3-96 冻结窗格

项目四　PowerPoint 2010 的应用

项目综合任务

PowerPoint 2010 是 Microsoft 公司开发的 Office 2010 办公组件之一，主要负责文档演示工作，一般用于办公场合，如会议、产品展示以及教学课件等领域。

本项目主要是根据需要学生掌握的 PowerPoint 2010 知识点，结合 PowerPoint 在实际应用中应该掌握的知识技能，提炼出 3 个比较典型的工作任务：学校宣传片的制作、毕业答辩演示文稿制作、产品介绍演示文稿制作。通过本项目的学习，学生不仅能够掌握 PowerPoint 2010 的基本使用方法和高级应用，还能灵活应用所学知识完成实际工作任务。

职业素质与技能分析

1. 职业素质

PowerPoint（简称“PPT”），主要功能是演示。使用 PPT，可以更生动、形象地将相应的内容通过投影仪表达出来。在工作汇报、企业宣传、产品推介、婚礼庆典、项目竞标、管理咨询等领域都能看到它的身影，现在它已经成为人们工作生活的重要组成部分。掌握 PPT 的应用，是作为现代职业人必须掌握的一项技能。

2. 技能分析

通过本项目的学习，能够掌握以下几项技能：

(1)演示文稿“策划”：在制作 PPT 之前，应进行怎样的策划和准备工作。

(2)演示文稿“设计”：演示文稿色彩构成、版式的设计等。

(3)演示文稿“制作”：软件的使用技巧。

(4)演示文稿“应用”：通过学习 PPT 知识，可以举一反三应用到实际工作任务中。

项目实施

任务一　学校宣传片制作

任务描述

利用山东交通职业学院网站素材，制作学校宣传片，从不同的角度，将学校的基本情况介绍给大家，要求内容精简、突出，最终效果如图 4-1 所示。

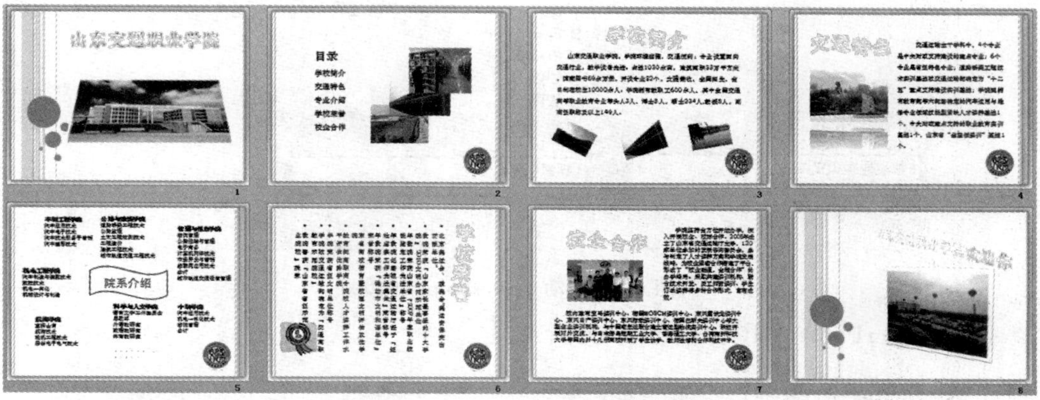

图 4-1　“学校宣传片”完成后的效果图

任务目标

(1)熟悉 PPT 的启动和退出，掌握演示文稿的创建与保存。

(2)熟练掌握幻灯片的插入、复制、移动与删除等操作。

(3)掌握文本与段落的格式化操作。

(4)掌握多媒体元素在演示文稿中的应用。

(5)掌握幻灯片母版的使用。

任务知识

◇PowerPoint 2010 的基本操作

PowerPoint 2010 的基本操作

(一)启动 PowerPoint 2010

单击【开始】→【所有程序】→【Microsoft Office】→【Microsoft PowerPoint 2010】，如图 4-2 所示。

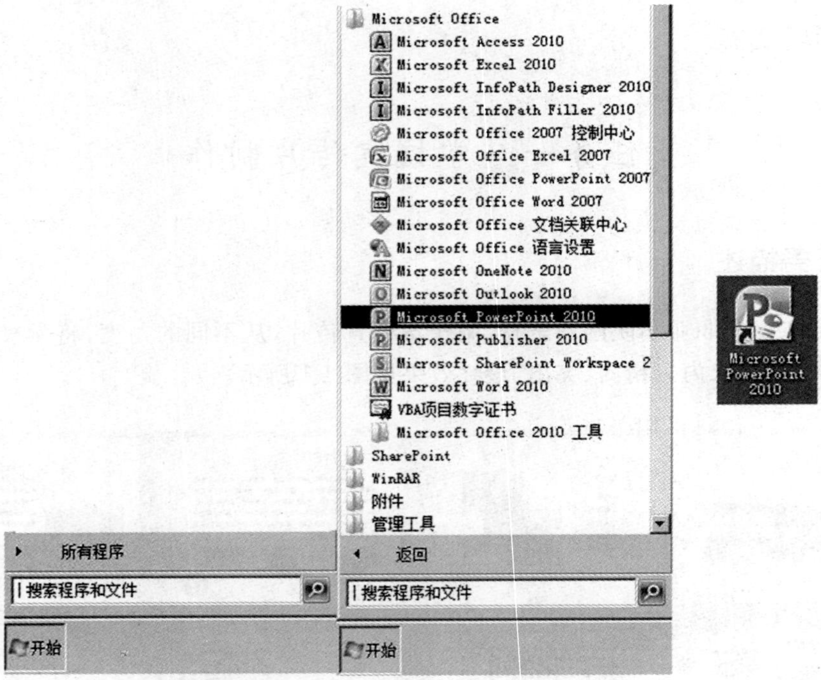

图 4-2　启动 PowerPoint 2010

(二)PowerPoint 2010 界面组成(见图 4-3)

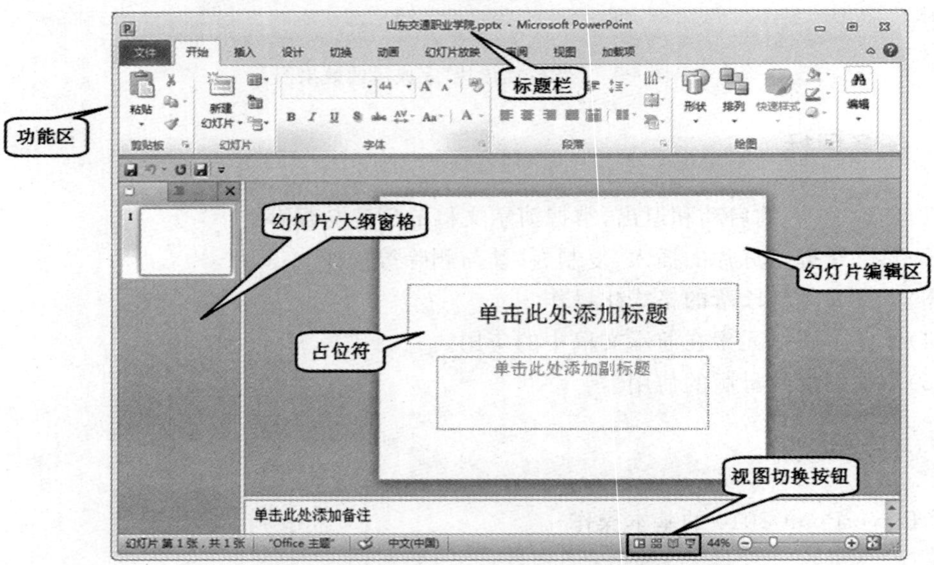

图 4-3　PowerPoint 2010 界面组成

1. 标题栏

标题栏位于操作界面的最顶端,其中间显示了当前编辑的演示文稿名称及程序名称,右侧是 3 个窗口控制按钮,分别可以将窗口最小化、最大化/还原和关闭。

2.功能区

功能区位于标题栏的下方，是一个由多个选项卡组成的带形区域。大部分命令分类组织在功能区的不同选项卡中，单击不同的选项卡标签，可切换功能区中显示的命令。在每一个选项卡中，命令又被分类放置在不同的组中。

3.幻灯片编辑区

幻灯片编辑区是编辑幻灯片的主要区域，在其中可以为当前幻灯片添加文本、图片、图形、声音和影片等，还可以创建超链接或设置动画。

幻灯片编辑区有一些带有虚线边框的编辑框，称为“占位符”，用于指示可在其中输入标题文本（标题占位符）、正文文本（文本占位符），或插入图表、表格和图片（内容占位符）等对象。幻灯片版式不同，占位符的类型和位置也不同，如图 4-4 所示。

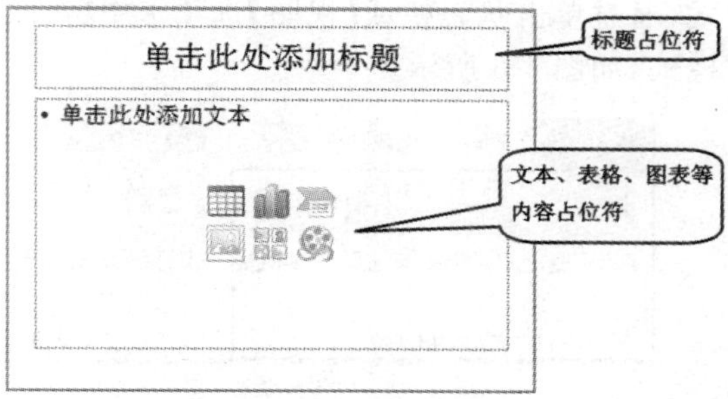

图 4-4　幻灯片编辑区

4.幻灯片/大纲窗格

利用幻灯片/大纲窗格可以快速查看和选择演示文稿中的幻灯片。幻灯片窗格显示了幻灯片的缩略图，单击某张幻灯片的缩略图可选中该幻灯片，此时即可在右侧的幻灯片编辑区编辑该幻灯片内容；大纲窗格显示了幻灯片的文本大纲。如图 4-5 所示。

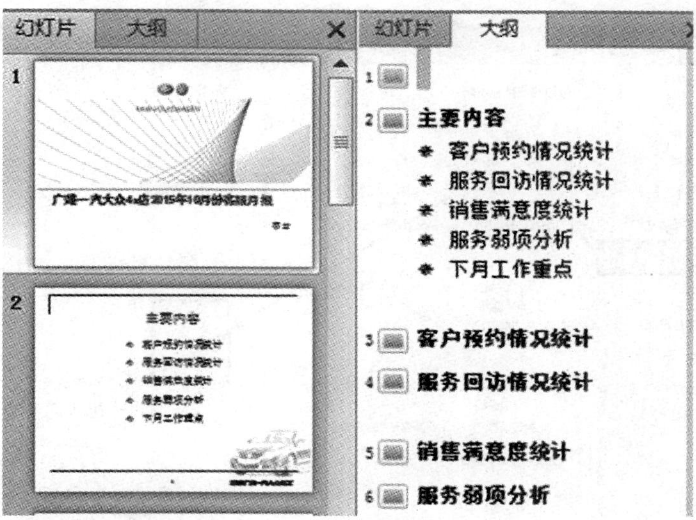

图 4-5　幻灯片/大纲窗格

5.状态栏

状态栏位于程序窗口的最底部，用于显示当前演示文稿的一些信息，如当前幻灯片及总幻灯片数、主题名称、语言类型等。此外，还提供了用于切换视图模式的视图按钮，以及用于调整视图显示比例的缩放级别按钮和显示比例调整滑块等。

单击状态栏最右侧的“”按钮，可按当前窗口大小自动调整幻灯片的显示比例，使其在当前窗口中可以显示全局效果。

（三）视图模式

PowerPoint 2010 提供了普通视图、幻灯片浏览视图、备注页和阅读视图几种视图模式，通过单击状态栏或【视图】选项卡中【演示文稿视图】组的相应按钮，可切换不同的视图模式，如图 4-6 所示。

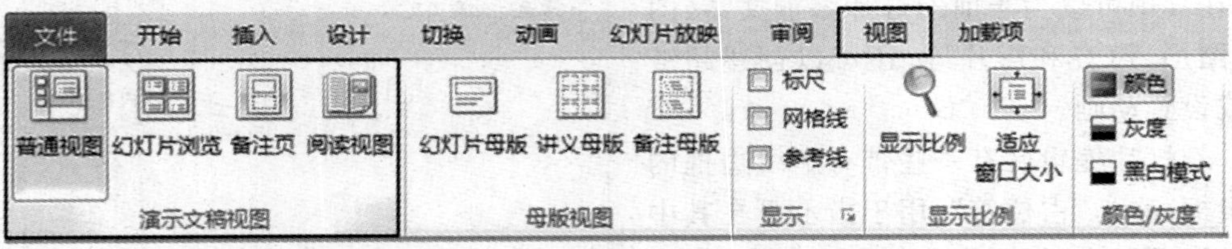

图 4-6　视图模式

其中，普通视图是默认的视图模式，主要用于制作演示文稿；在幻灯片浏览视图中，幻灯片以缩略图的形式显示，从而方便浏览所有幻灯片的整体效果；备注页视图以上下结构显示幻灯片和备注页面，主要用于编写备注内容；阅读视图是以窗口的形式来查看演示文稿的放映效果。

（四）新建和保存演示文稿

1. 创建空白演示文稿

单击【文件】→【新建】→【空白演示文稿】→【创建】，如图 4-7 所示。

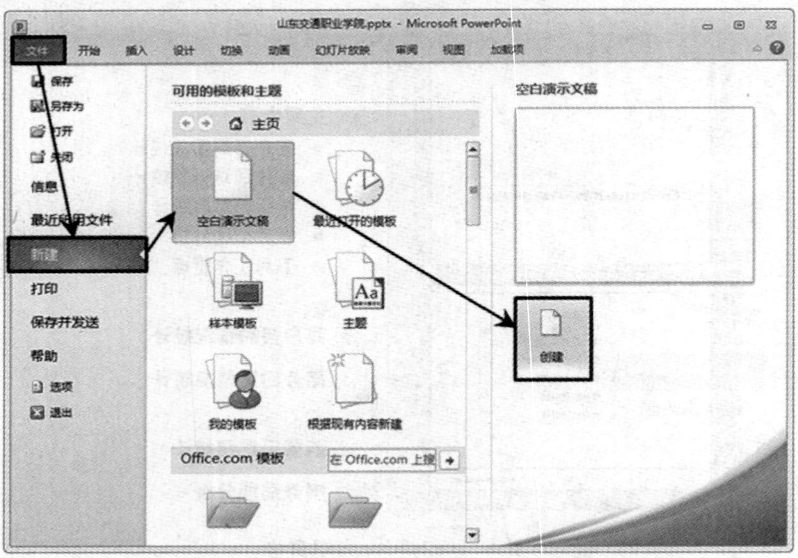

图 4-7　创建空白演示文稿

2. 利用模板或主题创建演示文稿

利用模板和主题都可以创建具有漂亮格式的演示文稿。两者的不同之处是：利用模板创建的演示文稿通常还带有相应的内容，只需对这些内容进行修改，便可快速设计出专业的演示文稿;而主题则是幻灯片背景、版式和字体等格式的集合。

要利用系统内置的模板或主题创建演示文稿,只需在新建界面中单击【样本模板】或【主题】选项,然后在打开列表中选择需要的模板或主题,单击【创建】按钮即可。例如,单击【主题】选项,在打开的列表中选择【暗香扑面】主题,再单击【创建】按钮,即可使用该主题创建演示文稿,如图 4-8 所示。

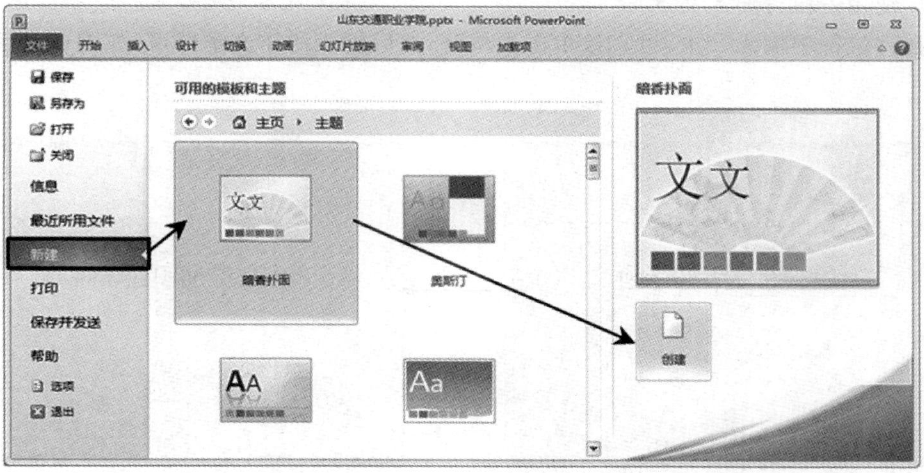

图 4-8 利用模板或主题创建演示文稿

3. 保存和关闭演示文稿

在制作演示文稿时,要养成随时保存演示文稿的习惯,以防止发生意外而使正在编辑的内容丢失。编辑完毕并保存演示文稿后,还需要将其关闭。

提示:第一次保存演示文稿时,将打开【另存为】对话框,在该对话框中选择【保存位置】,输入“文件名”,然后单击【保存】按钮(见图 4-9)。

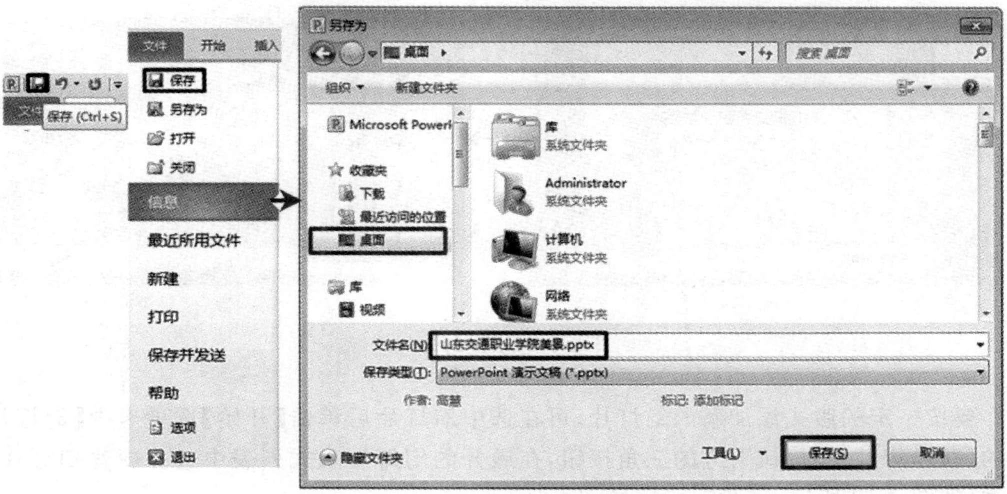

图 4-9 第一次保存演示文稿

对演示文稿执行第二次保存操作时，不会再打开【另存为】对话框，若希望将文档另存一份，可在【文件】选项卡界面中选择【另存为】项，在打开的【另存为】对话框中进行设置。

要关闭演示文稿，可在【文件】选项卡界面中选择【关闭】项；若希望退出 PowerPoint 2010 程序，可在该界面中单击【退出】按钮，或按【Alt＋F4】组合键。

（五）使用幻灯片

1. 使用占位符输入文本

在占位符中输入文本，可直接单击占位符，然后输入所需文本即可，如图 4-10 所示。

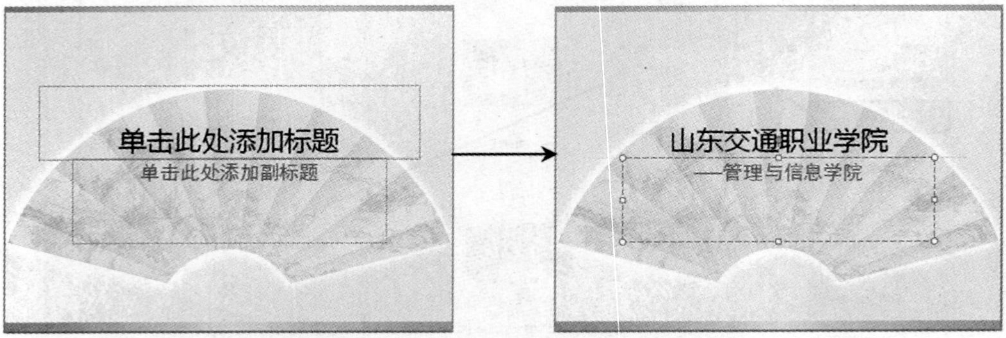

图 4-10　使用占位符输入文本

2. 添加幻灯片

要在演示文稿的某张幻灯片的后面添加一张新幻灯片，可首先在幻灯片窗格中单击该幻灯片将其选中，然后按【Enter】键或【Ctrl＋M】组合键，如图 4-11 所示。

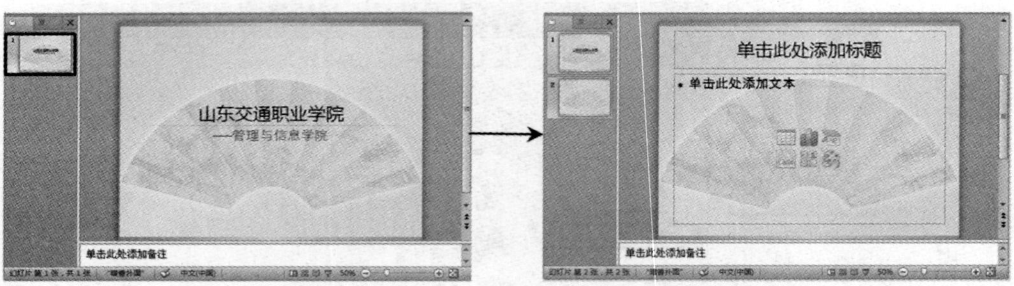

图 4-11　添加幻灯片

要按一定的版式添加新的幻灯片，可在选中幻灯片后单击【开始】选项卡中【幻灯片】组的【新建幻灯片】按钮下方的三角按钮，在展开的幻灯片版式列表中选择新建幻灯片的版式，如图 4-12 所示。

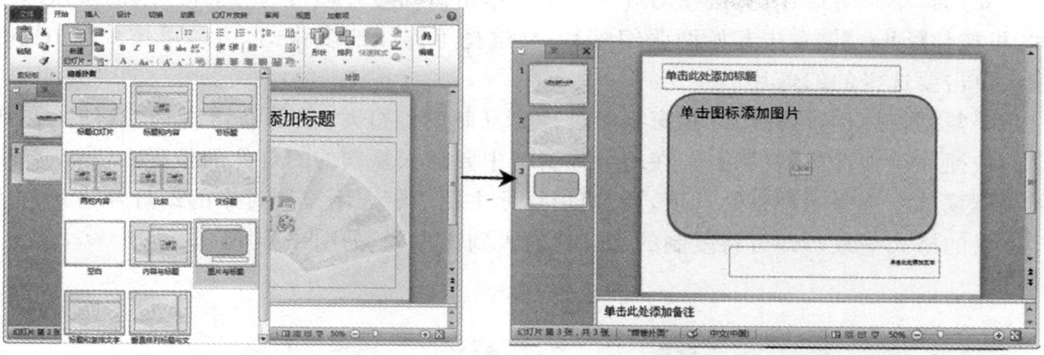

图 4-12　按一定的版式添加新幻灯片

3. 更改幻灯片版式

单击【开始】选项卡中【幻灯片】组的【版式】按钮，如图 4-13 所示。

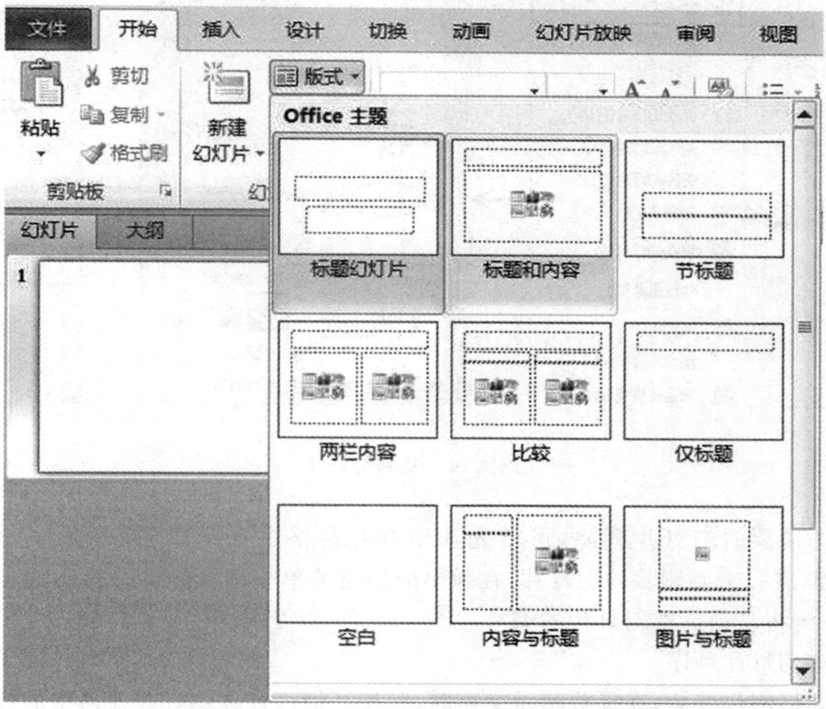

图 4-13　更改幻灯片版式

提示：幻灯片版式主要用来设置幻灯片中各元素的布局(如占位符的位置和类型等)。可以在新建幻灯片时选择幻灯片版式，也可以在创建好幻灯片后，单击【开始】选项卡中【幻灯片】组的【版式】按钮，在展开的列表中重新为当前幻灯片选择版式。

4. 选择、复制和删除幻灯片

要选择单张幻灯片，直接在幻灯片窗格中单击该幻灯片即可；要选择连续的多张幻灯片，可按住【Shift】键单击起始两张幻灯片；要选择不连续的多张幻灯片，可按住【Ctrl】键依次单击要选择的幻灯片。

要复制幻灯片，可在幻灯片窗格中选择要复制的幻灯片，然后右击所选幻灯片，在弹出的快捷菜单中选择【复制】项，在幻灯片窗格中要插入复制的幻灯片的位置右击，从弹出的快捷菜单中选择一种粘贴选项，如“使用目标主题”项（表示复制过来的幻灯片格式与目标位置的格式一致），即可将复制的幻灯片插入到该位置，如图 4-14 所示。

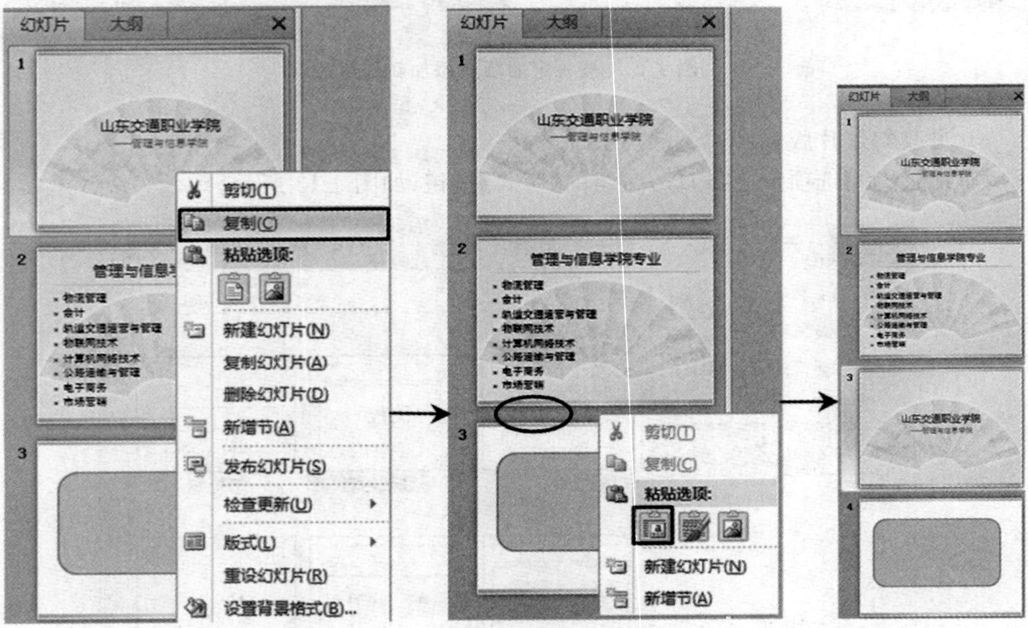

图 4-14　复制幻灯片

要将不需要的幻灯片删除，可首先在幻灯片窗格中选中要删除的幻灯片，然后按【Delete】键；或右击要删除的幻灯片，在弹出的快捷菜单中选择【删除幻灯片】项。删除幻灯片后，系统将自动调整幻灯片的编号。

5. 调整幻灯片顺序

演示文稿制作好后，在播放演示文稿时，将按照幻灯片在幻灯片窗格中的排列顺序进行播放。若要调整幻灯片的排列顺序，可在幻灯片窗格中单击选中要调整顺序的幻灯片，然后按住左键将其拖到需要的位置即可，如图 4-15 所示。

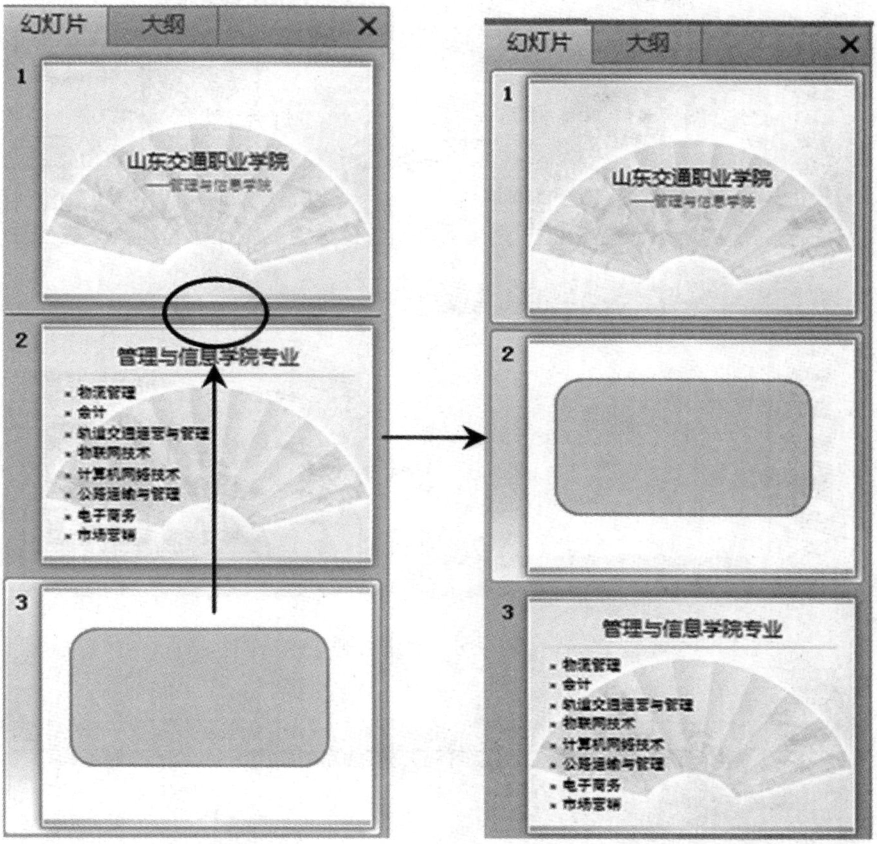

图 4-15 调整幻灯片顺序

（六）制作电子相册

1. 创建相册

在 PowerPoint 2010 中单击【插入】选项卡【图像】组中的【相册】按钮，或单击【相册】按钮下方的三角按钮，在展开的列表中选择【新建相册】项，打开【相册】对话框，单击【文件/磁盘】按钮，打开【插入新图片】对话框，选择要创建相册的图片，单击【插入】按钮返回【相册】对话框，单击【创建】按钮，系统将自动创建一个新演示文稿，如图 4-16 所示。

2. 设置相册格式

将图片加入相册后，可以为相册制作封面和为图片添加标题，调整图片播放顺序，为图片设置版式和相框形状等。

利用艺术字为相册封面添加标题，如图 4-17 所示。

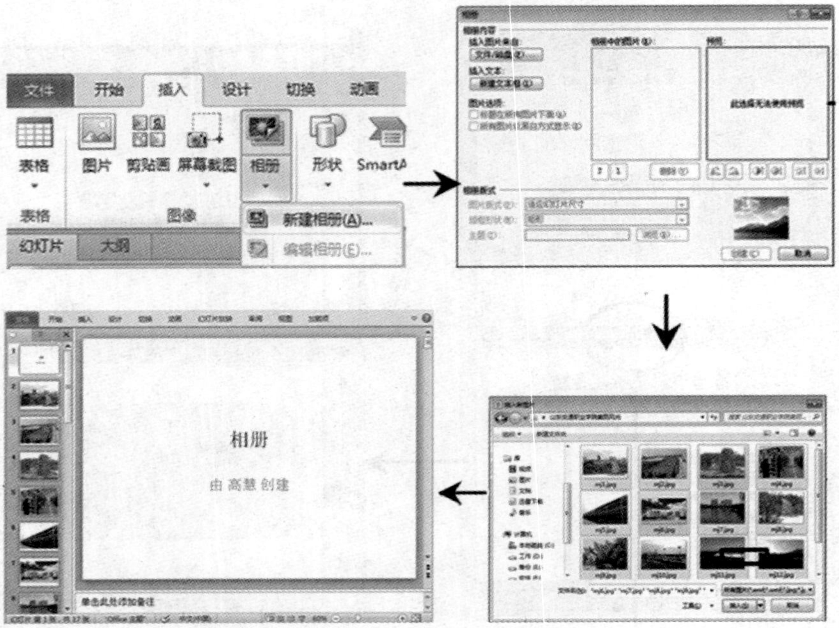

图 4-16　创建相册

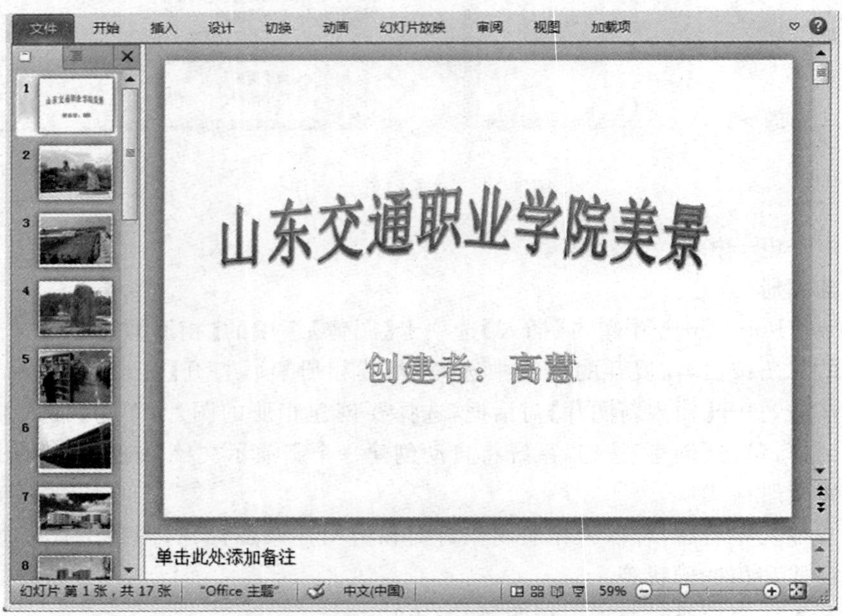

图 4-17　设置相册格式

创建好相册后可以编辑相册，如图 4-18 所示。

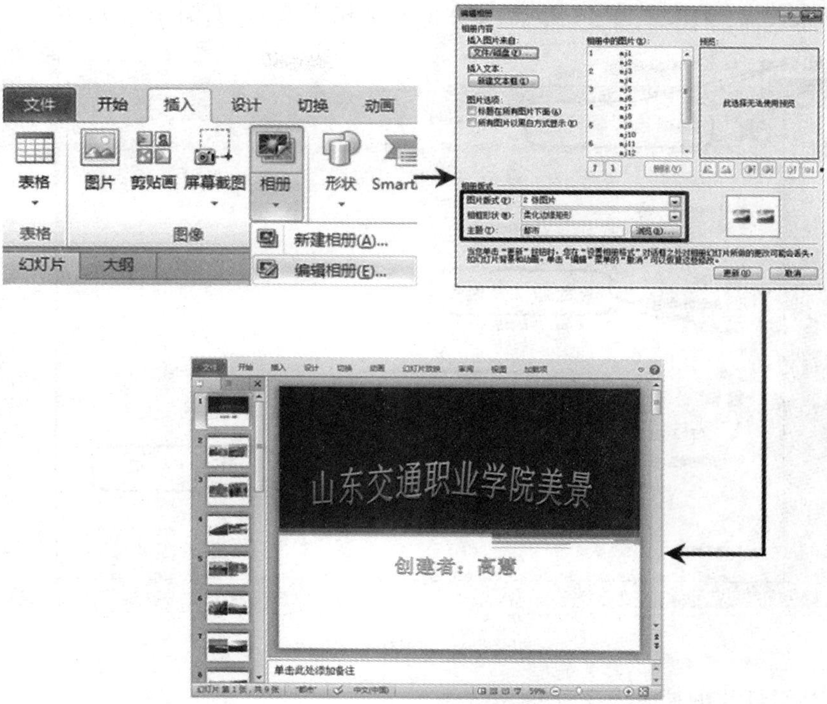

图 4-18 编辑相册

任务实施

步骤 1. 演示文稿的创建与保存。

(1)新建主题演示文稿,如图 4-19 所示。

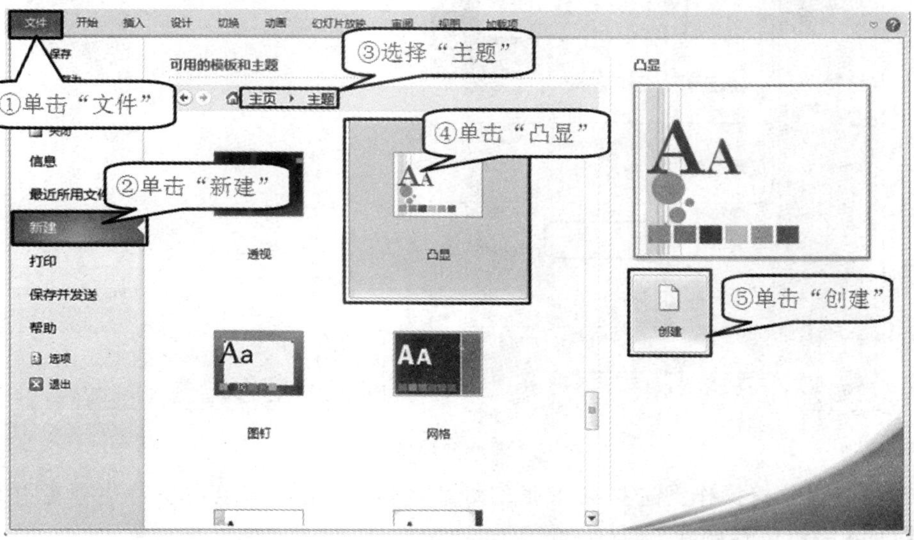

图 4-19 新建主题演示文稿

(2)以文件名“学校宣传片.pptx”保存演示文稿于桌面,如图 4-20 所示。

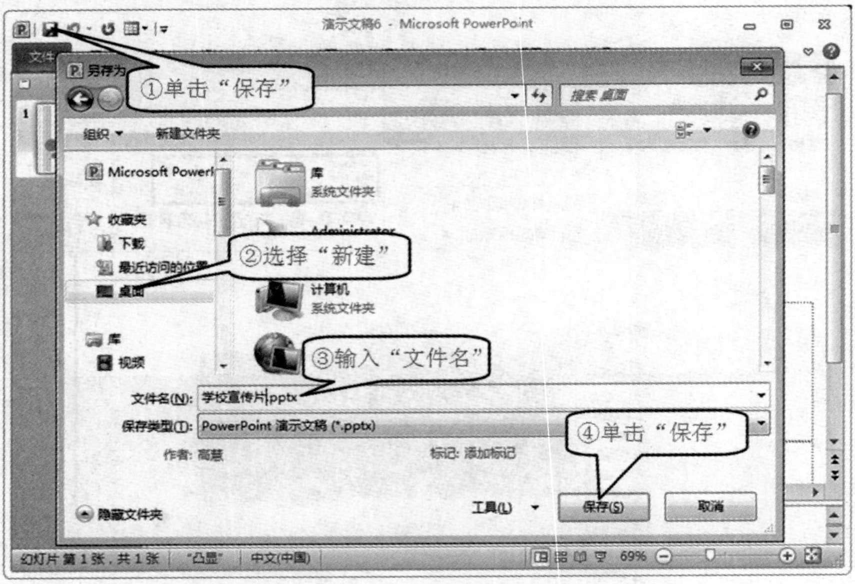

图 4-20　保存演示文稿

步骤 2.幻灯片的插入及文字编辑。

(1)插入空白版式幻灯片,如图 4-21 所示。

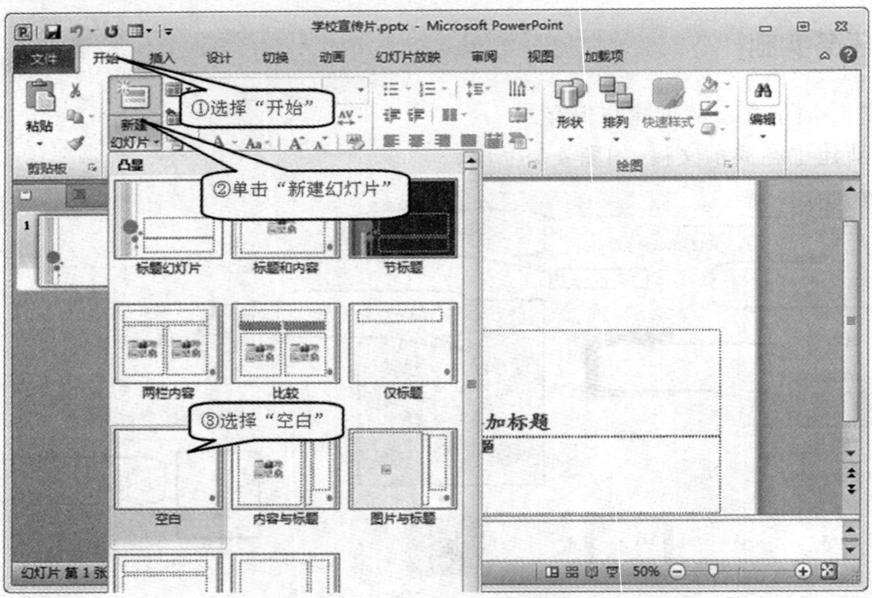

图 4-21　插入空白版式幻灯片

(2)删除占位符操作。选择第 1 张幻灯片,将鼠标指针移至占位符边框处并单击选中,按【Delete】键进行删除。

(3)在第 2 张幻灯片中插入文本框操作,如图 4-22 所示。

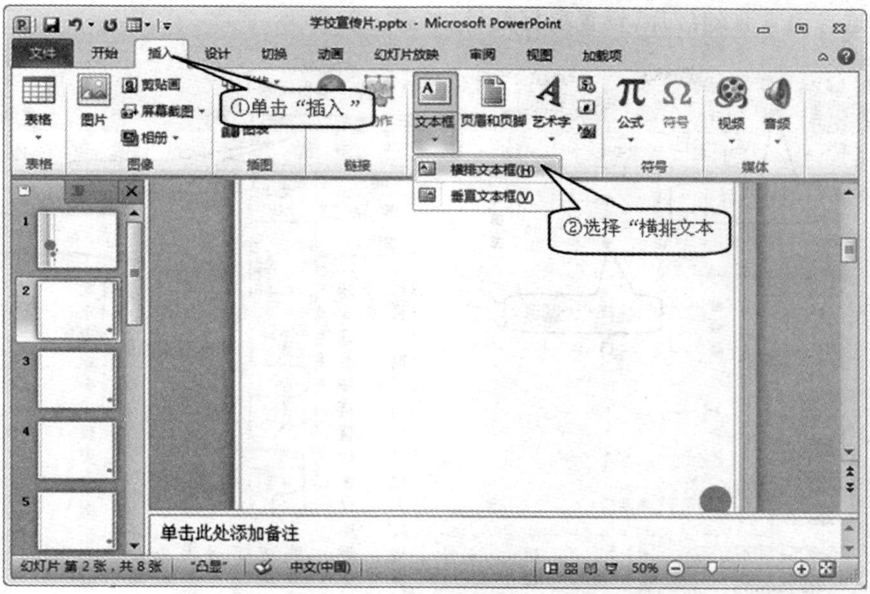

图 4-22 插入文本框

(4)输入 6 行文字——“目录”“学校简介”“交通特色”“专业介绍”“学校荣誉”和“校企合作”。同理，制作第 3～7 张幻灯片。

(5)对第 2 张幻灯片的“目录”进行字体设置，如图 4-23 所示。

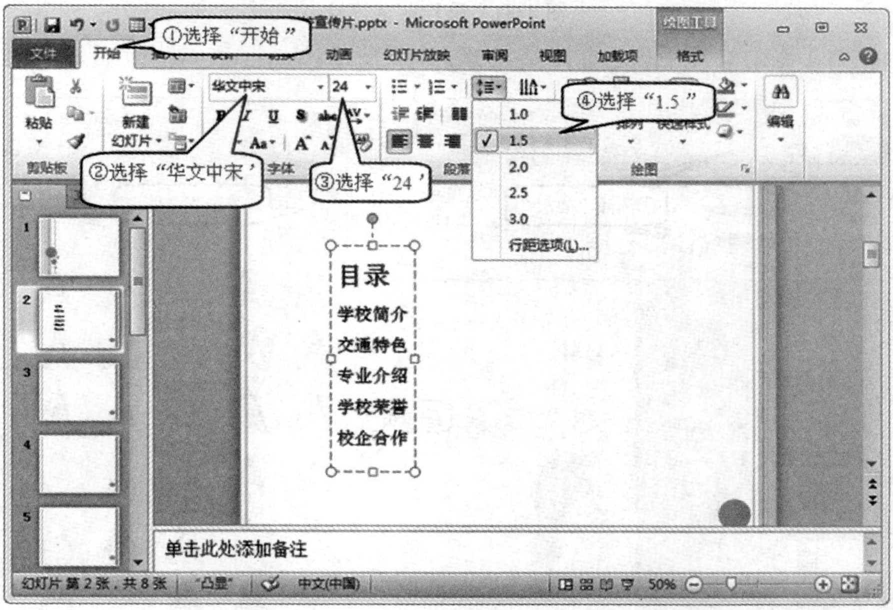

图 4-23 字体设置

(6)选中另外 5 行文字，按任务要求进行字体和段落设置，同理按任务要求设置第3～7张幻灯片。

(7)选择第 6 张幻灯片,设置项目符号,如图 4-24 所示。

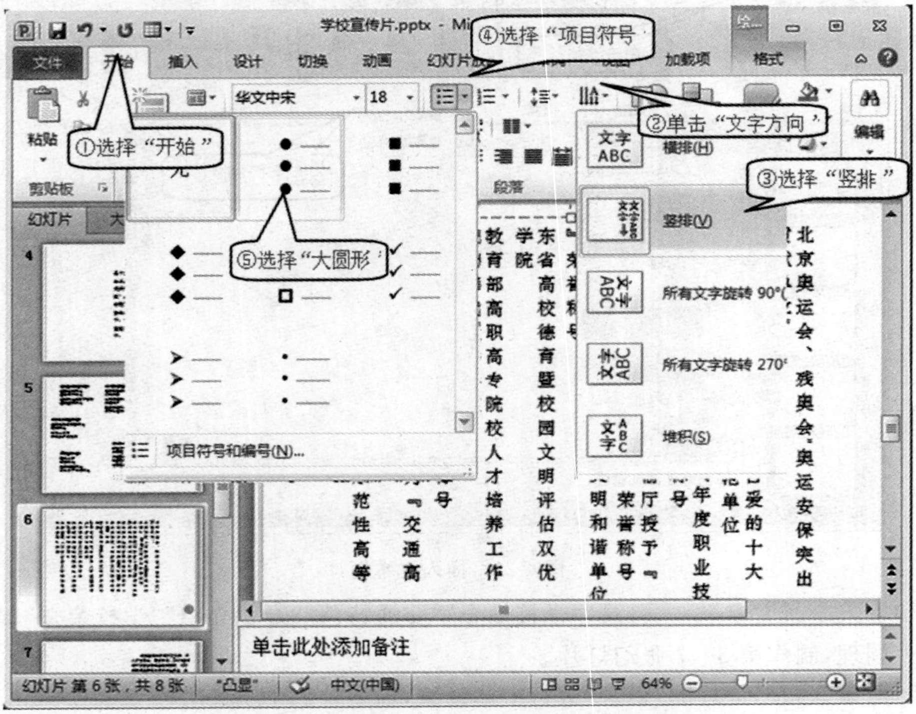

图 4-24 设置项目符号

(8)在第 1 张幻灯片中插入艺术字,如图 4-25 所示。

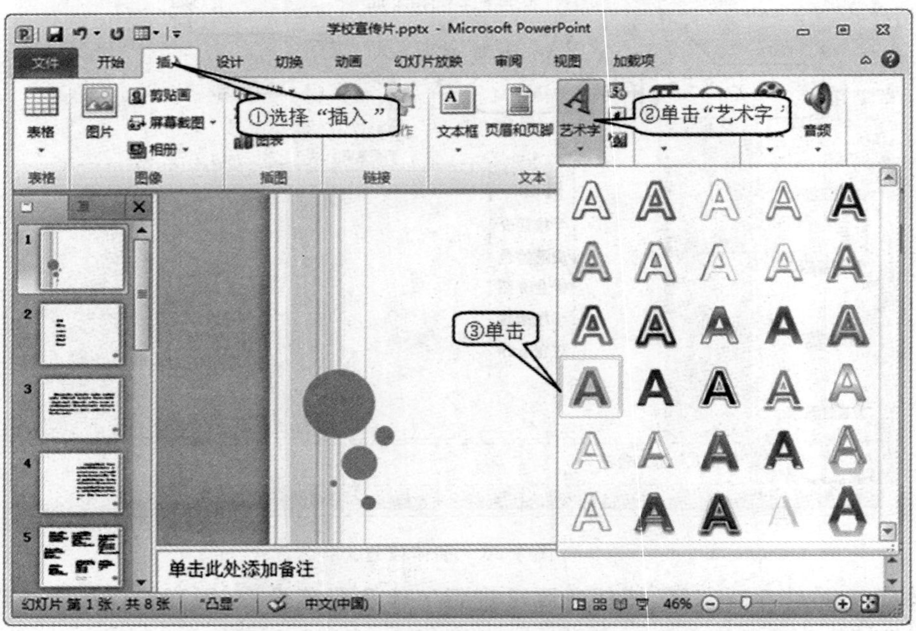

图 4-25 插入艺术字

(9)输入文字“山东交通职业学院”,设置文本填充效果、发光效果,如图 4-26 和图 4-27 所示。

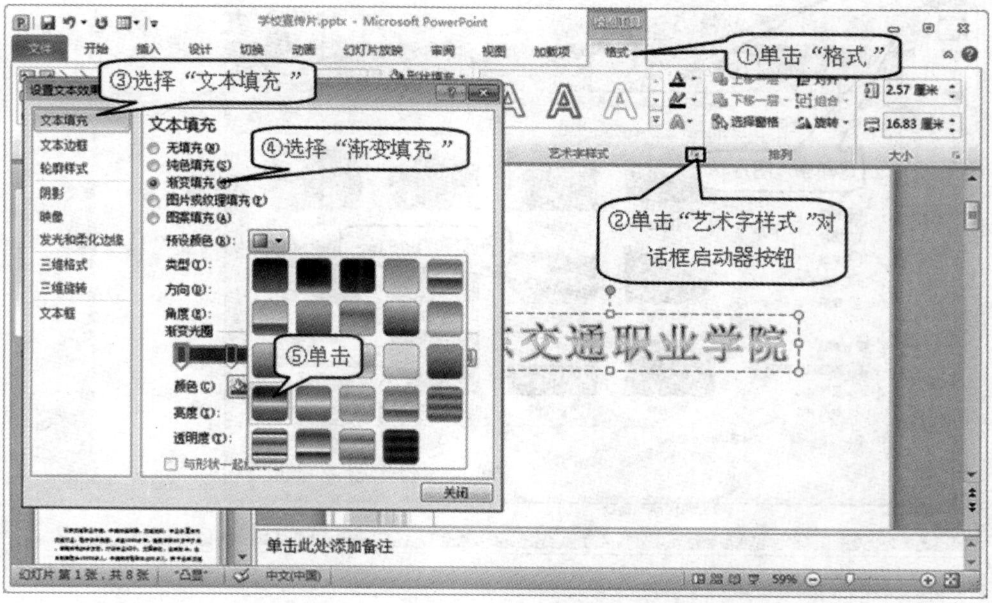

图 4-26　设置文本填充效果

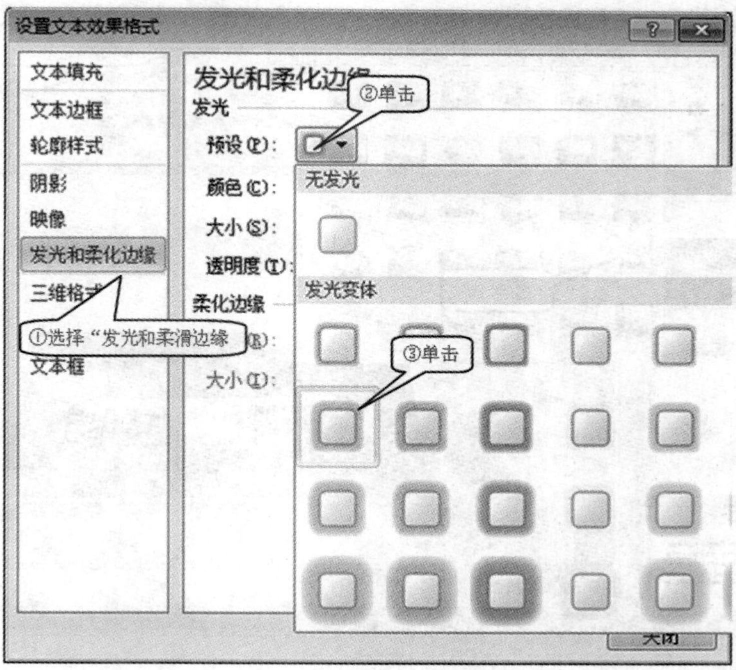

图 4-27　设置发光效果

(10)插入图片,设置图片样式,如图 4-28 和图 4-29 所示。

图 4-28　插入图片

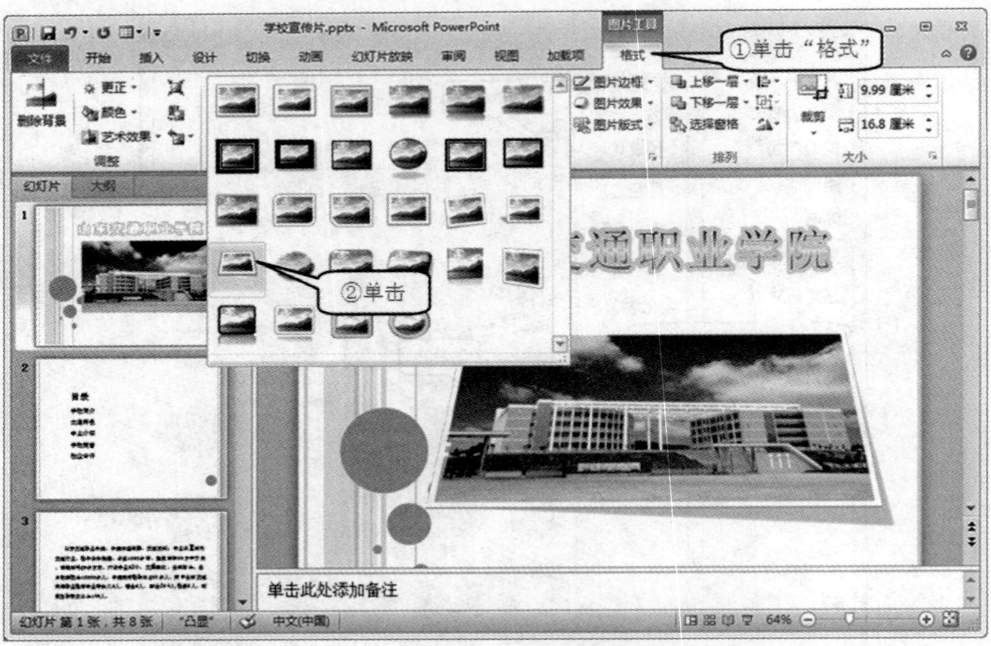

图 4-29　设置图片样式

(11)在第 3 张幻灯片中插入艺术字,设置效果,如图 4-30 和图 4-31 所示。

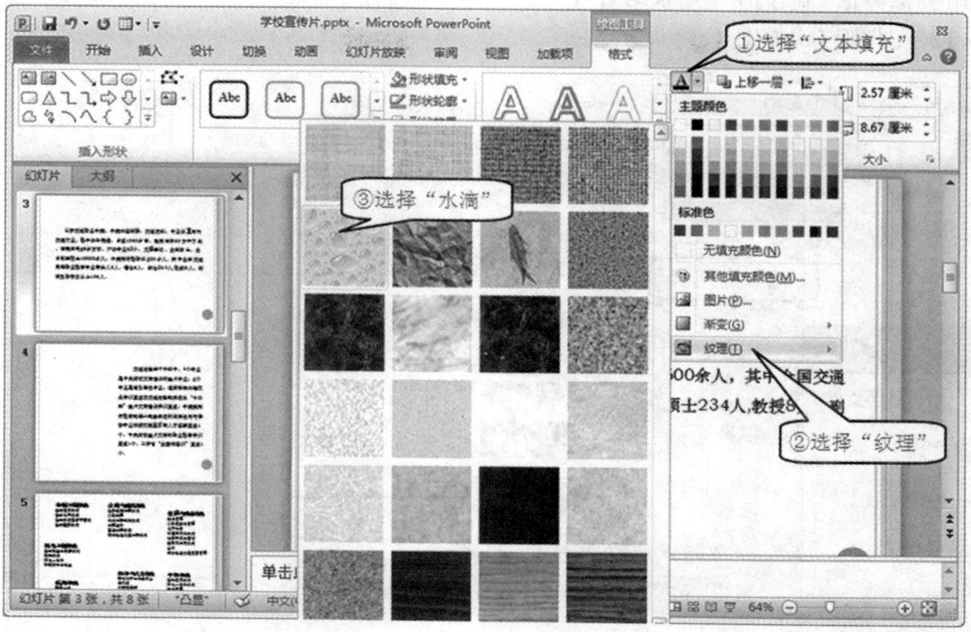

图 4-30 插入艺术字

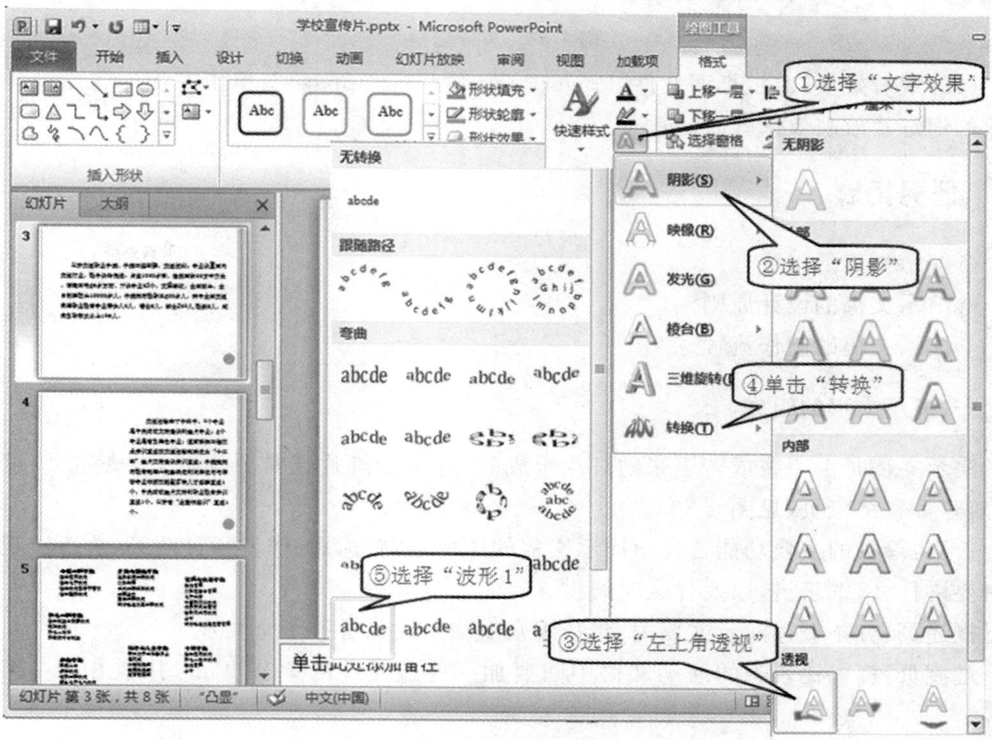

图 4-31 设置艺术字效果

用类似方法，制作另外 3 张幻灯片。

(12)文件保存，如图 4-32 所示。

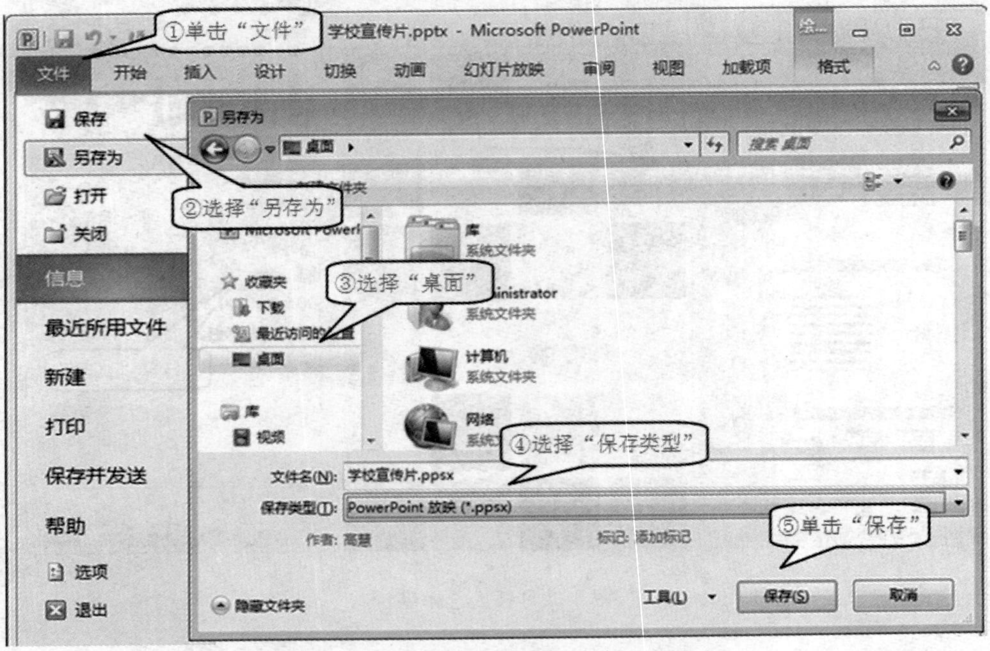

图 4-32　文件保存

(13)观看效果：双击桌面文件“PowerPoint 放映(＊.ppsx)”，单击左键一张张观看所创建的幻灯片放映效果。

任务拓展

◇演示文稿的组成

◇演示文稿的设计原则

◇演示文稿的制作流程

一、演示文稿的组成

演示文稿是由一张或若干张幻灯片组成的，这些幻灯片通常分为首页、概述页、过渡页、内容页和结束页(见图 4-33)。

首页：首页的主要功能是显示演示文稿的主标题、副标题、作者和日期等，从而让观众明白要讲什么、谁来讲，以及什么时候讲。

概述页：分条概述演示文稿内容，让观众对演示文稿有一个全局观。

过渡页：篇幅比较长的演示文稿中间要加一些过渡性的章节页，以引导出下一部分内容。

内容页：首页、概述页和过渡页构成了演示文稿的框架，接下来是内容页。通常，需要在内容页中列出与主标题或概述页相关的子标题和文本条目。

结束页：也就是演示文稿中的最后一张幻灯片，通常会在其中加入一些用于表明该演示文稿到此结束的文字，如谢谢、再见和谢谢观看等。

首页

概述页

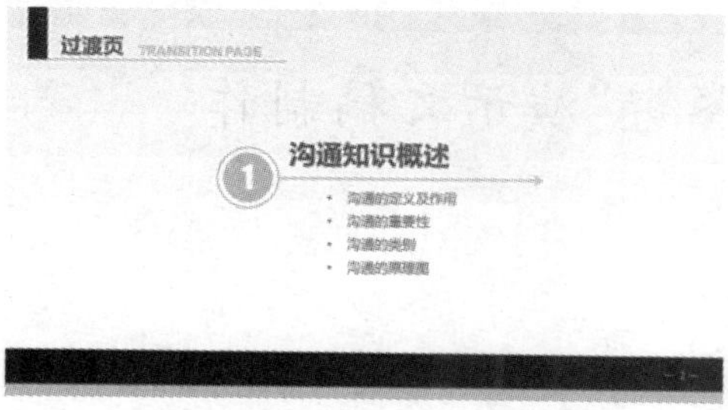

过渡页

内容页

结束页

图 4-33　演示文稿基本组成部分

二、演示文稿的设计原则

制作演示文稿的最终目的是给观众演示。能否给观众留下深刻的印象是评定演示文稿效果的主要标准。为此，在进行演示文稿设计时一般应遵循以下原则：重点突出、简捷明了、形象直观。

此外，在演示文稿中应尽量减少文字的使用，因为大量的文字说明往往使观众感到乏味，应尽可能地使用其他更直观的表达方式，如图片、图形和图表等。如果可能的话，还可以加入声音、动画和视频等，来加强演示文稿的表达效果。

三、演示文稿的制作流程(见图 4-34)

确定内容：也就是要确定演示文稿的主题是什么，由哪些内容组成，需要用哪些元素来表达，要达到什么样的效果等，做到心中有数。

收集素材：素材包括图片、文字和声音等，其中图片和声音可以从网上下载。

开始制作：准备工作完成后，就可开始制作演示文稿了。制作演示文稿的基本步骤包括创建演示文稿，插入幻灯片，在幻灯片中输入文本、插入图片、设置动画效果和放映演示文稿等。

图 4-34　演示文稿的制作流程

任务二　“毕业论文答辩”演示文稿制作

任务描述

根据自己所写论文进行幻灯片制作，要求演示内容清晰突出，目录页明确，演示时能自由跳转各个内容页，色彩搭配合理，动画设置适当，最终效果如图 4-35 所示。

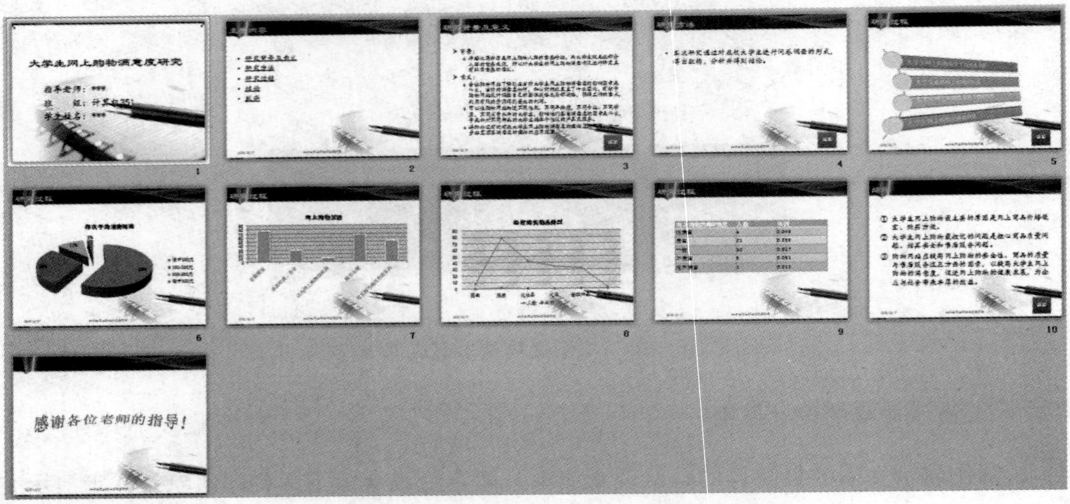

图 4-35　“毕业论文答辩”演示文稿完成后的效果图

任务目标

(1)掌握幻灯片的版式。

(2)掌握项目符号和编号的使用，以及表格和图表的使用。

(3)掌握幻灯片母版的设置。

(4)掌握超链接和动作设置的创建和编辑。

(5)掌握演示文稿的打包。

任务知识

◎幻灯片母版

◎制作交互效果

一、幻灯片母版

(一)应用幻灯片母版

幻灯片母版是一种特殊的幻灯片,利用它可以统一设置演示文稿中的所有幻灯片,或指定幻灯片的内容格式(如占位符中文本的格式),以及需要统一在这些幻灯片中显示的内容,如图片、图形、文本或幻灯片背景等。

单击【视图】选项卡中【母版视图】组的【幻灯片母版】按钮,进入幻灯片母版视图,此时将显示【幻灯片母版】选项卡。

默认情况下,幻灯片母版视图左侧任务窗格中的第 1 个母版(比其他母版稍大)称为“幻灯片母版”,在其中进行的设置将应用于当前演示文稿中的所有幻灯片;其下方为该母版的版式母版(子母版),如“标题幻灯片”“标题和内容”(将鼠标指针移指母版上方,将显示母版名称,以及其应用于演示文稿的哪些幻灯片)等。在某个版式母版中进行的设置将应用于使用了对应版式的幻灯片中。可根据需要选择相应的母版进行设置,如图 4-36 所示。

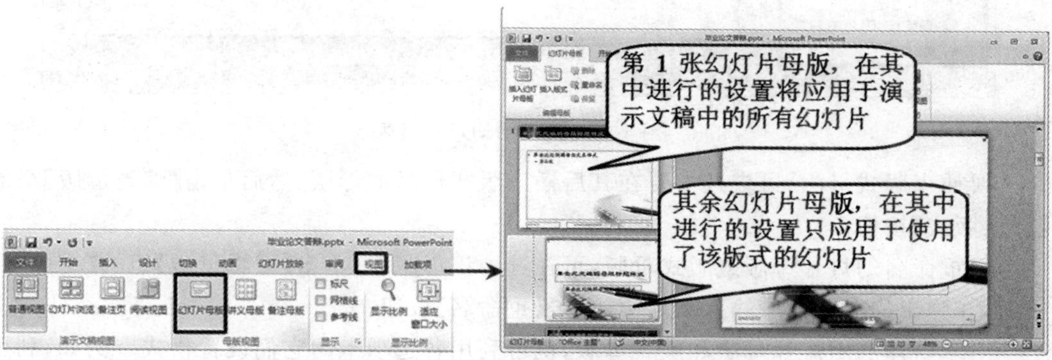

图 4-36　应用幻灯片母版

进入幻灯片母版视图后,可在幻灯片左侧窗格中单击选择要设置的母版,然后在右侧窗格利用【开始】、【插入】等选项卡设置占位符的文本格式,或插入图片、绘制图形并设置格式,还可利用【幻灯片母版】选项卡设置母版的主题和背景,以及插入占位符等,所进行的设置将应用于对应的幻灯片中。

(二)编辑幻灯片母版

进入幻灯片母版视图后,还可根据需要插入、重命名和删除幻灯片母版和版式母版,以及设置需要在母版中显示的占位符等。在新建了幻灯片母版或版式母版后,可将其应用于演示文稿的指定幻灯片中。

进入幻灯片母版视图，此时将显示【幻灯片母版】选项卡，在【编辑母版】组中单击【插入幻灯片母版】按钮，将在当前幻灯片母版之后插入一个幻灯片母版，以及附属于它的各版式母版，如图 4-37 所示。

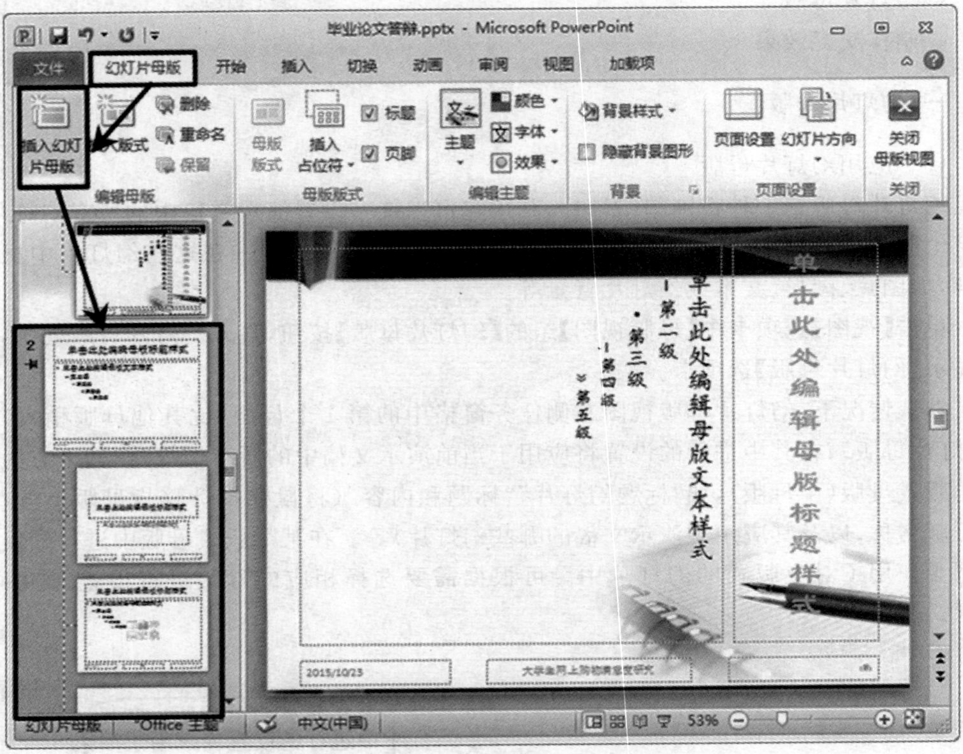

图 4-37　插入的幻灯片母版

要插入版式母版，可先选中要在其后插入版式母版的母版，然后单击【编辑母版】组的【插入版式】按钮。

要重命名幻灯片母版或版式母版，可在选中该母版后，单击【编辑母版】组的【重命名】按钮，在弹出的对话框中输入新名称，单击【重命名】按钮。

对于新建的幻灯片母版和版式母版，也可利用各选项卡为它们设置格式。例如，利用【幻灯片母版】选项卡的【背景】组为新建的幻灯片母版设置背景，此时其包含的各版式母版将自动应用设置的格式，如图 4-38 所示。

设置好新建的幻灯片母版和版式母版后，关闭母版视图。此时，若要为幻灯片应用新建的幻灯片母版，可打开【设计】选项卡的【主题】列表，右击新建的幻灯片母版，从弹出的快捷菜单中选择应用范围即可，如图 4-39 所示。

要为幻灯片应用新建的版式母版，可选择要应用的幻灯片，然后单击【开始】选项卡中【幻灯片】组的【版式】按钮，从弹出的列表中进行选择。此外，也可直接利用该新建幻灯片版式，如图 4-40 所示。

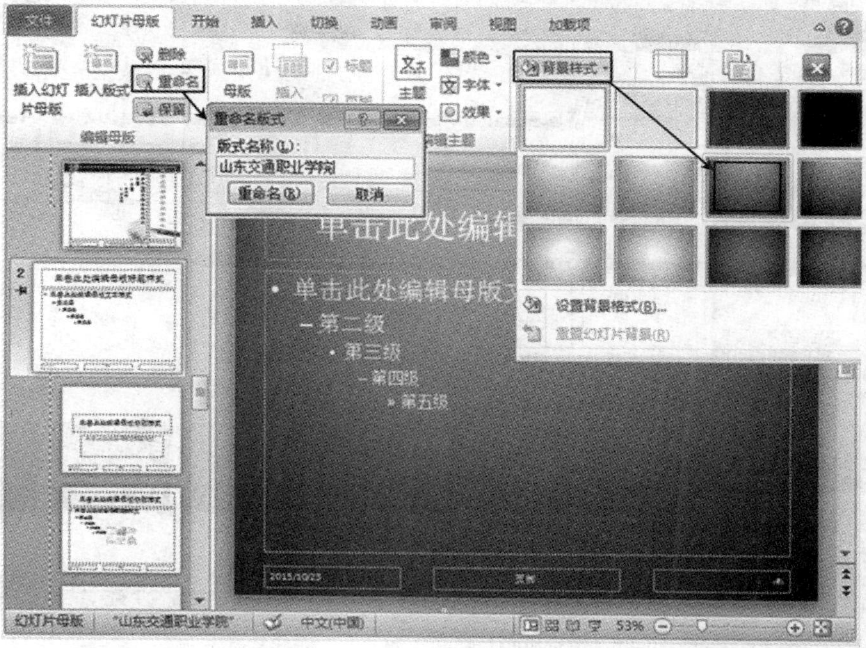

图 4-38　设置新建的幻灯片母版

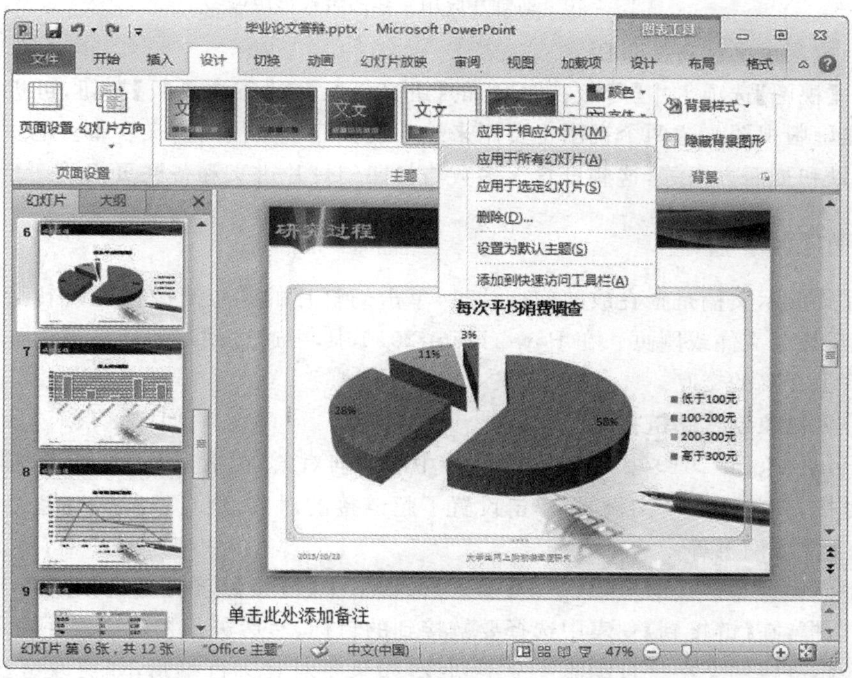

图 4-39　幻灯片应用新建的幻灯片母版(一)

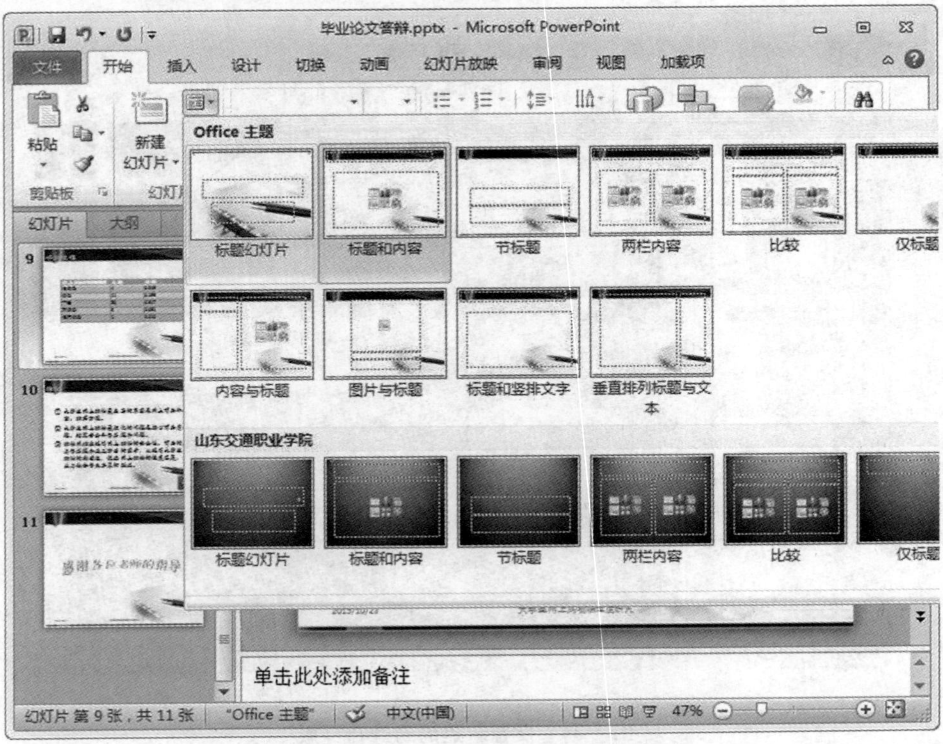

图 4-40　幻灯片应用新建的版式母版(二)

(三)应用讲义和备注母版

单击【视图】选项卡中【母版视图】组的【讲义母版】或【备注母版】按钮，可进入讲义母版或备注母版视图。这两个视图主要用来统一设置演示文稿的讲义和备注的页眉、页脚、页码、背景和页面方向等，这些设置大多数与打印幻灯片讲义和备注页相关。

二、制作交互效果

交互式演示文稿是指在放映幻灯片时，单击幻灯片的某个对象便能跳转指定的幻灯片，或打开某个文件或网页。在 PowerPoint 2010 中，可通过创建超链接或制作动作按钮来实现演示文稿的交互。

(一)为对象创建超链接

在 PowerPoint 2010 中，可以为幻灯片中的任何对象，包括文本、图片、图形和图表等设置超链接，在放映演示文稿时，单击设置了超链接的对象，便可以跳转到超链接指向的幻灯片、文件或网页等。

选中要设置超链接的对象，单击【插入】选项卡中【链接】组的【超链接】，打开【插入超链接】对话框，在【链接到】列表中选择要链接到的目标，然后进行相应设置并确定即可。

插入超链接的文字将自动添加上下划线，如果要对其进行编辑，如更改链接目标，或删除超链接，可选择插入超链接的文字，重新单击【超链接】按钮，在打开的【编辑超链接】对话框中进行设置，如图 4-41 所示。

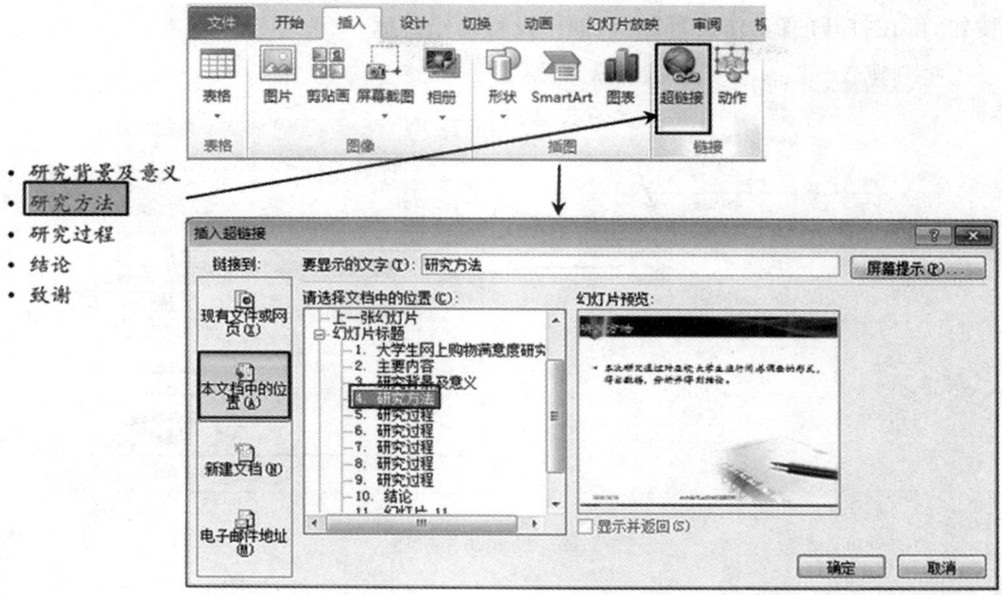

图 4-41 为对象创建超级链接

【现有文件或网页】项：将所选对象链接到网页或储存在计算机中的某个文件。其中，如果要链接到网页，可直接在【地址】编辑框中输入要链接到的网页地址。

【新建文档】项：新建一个演示文稿文档，并将所选对象链接到该文档。

【电子邮件地址】项：将所选对象链接到一个电子邮件地址。

（二）创建动作按钮

在 PowerPoint 2010 中，除了使用超链接外，还可以利用动作按钮来实现交互。在放映演示文稿时，单击相应的按钮，就可以切换到指定的幻灯片或启动其他应用程序。

PowerPoint 2010 提供了 12 种不同的动作按钮，并预设了相应的功能，只需将其添加到幻灯片中即可使用。

选择要添加动作按钮的幻灯片，然后在【插入】选项卡中【插图】组的【形状】列表下方的【动作按钮】类别中选择所需动作按钮，接着在幻灯片的合适位置按住左键并拖动，绘制动作按钮，松开左键，将自动打开【动作设置】对话框，保持【链接到】单选钮的选中，然后单击其下方编辑框右侧的三角按钮，在展开的列表中选择要链接到的幻灯片（一般保持默认设置即可），最后单击【确定】按钮，如图 4-42 所示。

选中【运行程序】单选钮，然后单击【浏览】按钮，在打开的对话框中选择安装在计算机中的程序。这样在放映幻灯片时，单击该动作按钮即可打开该程序。

选中【播放声音】复选框，然后在下面的下拉列表中选择一个声音效果。这样在放映幻灯片时，单击该动作按钮将播放选择的声音效果。

对于绘制的按钮，可以利用【绘图工具格式】选项卡中的选项设置其外观，方法与设置形状相同，还可将绘制的按钮复制到其他幻灯片中。

选中绘制的动作按钮或幻灯片中的任何对象，单击【插入】选项卡中【链接】组的【动作】按钮，可在打开的【动作设置】对话框中设置动作目标。

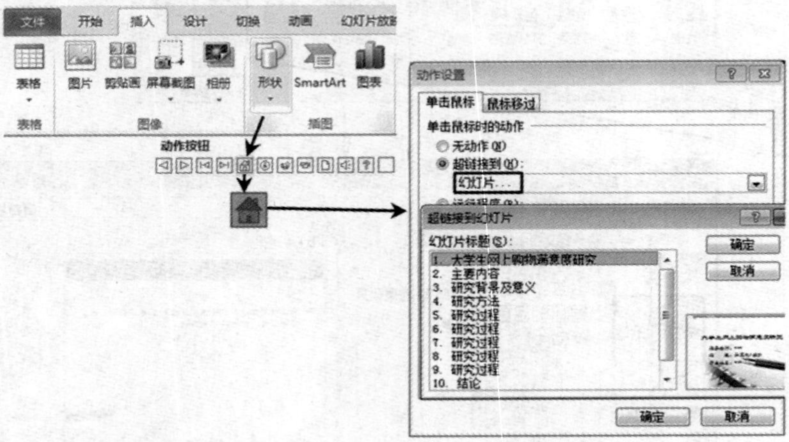

图 4-42 设置动作按钮

任务实施

步骤 1. 演示文稿的创建与保存。

(1)启动 PowerPoint 2010，保存文件名“毕业论文答辩.pptx”于桌面。

(2)利用幻灯片母版插入素材中的背景图片，如图 4-43 所示。

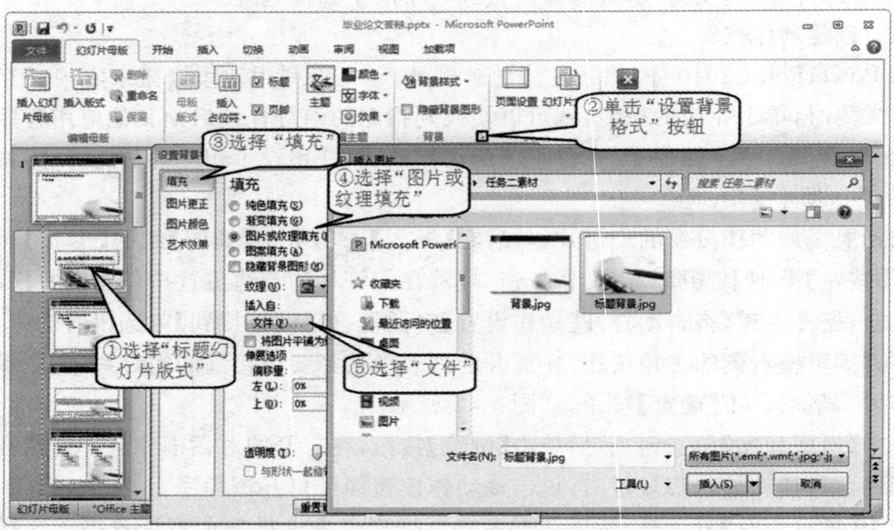

图 4-43 演示文稿的创建与保存

(3)利用幻灯片母版进行字体和段落设置，插入自动更新的日期和时间，设置页脚，如图 4-44 所示。

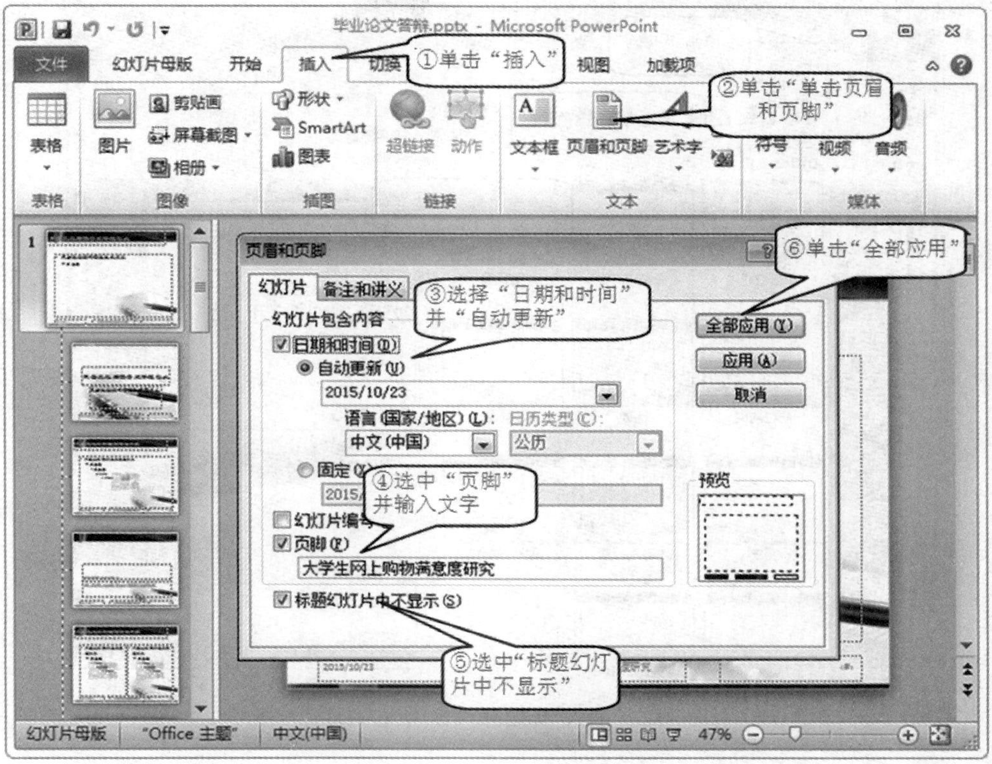

图 4-44　设置母版格式

步骤 2. 设置幻灯片版式。

(1)第 1 张幻灯片标题输入“大学生网上购物满意度研究”，副标题输入“指导老师、班级、学生姓名”等字样。

(2)插入第 2～10 张幻灯片，设置为“标题和内容”版式。在第 2 张幻灯片标题区输入文字“主要内容”，在文本区输入 6 行文字“研究背景及意义”“研究方法”“研究内容”“结论”和“致谢”。同样的方法参照素材文件“毕业论文答辩 result. pptx”为第 3～10 张幻灯片添加文字内容(主要幻灯片文字内容可从素材文件“文字素材. txt”中复制)。

(3)插入第 11 张幻灯片，设置为“空白”版式。插入艺术字“感谢各位老师的指导!”，文字效果为“桥形”，位置为水平:2.7 厘米自左上角，垂直:8 厘米自左上角。如图 4-45 所示。

步骤 3. 对象的插入与编辑。

(1)将幻灯片文本区设置项目符号，文本段落降级，如图 4-46 所示。

(2)将第 5 张幻灯片文本区转换为 SmartArt，设置 SmartArt 样式，如图 4-47 和图 4-48 所示。

(3)插入图表，如图 4-49 至图 4-52 所示。

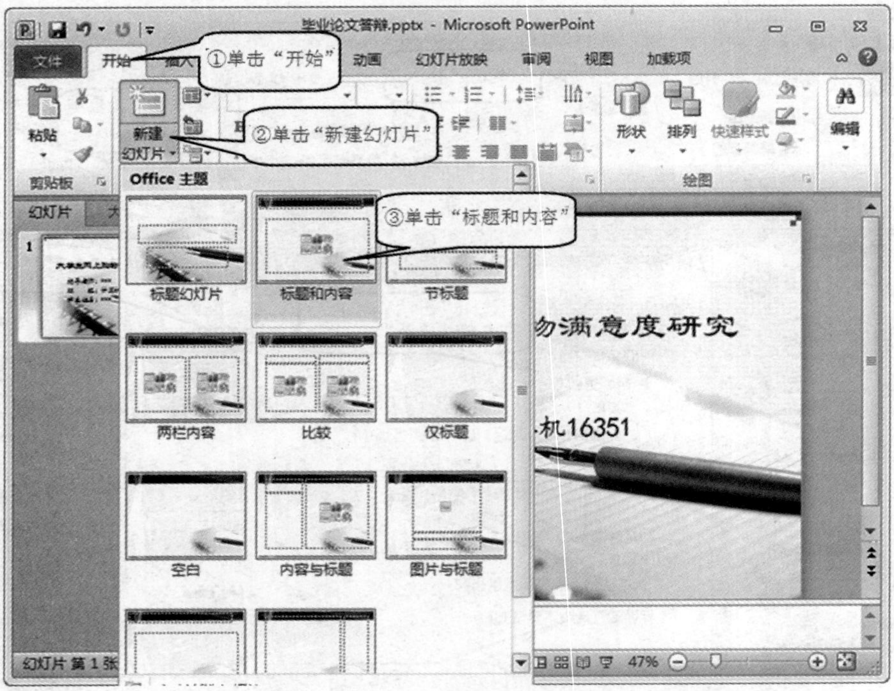

图 4-45　插入“标题和内容”版式幻灯片

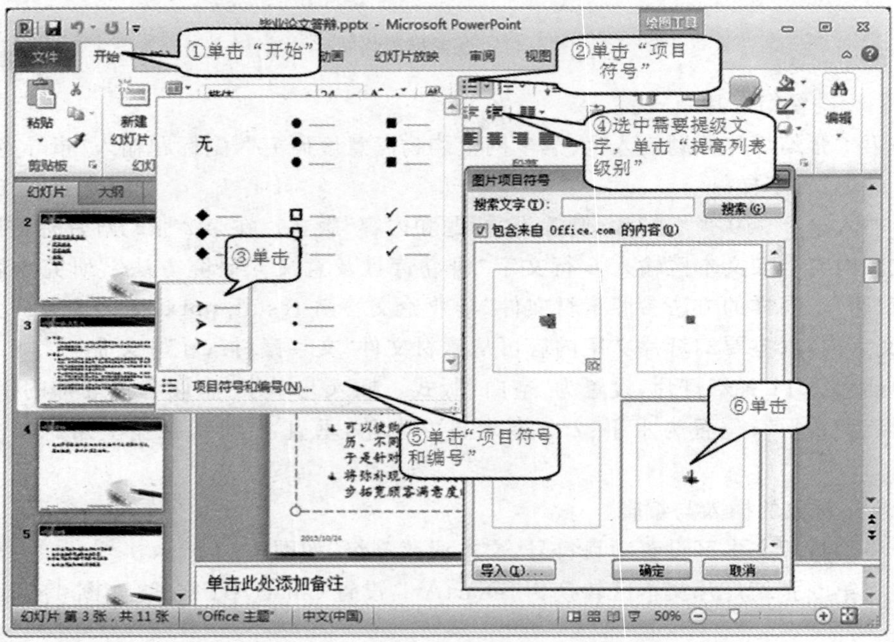

图 4-46　设置幻灯片文本项目符号

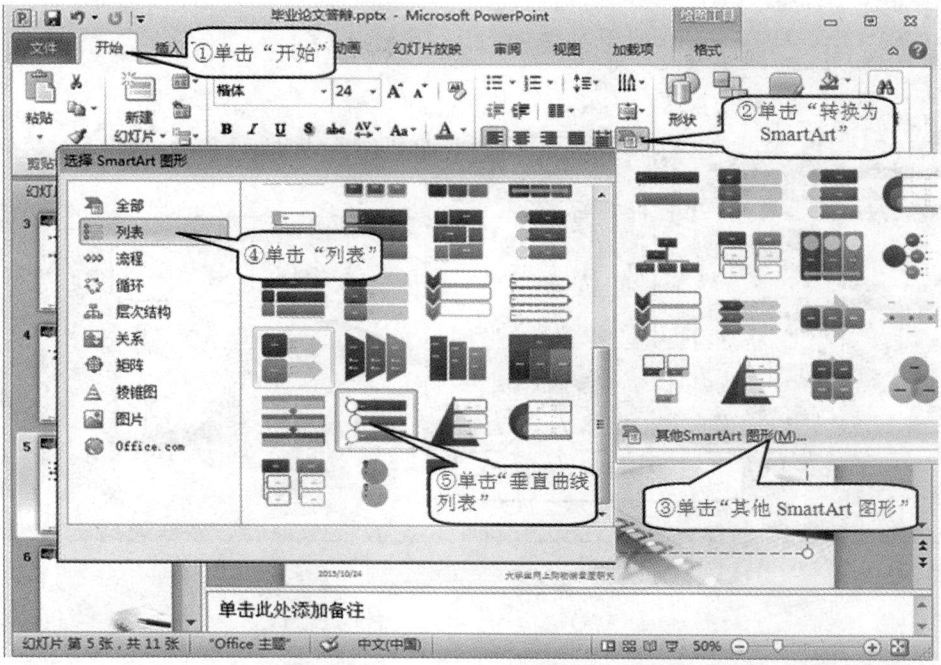

图 4-47　文本转换为 SmartArt

图 4-48　设置 SmartArt 样式

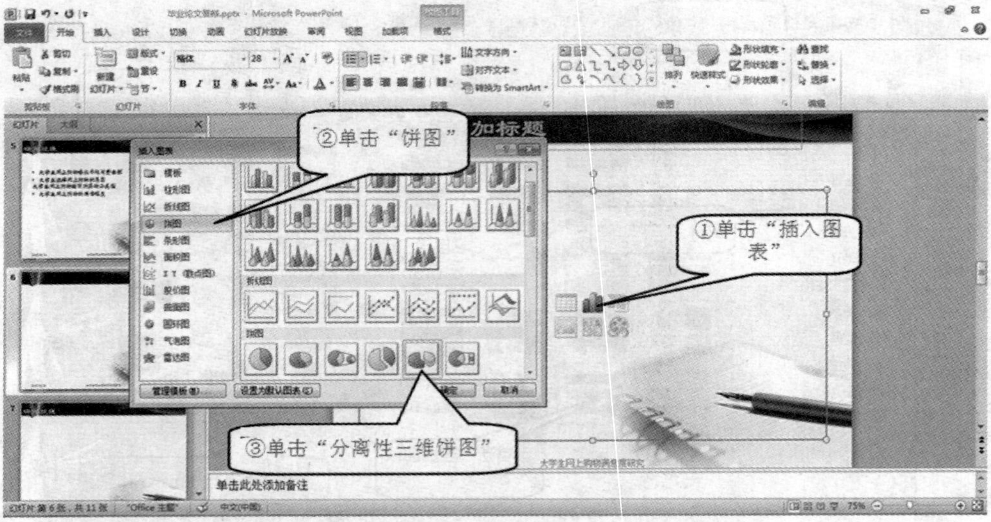

图 4-49　插入图表

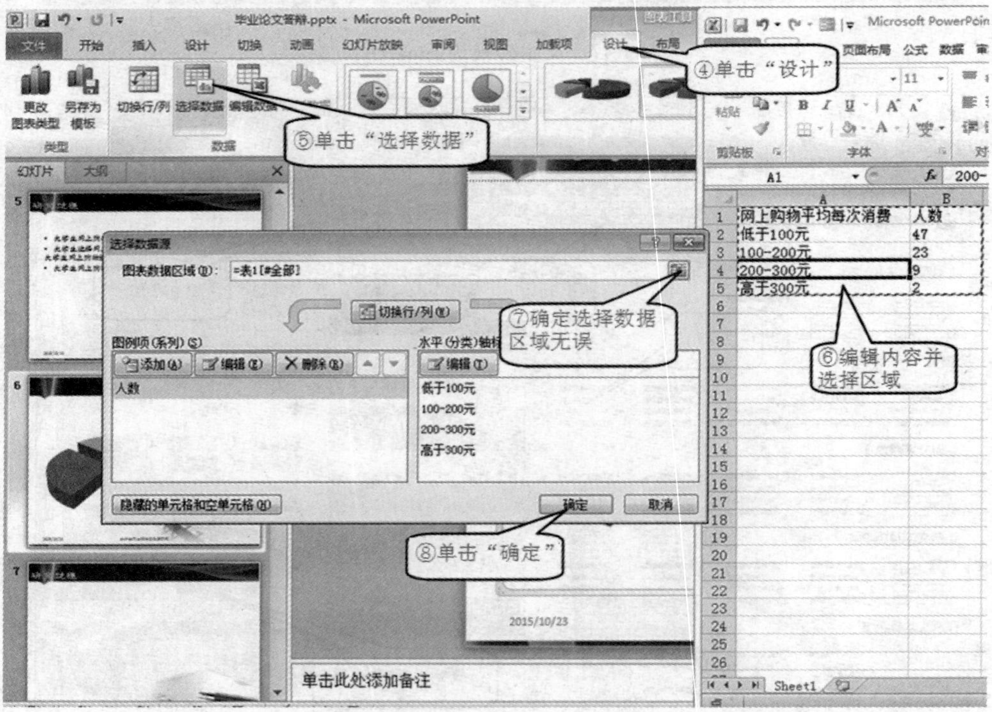

图 4-50　编辑图表数据

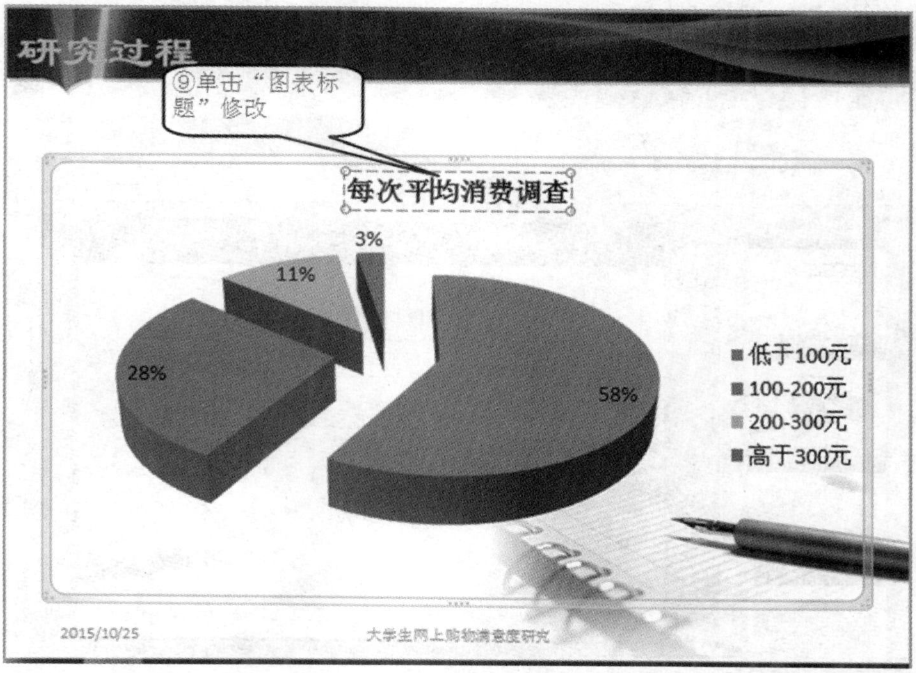

图 4-51 编辑图表标题

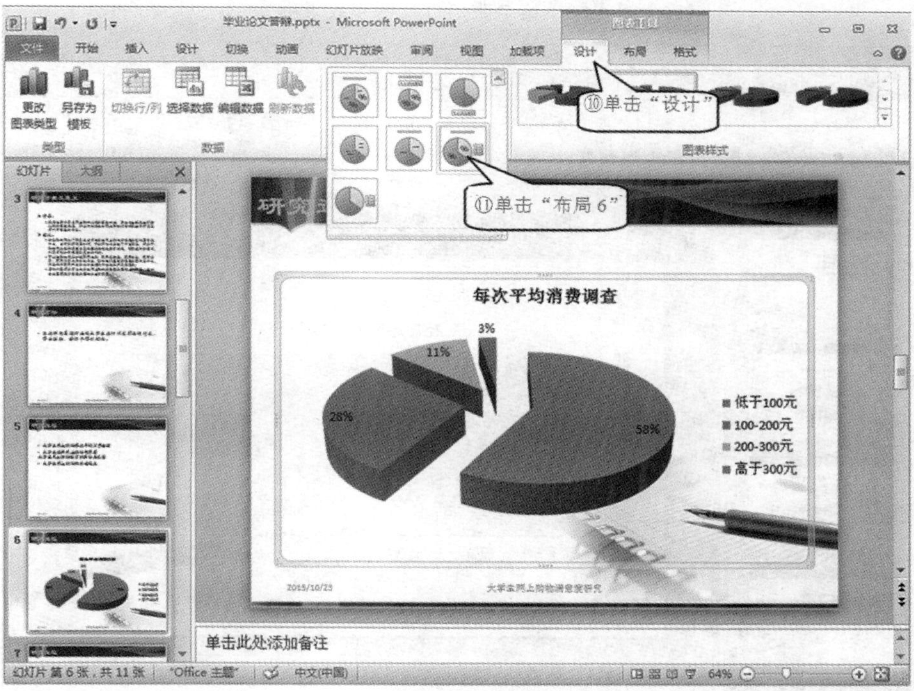

图 4-52 设置图表布局

(4)第 7、8 张幻灯片制作,均为插入图表,方法同上,应用不同图表样式、设置图表区域颜色及图例,不再赘述。效果分别如图 4-53 和图 4-54 所示。

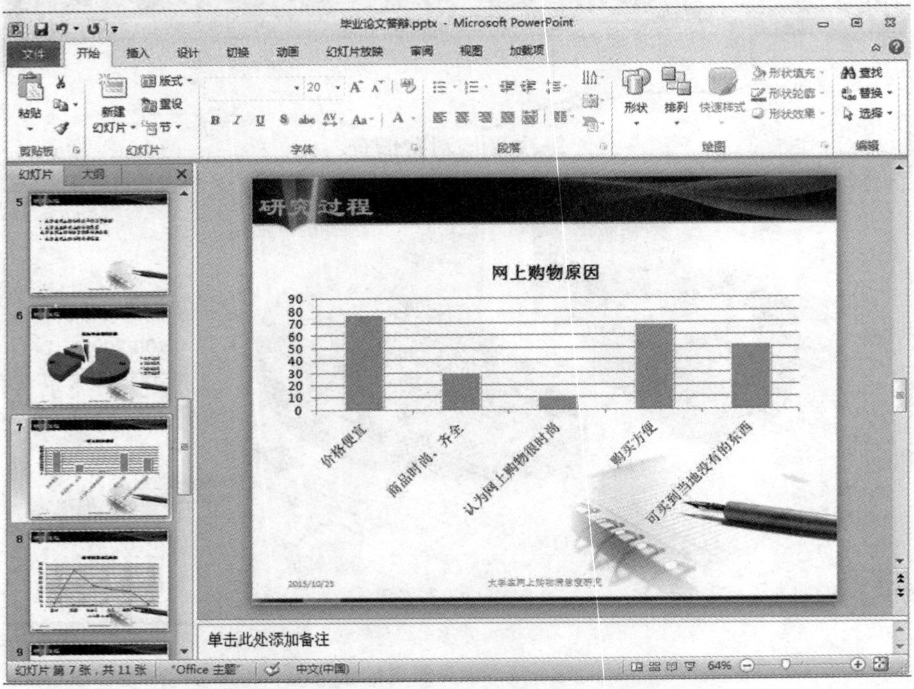

图 4-53　第 7 张幻灯片图表效果图

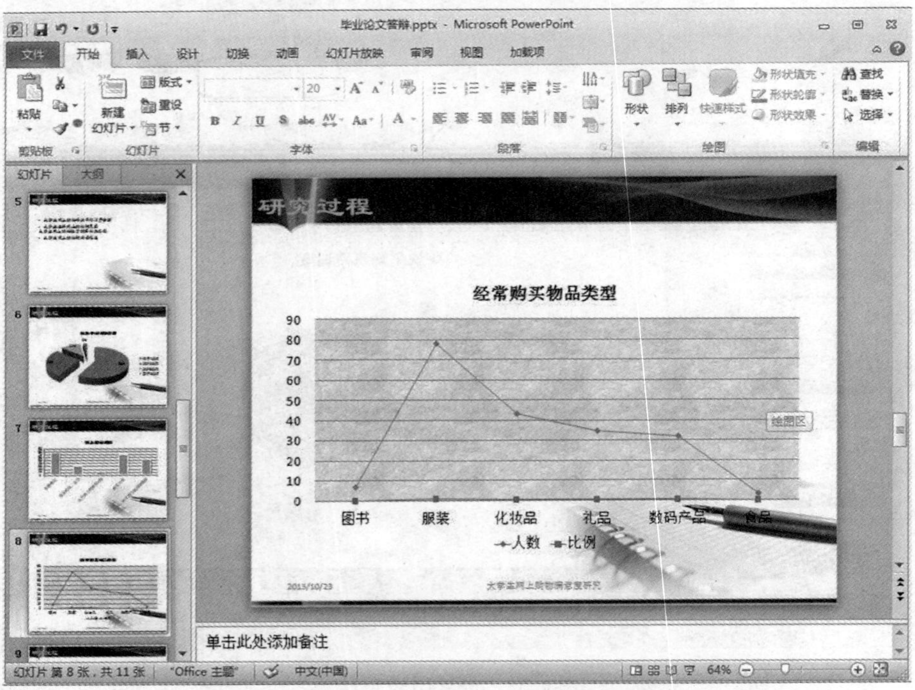

图 4-54　第 8 张幻灯片图表效果图

(5)第 9 张幻灯片制作，插入表格，输入表格文字，设置表格，如图 4-55 至图 4-57 所示。

图 4-55 插入表格

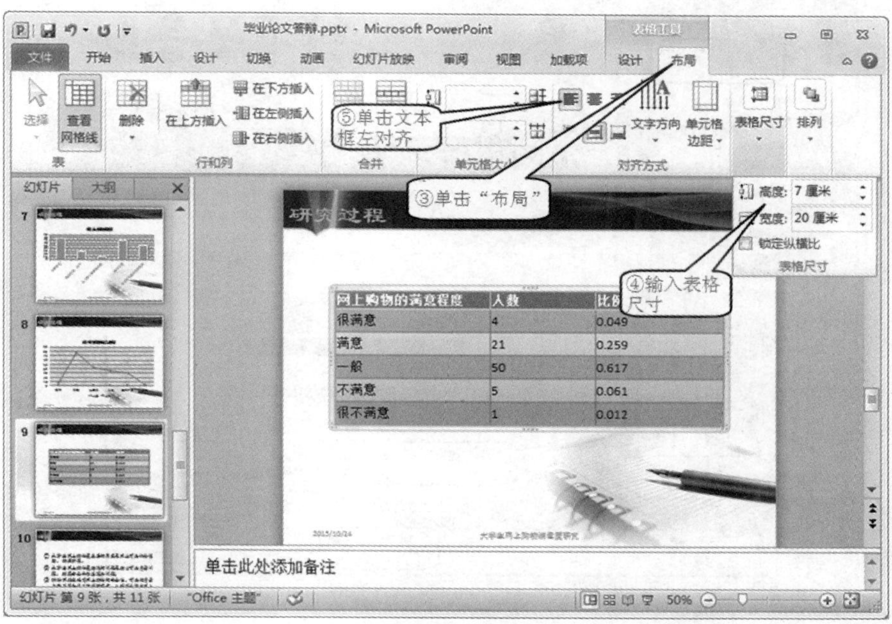

图 4-56 设置表格布局

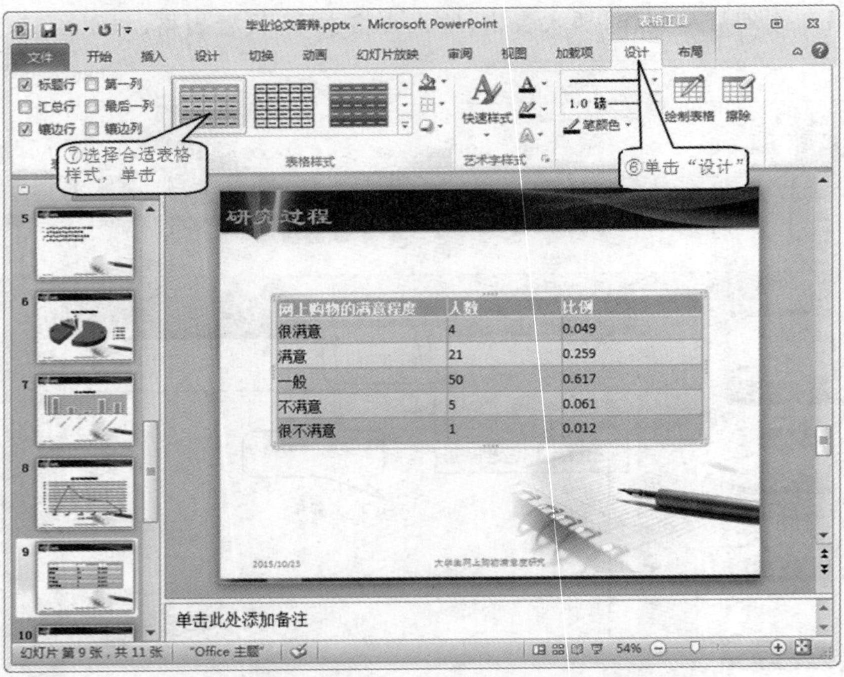

图 4-57　设置表格样式

步骤 4. 添加超链接和动作按钮。

(1)设置文本对象的超链接，如图 4-58 所示。

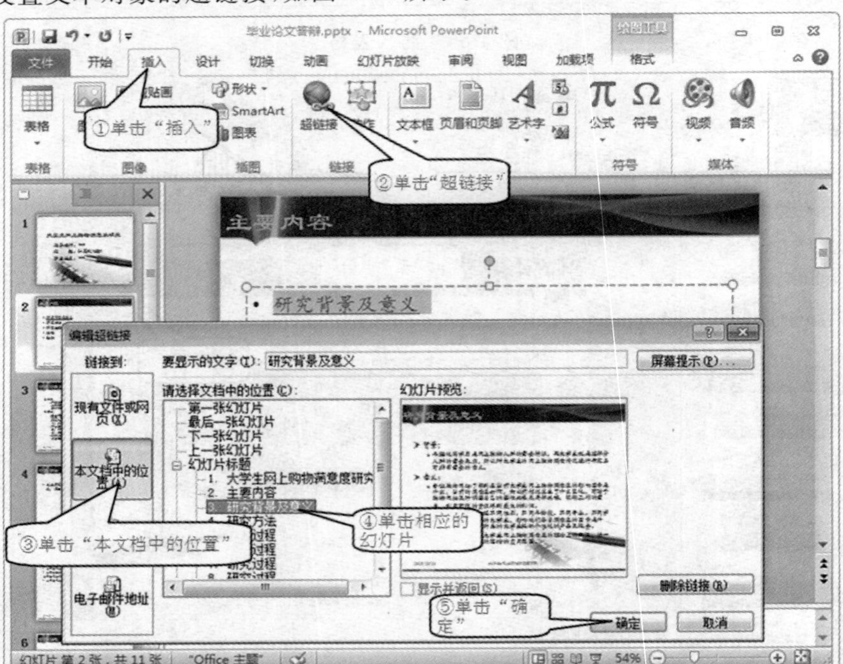

图 4-58　设置文本超级链接

(2)插入动作按钮,如图 4-59 和图 4-60 所示。

图 4-59 设置动作按钮

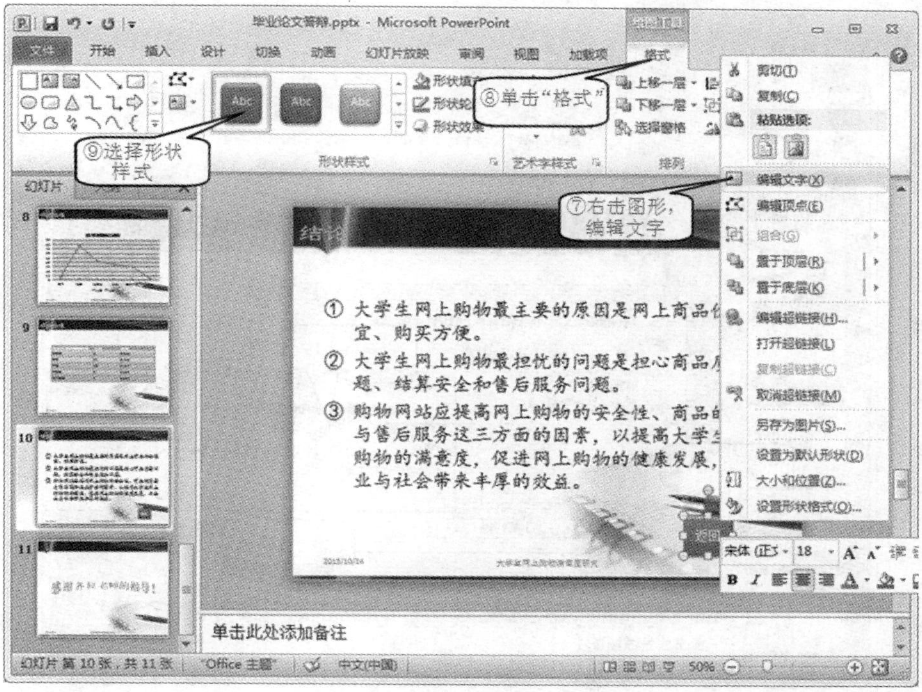

图 4-60 动作按钮设置格式

步骤 5. 演示文稿打包。

文件打包，如图 4-61 和图 4-62 所示。

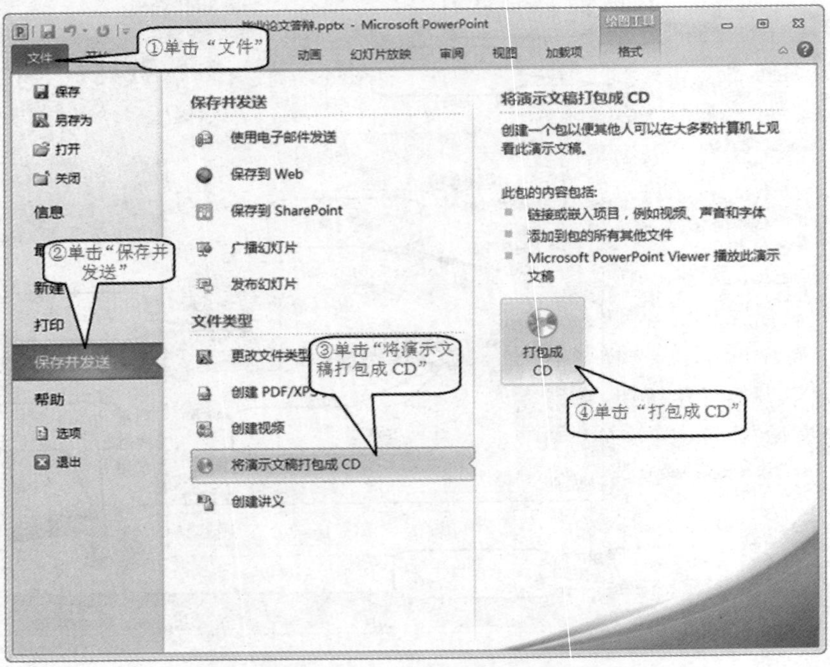

图 4-61 文件打包

图 4-62 文件打包设置

任务拓展

◇插入声音

◇编辑声音

可以在幻灯片中插入声音来作为演示文稿的背景音乐或演示解说等。此外，还可以对插入的声音进行编辑以满足设计需要。

一、插入声音

在 PowerPoint 2010 中主要有 3 种插入声音的方法，分别是插入文件中的音频、插入剪贴画音频和插入录制音频。

插入文件中的音频：选择要插入声音的幻灯片，然后单击【插入】选项卡中【媒体】组的【音频】按钮下方的三角按钮，在展开的列表中选择【文件中的音频】项，打开【插入音频】对话框，选择要插入的声音文件。在 PowerPoint 2010 中可以插入".mp3"".midi"".wav"".au"和".aiff"等格式的声音文件。单击【插入】按钮，系统将在幻灯片中心位置添加一个声音图标，并在声音图标下方显示音频播放控件，如图 4-63 所示。

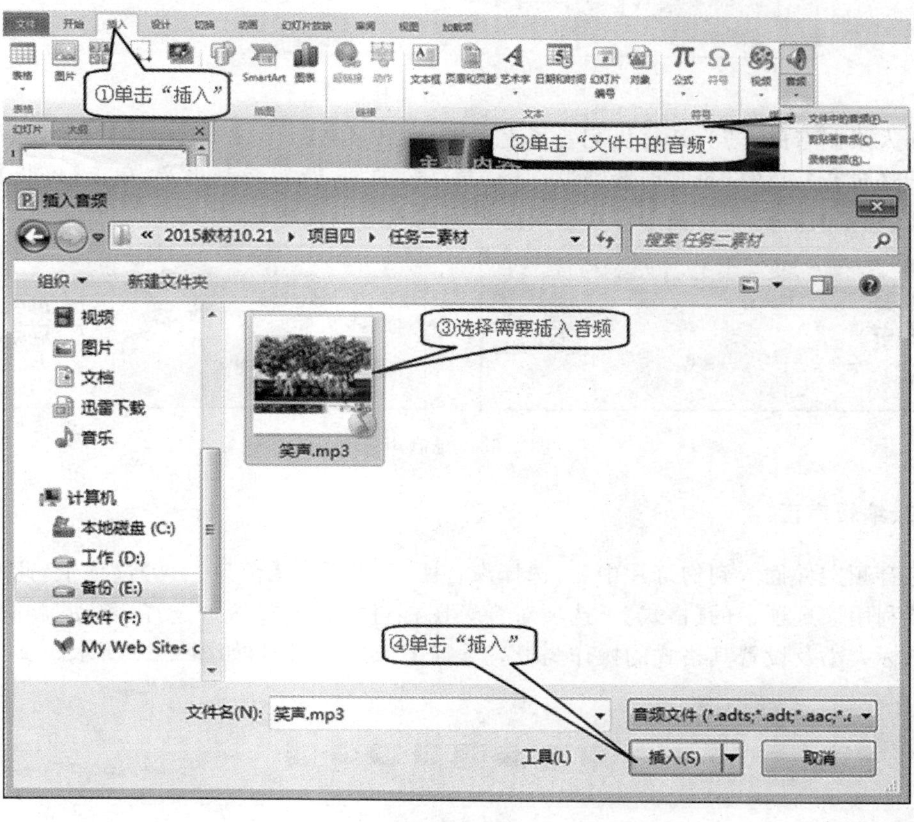

图 4-63　插入文件中的音频

插入剪贴画音频：若在【音频】列表中选择【剪贴画音频】选项，可利用打开的【剪贴画】任务窗格插入 PowerPoint 2010 自带的或 Office 官方网站提供的音频。这些声音一般具有特定的主题，而且播放时间较短，常用于渲染气氛，如图 4-64 所示。

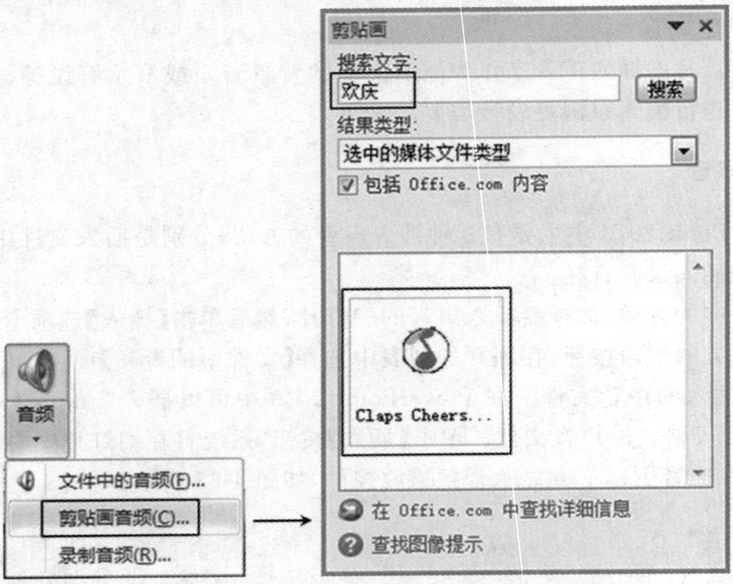

图 4-64　插入剪贴画音频

插入录制音频：若为计算机配置了麦克风，则还可在【音频】列表中选择【录制音频】选项，打开【录音】对话框录制声音，然后对着麦克风说话，开始录制声音，单击【停止】按钮，再单击【确定】按钮，即可在幻灯片编辑区看到插入的声音图标，如图 4-65 所示。

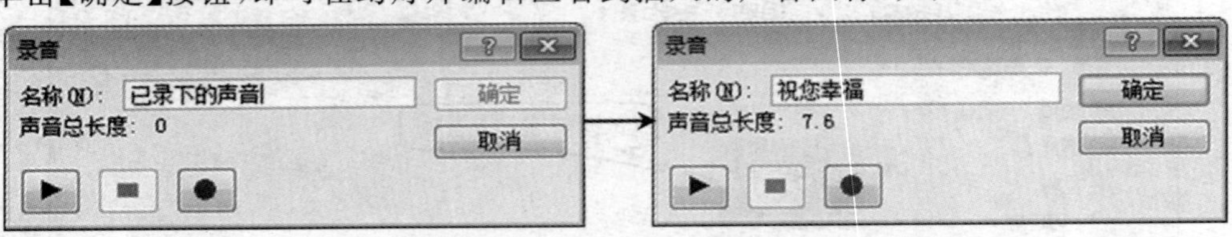

图 4-65　录制声音

二、编辑声音

将音频文件插入到幻灯片中后，选择声音图标，将显示【音频工具】选项卡，此时可根据需要利用该选项卡的【格式】子选项对音频图标进行格式设置。选择、移动、删除、调整音频图标大小及设置其格式的操作与设置普通图像对象相同，如图 4-66 所示。

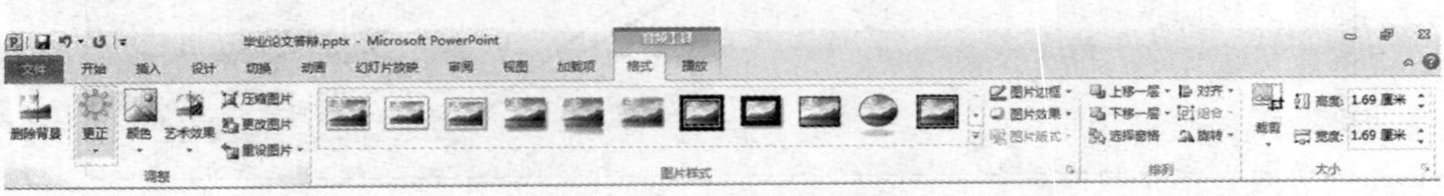

图 4-66　声音图标格式

此外，还可利用【播放】子选项卡预览声音、剪裁声音、设置声音的淡入淡出效果，以及设置放映幻灯片时声音的音量、开始方式和是否循环播放等，如图 4-67 所示。

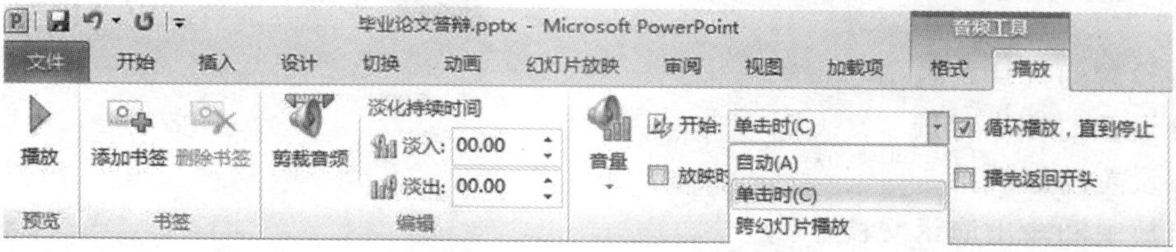

图 4-67　设置声音播放

选择【跨幻灯片播放】，表示声音自动且跨多张幻灯片播放。

选择【自动】，表示放映幻灯片时自动播放声音。

选择【单击时】，表示单击声音图标才能开始播放声音。

任务三　“产品介绍”演示文稿制作

任务描述

用 PowerPoint 做产品介绍，是宣传人员惯用的方法，它能更好地将产品展现出来。下面以苹果手机介绍为例，讲解基本产品介绍演示文稿的制作，最终效果如图 4-68 所示。

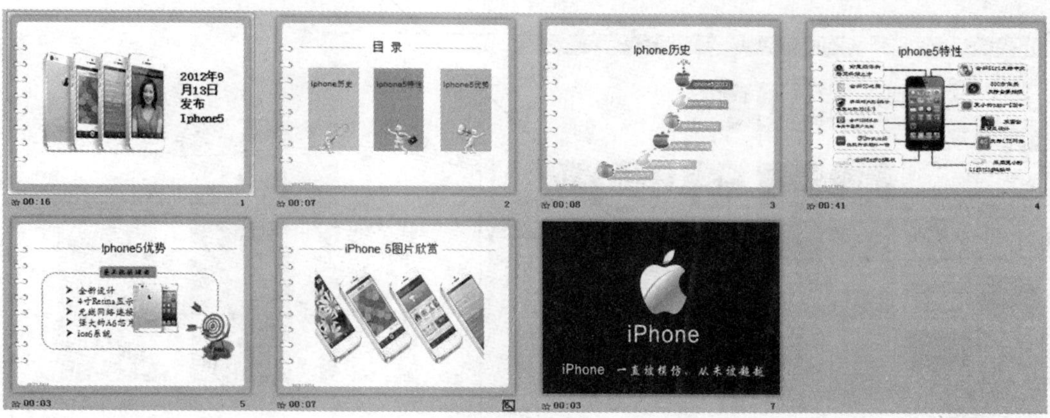

图 4-68　“产品介绍”演示文稿完成后的效果图

任务目标

(1)掌握使用模板创建演示文稿。

(2)熟练运用 SmartArt 图形。

(3)熟练掌握幻灯片动画和切换效果的设置。

(4)掌握自定义放映的创建。

(5)掌握排练计时的运用。

(6)掌握放映方式的设置。

任务知识

◇设置幻灯片主题
◇设置幻灯片背景
◇设置动画效果
◇放映和输出演示文稿

一、设置幻灯片主题

主题是主题颜色、主题字体和主题效果等格式的集合。为演示文稿应用了某个主题之后，演示文稿中默认的幻灯片背景以及插入的所有新的(或原有的保持默认设置的)图形、表格、图表、艺术字或文字等均会自动与该主题匹配，使用该主题的格式，从而使演示文稿中的幻灯片具有一致而专业的外观。

(一)更改演示文稿主题

单击【设计】选项卡中【主题】组的【其他】按钮，在展开的列表中单击某个主题的缩略图，如图 4-69 所示。

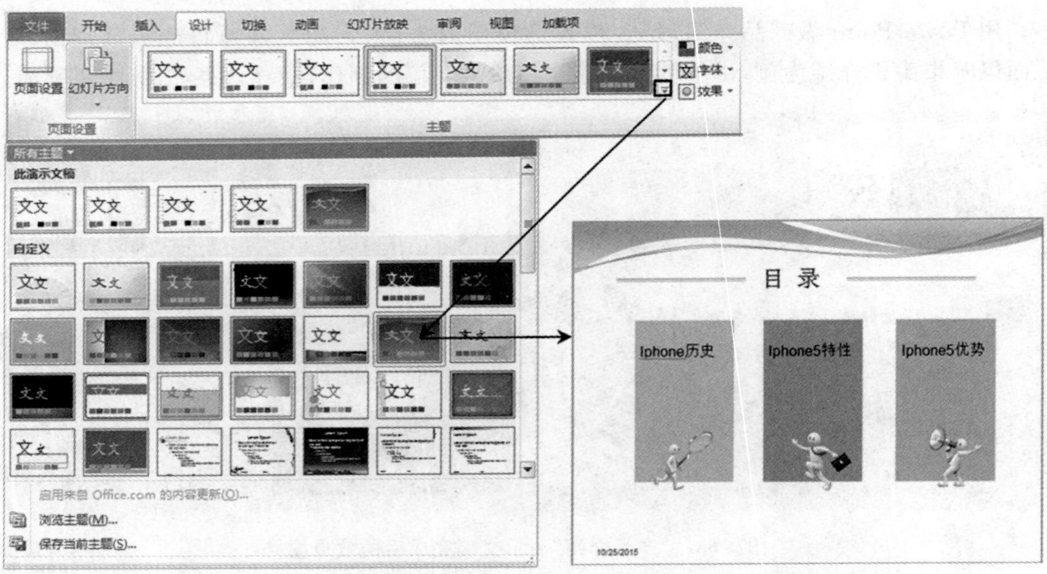

图 4-69　更改演示文稿主题

(二)设置主题颜色、字体及效果

1. 设置主题颜色

PowerPoint 2010 的主题颜色是幻灯片背景颜色、图形填充颜色、图形边框颜色、文字颜色、强调文字颜色、超链接颜色和已访问过的超链接颜色等的组合。单击【设计】选项卡中【主题】组的【颜色】按钮右侧的三角按钮，展开颜色列表，在列表中单击某颜色组合，即可将其应用于演示文稿中的所有幻灯片，如图 4-70 所示。

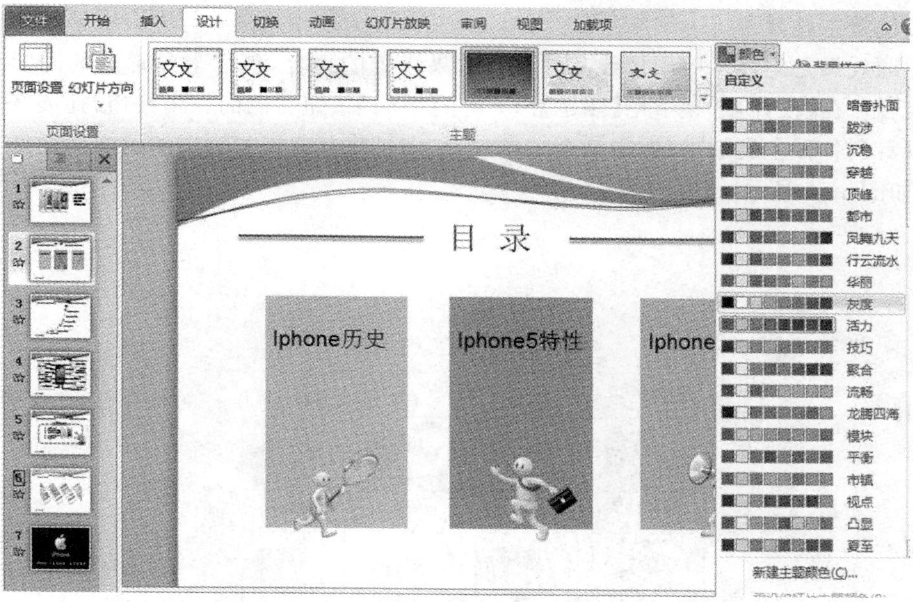

图 4-70 设置主题颜色

2. 设置主题字体

通过设置主题字体，可以快速更改演示文稿中所有标题文字和正文文字的字体格式。PowerPoint 2010 自带了多种常用的字体格式组合，可自由选择，也可根据实际情况自定义字体的搭配效果。单击【主题】组的【字体】按钮右侧的三角按钮，展开【字体】列表，在每个主题名称下方可看到该主题的标题和正文文本字体的名称，选择主题字体，如图 4-71 所示。

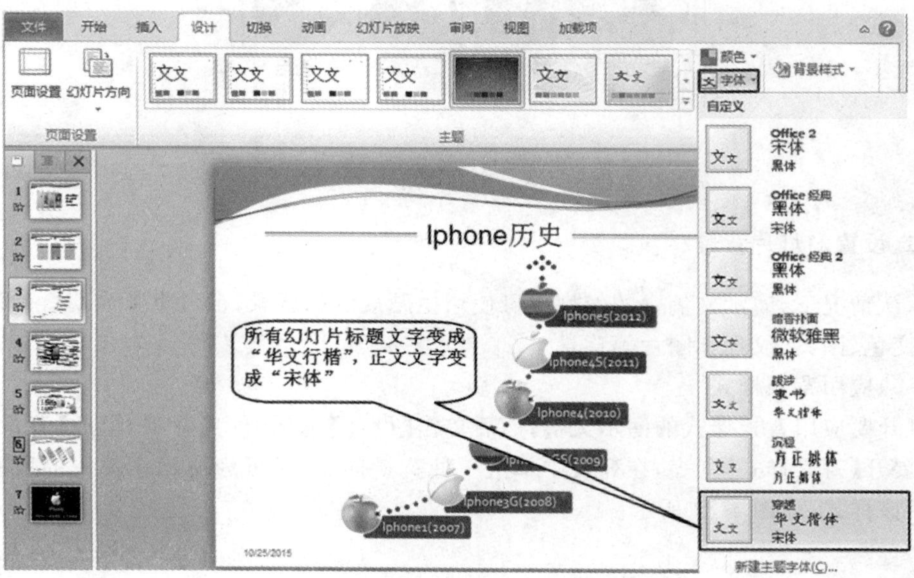

图 4-71 设置主题字体

3. 设置主题效果

主题效果是幻灯片中图形线条和填充效果设置的组合，包含多种常用的阴影和三维设置组合。在【设计】选项卡中【主题】组，单击【效果】按钮右侧的三角按钮，在展开的列表中可以看到各种主题效果，选择某个主题效果，即可将其应用于当前演示文稿的所有幻灯片中，如图 4-72 所示。

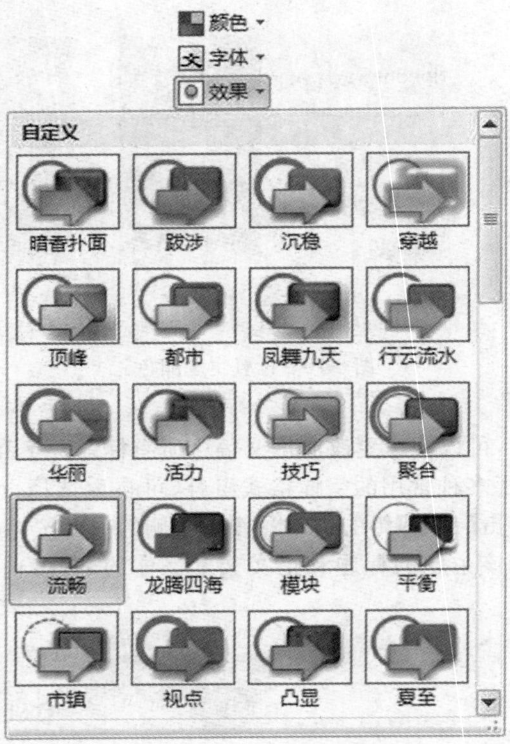

图 4-72　设置主题效果

二、设置幻灯片背景

默认情况下，演示文稿中的幻灯片可使用主题规定的背景，也可重新为幻灯片设置纯色、渐变色、图案、纹理和图片等背景。

(一)应用背景样式

打开要应用背景样式的演示文稿，然后单击【设计】选项卡中【背景】组的【背景样式】按钮，展开【背景样式】列表，在列表中单击一种背景样式，即可为演示文稿中的所有幻灯片应用该样式，如图 4-73 所示。

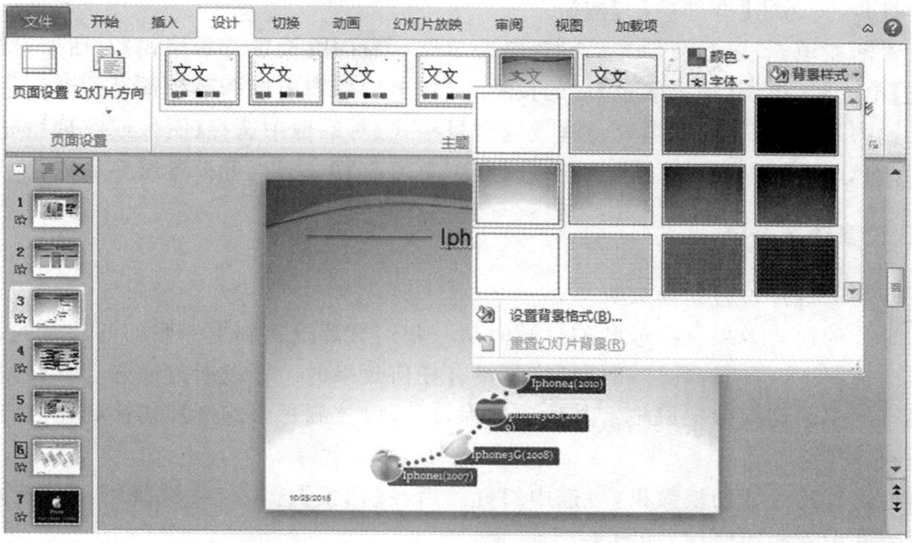

图 4-73　应用背景样式

若要将背景样式只应用于所选幻灯片，可右击选中的背景样式，然后在弹出的快捷菜单中选择【应用于所选幻灯片】项。

背景样式中通常会显示 4 种色调，其色调颜色与演示文稿的主题颜色息息相关。在更改演示文稿的主题颜色后，这 4 种色调也将随之发生变化。

（二）设置背景格式

要自定义纯色、渐变、图案、纹理和图片等背景，可在【背景样式】列表中单击【设置背景格式】选项，打开【设置背景格式】对话框进行设置，如图 4-74 所示。

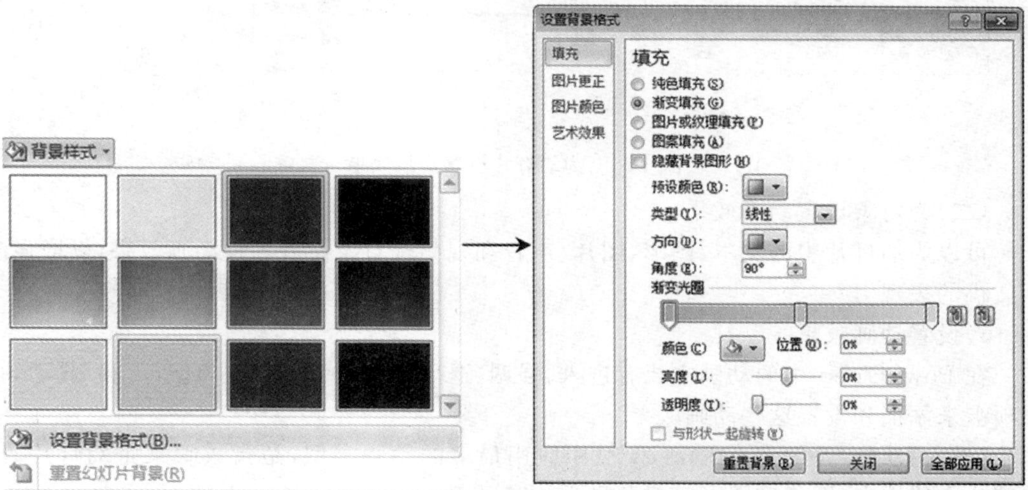

图 4-74　设置背景格式

要设置纯色填充，可在选中【纯色填充】单选钮后，单击【颜色】后的按钮，从弹出的颜色列表中选择要设置的颜色，设置的颜色将自动应用于当前幻灯片；若要将该颜色应用于所有幻灯片，可单击【全部应用】按钮。

设置渐变填充：要为演示文稿设置渐变填充，可打开【设置背景格式】对话框，选中【渐变填充】单选钮，单击【预设颜色】后的按钮，从弹出的列表中选择系统预设的渐变色即可。

设置图片、纹理和图案填充：在【设置背景格式】对话框中选择【图片或纹理填充】单选钮，可为幻灯片设置图案或纹理填充；选择【图案填充】单选钮，可设置图案填充。

三、设置动画效果

(一)为幻灯片设置切换效果

幻灯片的切换效果是指放映幻灯片时从一张幻灯片过渡到下一张幻灯片时的动画效果。默认情况下，各幻灯片之间的切换是没有任何效果的。可以通过设置，为每张幻灯片添加具有动感的切换效果以丰富其放映过程，还可以控制每张幻灯片切换的速度，以及添加切换声音等。

要为幻灯片设置切换效果，可选中幻灯片后在【切换】选项卡中选择一种系统内置的动画效果并设置相应属性，如图 4-75 所示。

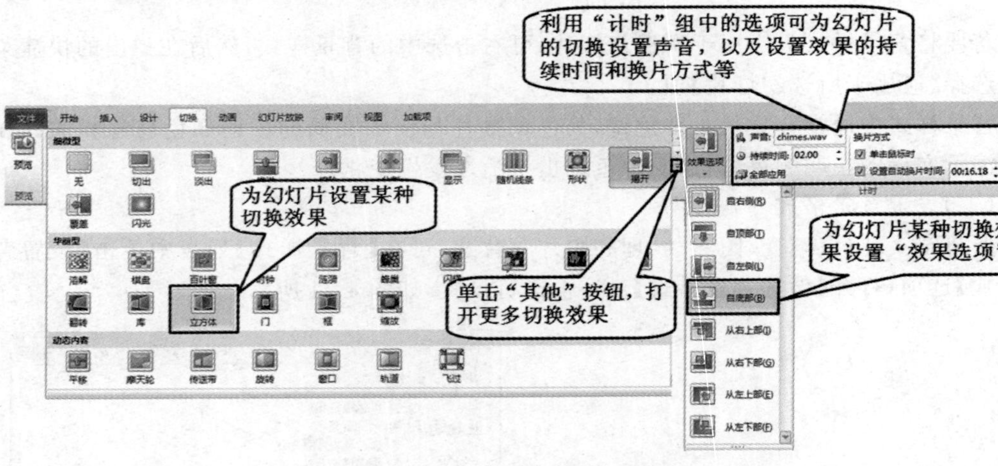

图 4-75　为幻灯片设置切换效果

(二)为对象设置动画效果

可以为幻灯片中的文本、图形、图片、声音和视频等对象设置各种动画效果，以增强演示文稿的表现力。

1. 设置动画效果

在 PowerPoint 中的动画主要有进入、强调、退出和路径引导几种类型，可利用【动画】选项卡来添加和设置这些动画效果。

【进入】动画：是 PowerPoint 2010 中应用最多的动画类型，是指放映某张幻灯片时，幻灯片中的文本、图像和图形等对象进入放映画面时的动画效果。

【强调】动画：是指在放映幻灯片时，为已显示在幻灯片中的对象设置的动画效果，目的是为了强调幻灯片中的某些重要对象。

【退出】动画：是指在幻灯片放映过程中为了使指定对象离开幻灯片而设置的动画效

果，它是进入动画的逆过程。

【动作路径】动画：不同于上述 3 种动画效果，它可以使幻灯片中的对象沿着系统自带的或自己绘制的路径进行运动。

除动作路径动画，在 PowerPoint 中添加和设置不同类型动画的操作基本相同。

选中要设置动画效果的对象，然后单击【动画】选项卡中【动画】组的【其他】按钮，展开动画列表，在【进入】分类下选择一种动画效果，即可为所选对象添加该动画效果，如图 4-76 所示。

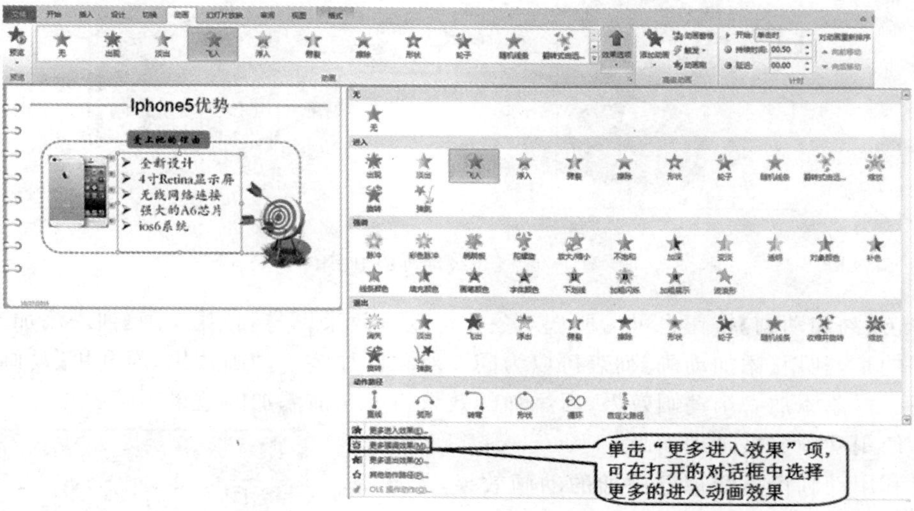

图 4-76　添加动画效果

为对象添加动画效果后，还可以设置效果选项，不同的动画效果，其选项也不相同。还可利用【计时】组进行设置动画的开始播放方式，持续时间和延迟时间等，如图 4-77 所示。

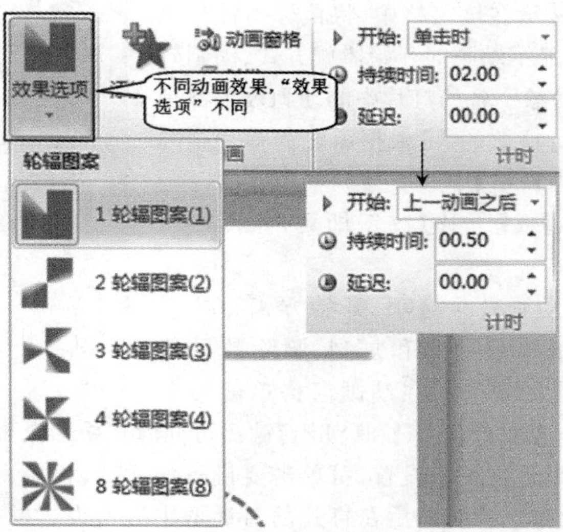

图 4-77　设置动画效果选项

利用【高级动画】组中的选项可以添加动画、打开动画窗格、设置动画的触发方式和复制动画等，如图 4-78 所示。

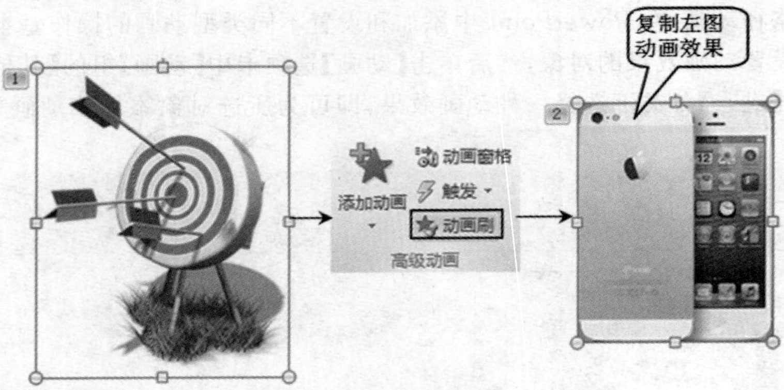

图 4-78 【高级动画组】应用

单击【添加动画】按钮也可为所选对象添加动画效果。与利用【动画】列表添加动画效果不同的是，利用【添加动画】列表可以为同一对象添加多个动画效果；而利用【动画】组只能为同一对象添加一个动画效果，后添加的效果将替换前添加的效果。

2. 使用动画窗格管理动画

可利用动画窗格管理已添加的动画效果，如选择、删除动画效果，调整动画效果的播放顺序，对动画效果进行更多设置等。

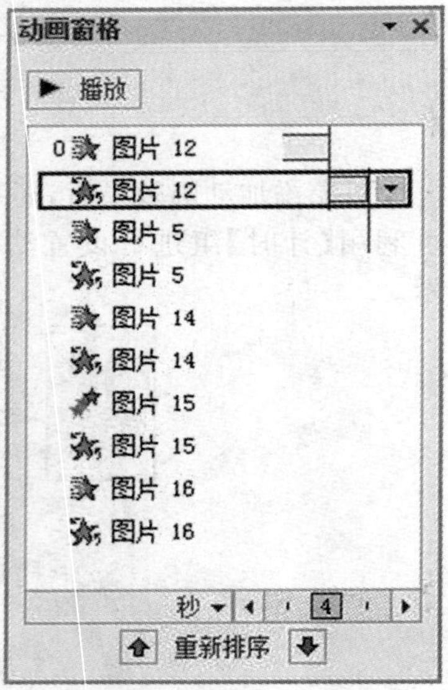

图 4-79 【动画窗格】对话框

单击【高级动画】组的【动画窗格】按钮，在 PowerPoint 窗口右侧打开动画窗格，可看到为当前幻灯片添加的所有动画效果都将显示在该窗格中，将鼠标指针移至某个动画效果上方，将显示动画的开始播放方式、动画效果类型和添加动画的对象。各幻灯片中的动画效果都是按照添加时的顺序进行播放的，可根据需要调整动画的播放顺序，只需在【动画窗格】中选中要调整顺序的动画效果，然后单击【上移】或【下移】按钮即可，如图 4-79 所示。

当需要重新设置动画效果选项、开始方式和持续时间，以及调整效果的播放顺序和复制、删除效果等时，都需要先选中相应的效果。在动画窗格单击某个动画效果可将其选中，若配合【Ctrl】和【Shift】键还可同时选中多个效果。

若希望对动画效果进行更多设置，可单击要设置的效果，再单击右侧的三角按钮，从弹出的列表中选择【效果选项】，然后在打开的对话框中进行设置并确定即可。不同动画效果的设置项也不相同，如图 4-80 所示。

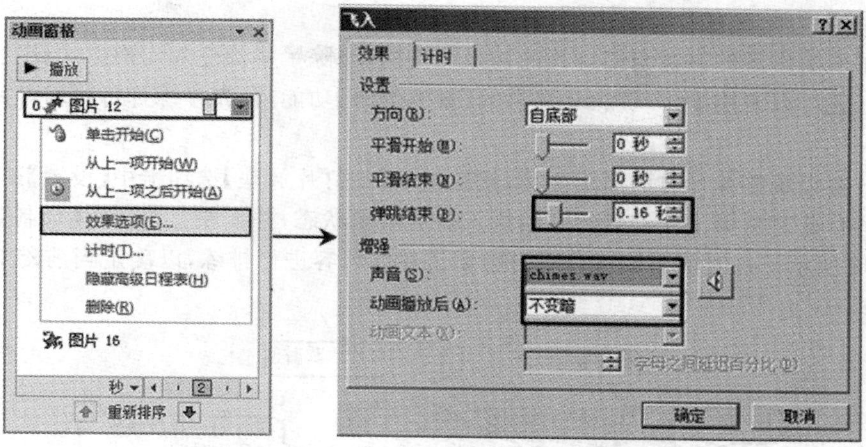

图 4-80　设置更多动画效果

四、放映和输出演示文稿

（一）放映演示文稿

1. 隐藏幻灯片

如果在放映演示文稿时不想放映其中的某些幻灯片，而又不希望将它们从演示文稿中删除，此时可以将这些幻灯片设置为隐藏。被隐藏的幻灯片仍然保留在演示文稿中。

在【幻灯片】窗格中选中需要隐藏的幻灯片，然后单击【幻灯片放映】选项卡中【设置】组的【隐藏幻灯片】按钮，即可将选中的幻灯片隐藏，再次单击【隐藏幻灯片】按钮即可取消隐藏，如图 4-81 所示。

图 4-81　隐藏幻灯片

2. 排练计时

为了使演讲者的讲述与幻灯片的切换保持同步，除了将幻灯片切换方式设置为【单击鼠标时】，还可以使用 PowerPoint 提供的【排练计时】功能，预先排练好每张幻灯片的播放时间。

打开要设置排练计时的演示文稿，然后单击【幻灯片放映】选项卡中【设置】组的【排练计时】按钮，此时从第 1 张幻灯片开始进入全屏放映状态，并在左上角显示【录制】工具栏，如图 4-82 所示。这时演讲者可以对自己要讲述的内容进行排练，以确定当前幻灯片的放映时间。

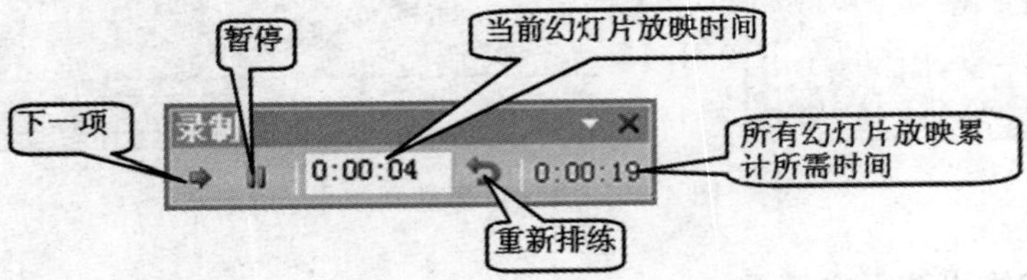

图 4-82　排练计时

放映时间确定好之后，单击幻灯片任意位置，或单击【录制】对话框中的【下一项】按钮，切换到下一张幻灯片，可以看到【录制】工具栏中间的时间重新开始计时，而右侧演示文稿总放映时间将继续计时。

当演示文稿中所有幻灯片的放映时间排练完毕后(若希望在中途结束排练，可按【Esc】键)，屏幕上会出现提示对话框，如图 4-83 所示。如果单击【是】按钮，可将排练的结果保存起来，以后播放演示文稿时，每张幻灯片的自动切换时间就会与设置的一样；如果想放弃刚才的排练结果，可以单击【否】按钮。上述操作完成后，PowerPoint 2010 自动切换到【幻灯片浏览】视图下，在每张幻灯片的左下角可看到幻灯片播放时间。

图 4-83　提示对话框

3. 录制幻灯片演示

使用 PowerPoint 2010 的录制幻灯片演示功能，不仅可以对幻灯片进行排练计时，还可以为演示文稿录制旁白，以及使用激光笔标注需要重点强调的内容。

打开要录制幻灯片演示的演示文稿，然后单击【幻灯片放映】选项卡中【设置】组的【录制幻灯片演示】按钮下方的三角按钮，从展开的列表中选择所需选项，如图 4-84 所示，打开【录制幻灯片演示】对话框，如图 4-85 所示，进行相应设置。单击【开始录制】按钮，开始放映幻灯片，窗口左上角出现【录制】工具栏，此时可以对着麦克风录入自己对当前幻灯片的讲解。对当前幻灯片的旁白录制完毕后，单击切换到第 2 张幻灯片，然后继续进行录制。

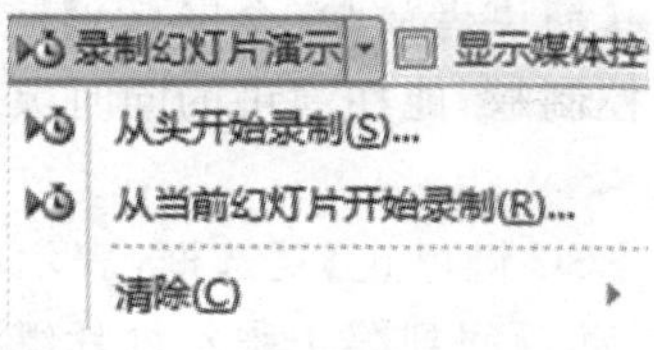

图 4-84　【录制幻灯片演示】选项

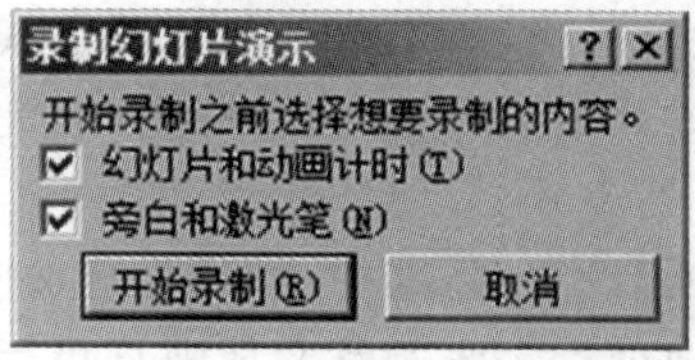

图 4-85　【录制幻灯片演示】对话框

在录制的过程中，可按住【Ctrl】键激活激光笔工具，然后在一些需要重点强调的地方单击或拖动鼠标框住这些内容，在放映演示文稿时将出现激光以强调这些内容。

当所有幻灯片都录制好后，PowerPoint 2010 会自动切换到【幻灯片浏览】视图下。在该视图下，每张幻灯片的左下角可看到录制的演示时间，并且在右下角出现一个声音图标，这样在放映到这些幻灯片时，将自动播放录制的旁白，如图 4-86 所示。

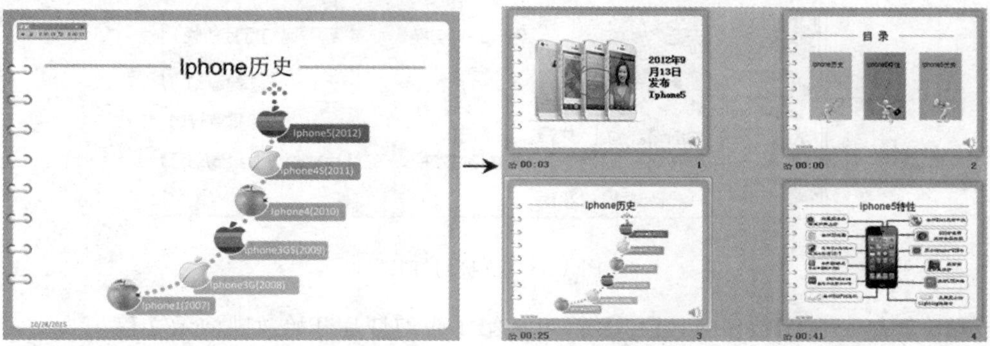

图 4-86　录制幻灯片演示后视图

4. 设置幻灯片放映方式

在放映幻灯片时，可根据不同的场所设置不同的放映方式，如可以由演讲者控制放映，也可以由观众自行浏览，或让演示文稿自动播放。此外，对于每一种放映方式，还可以控制是否循环播放，指定播放哪些幻灯片以及确定幻灯片的换片方式等。

要设置幻灯片放映方式，可单击【幻灯片放映】选项卡中【设置】组的【设置幻灯片放映】按钮，打开【设置放映方式】对话框，如图 4-87 所示。

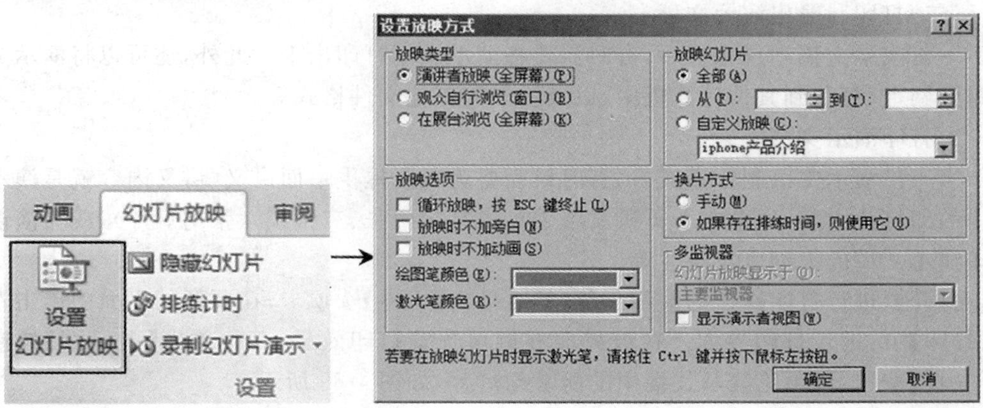

图 4-87　设置幻灯片放映方式

【放映类型】设置区：设置幻灯片的放映方式，其中【演讲者放映(全屏幕)】是最常用的一种放映方式，该方式下演讲者对放映过程有完整的控制权，能在演讲的同时灵活地进行放映控制。

【放映选项】设置区：其中选择【循环放映，按 ESC 键停止】复选框，表示在放映幻灯片时循环播放，即最后一张幻灯片放映结束后，会自动返回到第 1 张幻灯片继续放映。要结束放映，可按【Esc】键。

【放映幻灯片】设置区：设置播放演示文稿中的哪些幻灯片。

5. 放映幻灯片

利用【幻灯片放映】选项卡中【开始放映幻灯片】组的相关按钮，可放映当前打开的演示文稿，如图 4-88 所示。

图 4-88　放映幻灯片

单击【从头开始】按钮或按【F5】键，可从第 1 张幻灯片开始放映演示文稿。

单击【从当前幻灯片开始】按钮或按【Shift＋F5】键，可从当前幻灯片开始放映演示文稿。

单击【自定义幻灯片放映】按钮，在弹出的列表中选择【自定义放映】，可将演示文稿中的指定幻灯片组成一个放映集进行放映。

在放映演示文稿过程中，可以通过鼠标和键盘来控制整个放映过程。如单击切换幻灯片和播放动画(根据先前对演示文稿的设置进行)，按【Esc】键结束放映，为幻灯片添加墨迹注释等。

(二)打印和输出演示文稿

一份演示文稿制作完成后，有时需要将演示文稿打印出来。此外，还可以将演示文稿发布到网上，打包到其他计算机中，以及输出为其他文件格式等。

1. 打印演示文稿

当一份演示文稿制作完成后，有时候需要为观众提供书面讲义(讲义内容就是演示文稿中的幻灯片内容，通常在一页讲义纸上可以打印两张、三张或六张幻灯片)，或为演讲者打印演示文稿的大纲以及备注等。

打开要进行打印操作的演示文稿，然后单击【文件】选项卡，在展开的界面中单击左侧的【打印】项，进入打印界面。在该界面右侧可预览打印效果，其中单击【上一页】按钮或【下一页】按钮，可预览演示文稿中的所有幻灯片，如图 4-89 所示。

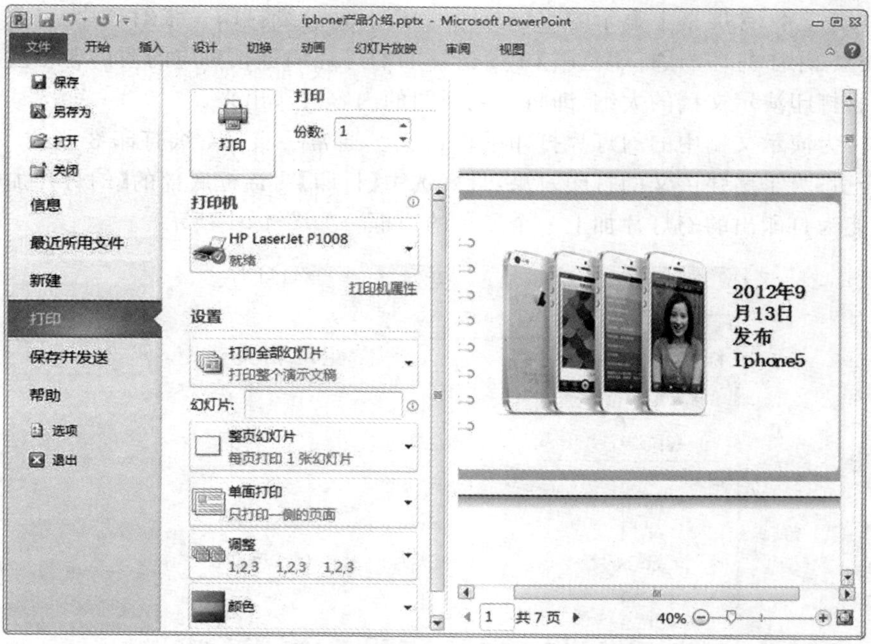

图 4-89 打印演示文稿

在打印界面的中间可设置打印选项。其中,在【份数】编辑框中可设置要打印的份数;当本地计算机安装了多台打印机后,可单击【打印机】设置区下方的三角按钮,在展开的列表中选择要使用的打印机。

单击【设置】区【打印全部幻灯片】右侧的三角按钮,在展开的列表中可选择要打印的幻灯片,如全部幻灯片、部分幻灯片或自定义幻灯片的打印范围,如图 4-90 所示。

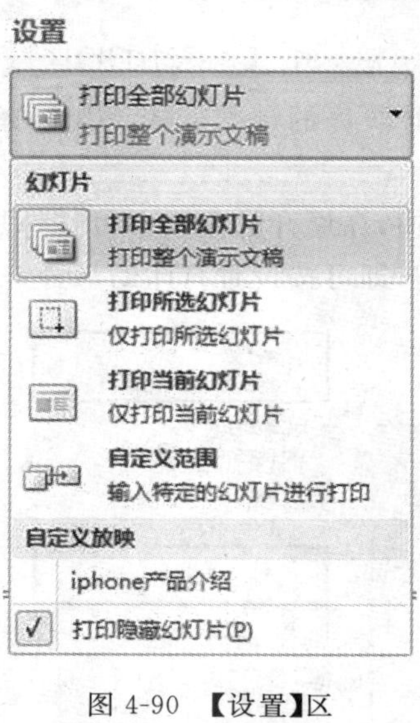

图 4-90 【设置】区

单击【设置】区【整页幻灯片】右侧的三角按钮,在展开的列表中可选择是打印幻灯片、讲义还是备注。

整页幻灯片:像屏幕上显示的一样打印幻灯片,每页纸打印一张幻灯片。

备注页:用于打印与【打印范围】中所选择的幻灯片编号相对应的演讲者备注。

大纲:打印演示文稿的大纲,即将大纲视图的内容打印出来。

讲义:为演示文稿中的幻灯片打印书面讲义。通常一页 A4 纸打印 3 张或 4 张幻灯片比较合适;为了增强讲义的打印效果,最好选中【打印】对话框底部的【幻灯片加框】复选项,这样能为打印出的幻灯片加上一个黑色的边框。如图 4-91 所示。

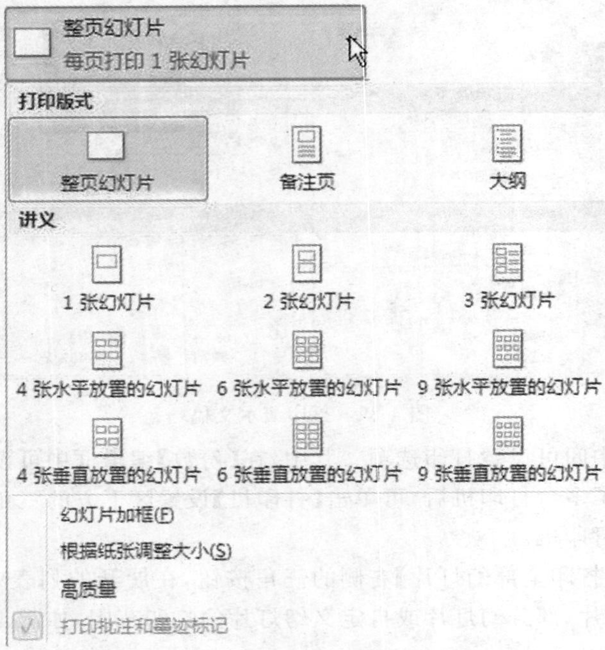

图 4-91 【整页幻灯片】区

在【调整】下拉列表中可选择页序的排列方式。当选择打印备注页或讲义时,还可选择【横向】还是【竖向】打印。

单击【颜色】右侧的三角按钮,在展开的列表中可选择是以彩色、灰度还是黑白进行打印。设置完毕,单击【打印】按钮,即可按设置打印幻灯片。如图 4-92 所示。

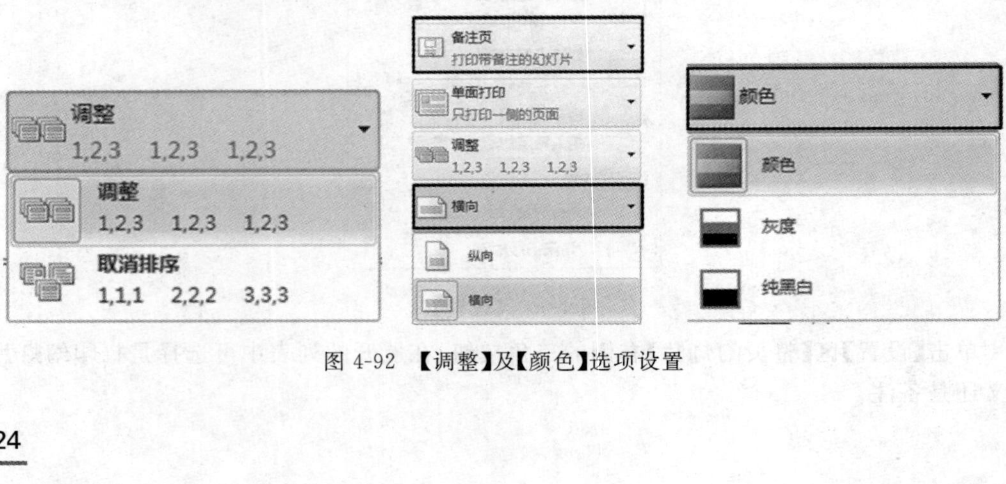

图 4-92 【调整】及【颜色】选项设置

2. 输出演示文稿

单击【文件】选项卡，在展开的界面中单击【保存并发送】项。在打开的界面中，可以将演示文稿发送到网络上，或将演示文稿创建为 PDF 文件或视频，还可以将演示文稿打包到 CD 或本地磁盘以方便在其他计算机中播放等，如图 4-93 所示。

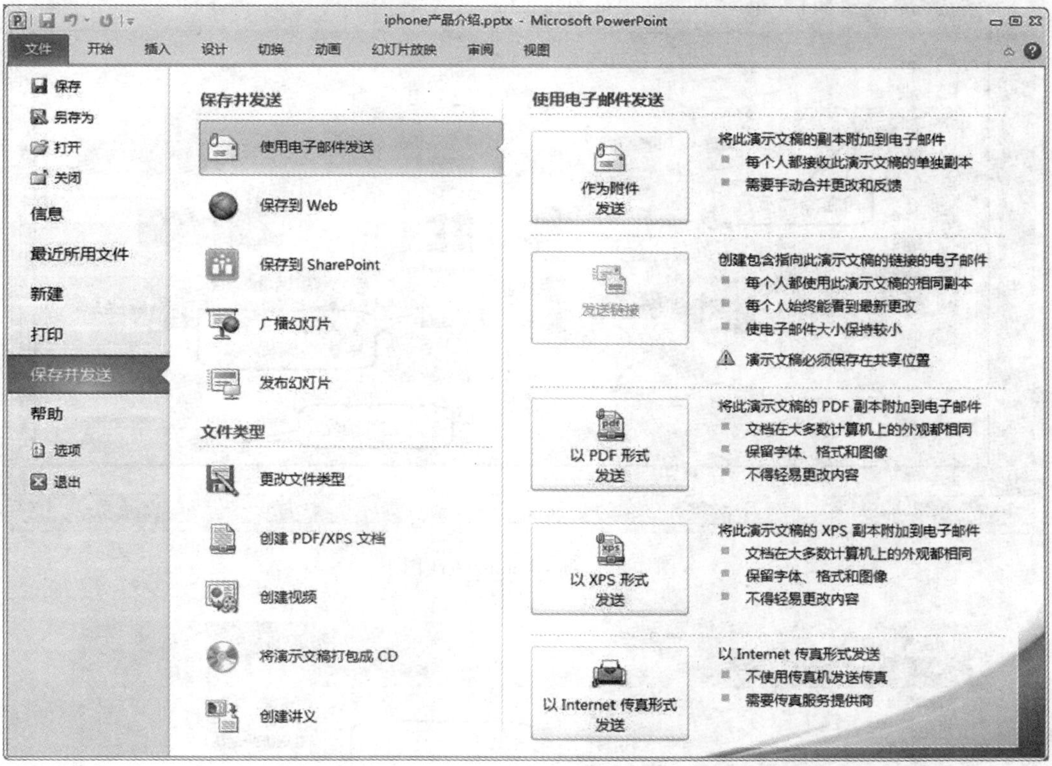

图 4-93　输出演示文稿

任务实施

步骤 1. 使用模版创建演示文稿。

使用素材中的“模版. potm”模版，创建文件名“iphone 产品介绍. pptx”，并保存于桌面。

步骤 2. 输入并编辑幻灯片内容。

(1)在第 1 张幻灯片中插入图片、添加文字并进行字体设置

(2)插入一张空白版式幻灯片，添加文字插入图形。复制 4 张相同的幻灯片。为第 2 张幻灯片添加矩形、文字和图片。

(3)在第 3 张幻灯片中插入 SmartArt 图形，更改 SmartArt 图形颜色，如图 4-94 和图 4-95 所示。

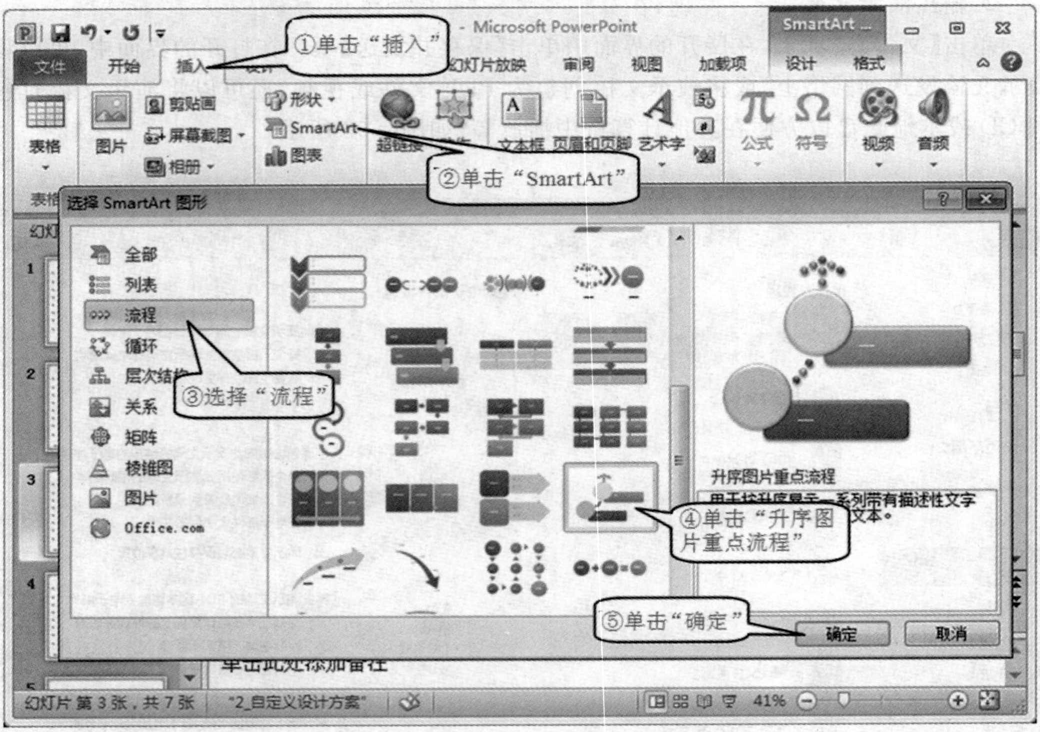

图 4-94　插入 SmartArt 图形

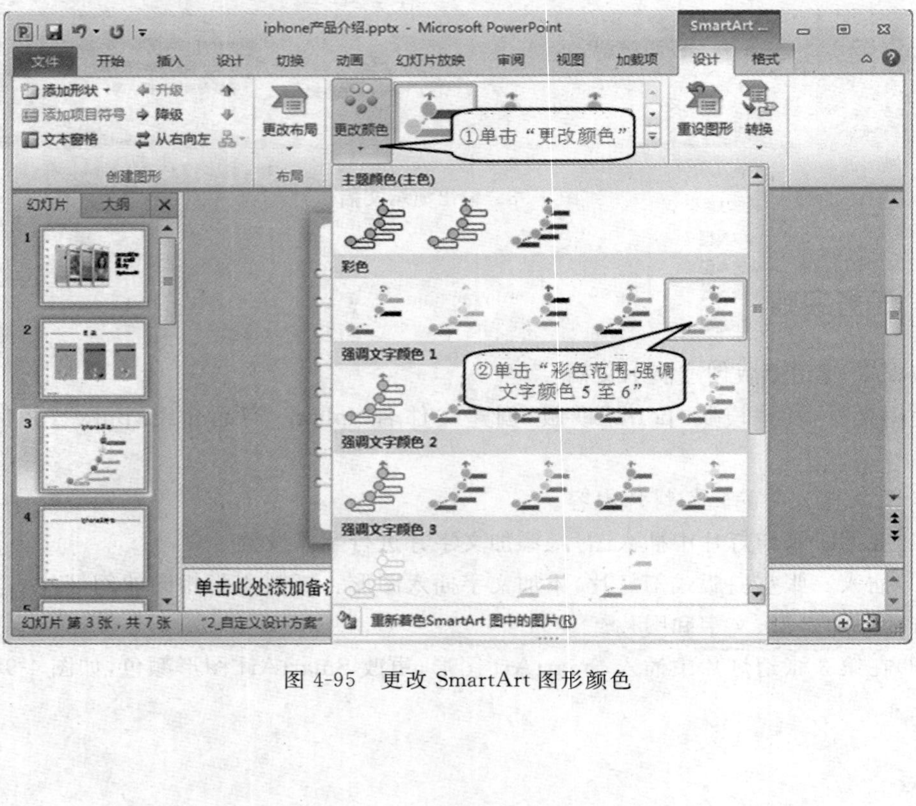

图 4-95　更改 SmartArt 图形颜色

(4)添加文字和图片。同理,在第 4～6 张幻灯片中添加文字、形状和图片,如图 4-96 所示。

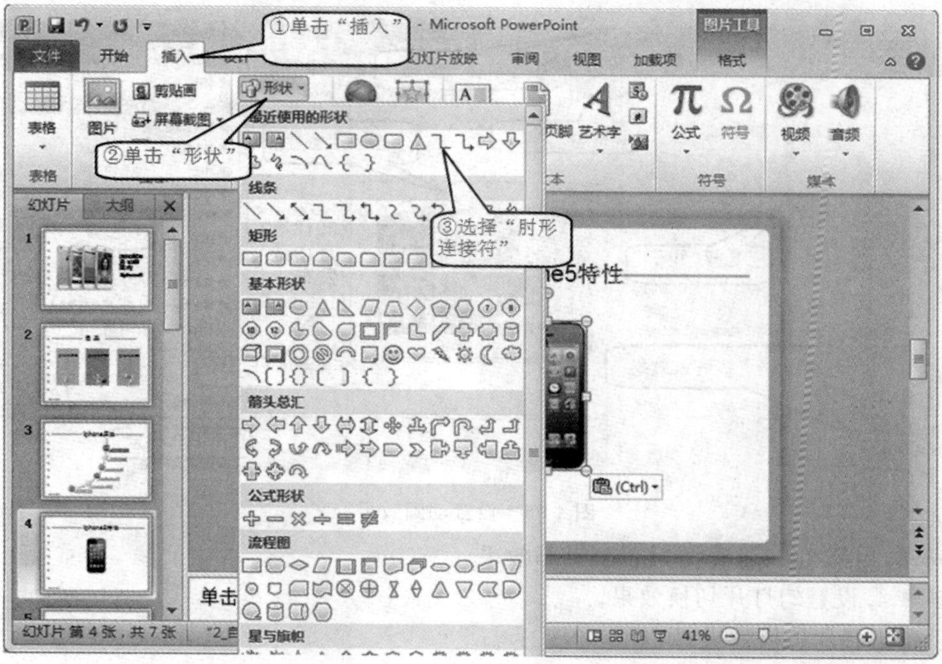

图 4-96　添加形状

(5)设置形状格式,如图 4-97 所示。

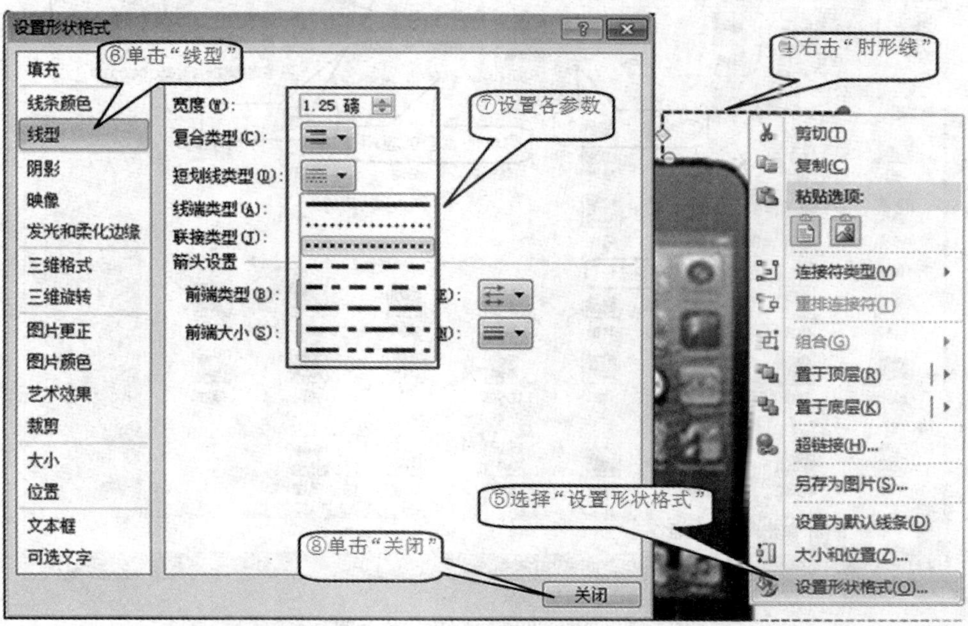

图 4-97　设置形状格式

步骤 3.设置动画效果。

将第 1 张幻灯片的图片和文字设置进入动画效果,如图 4-98 所示。

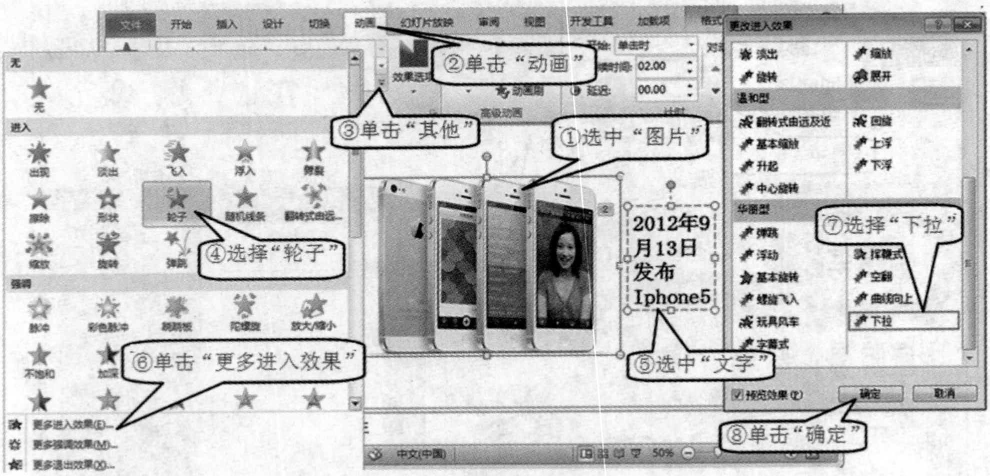

图 4-98　设置动画效果

同理,为第 2～6 张幻灯片设置动画效果。

步骤 4.设置幻灯片切换效果。

设置幻灯片切换效果,如图 4-99 所示。

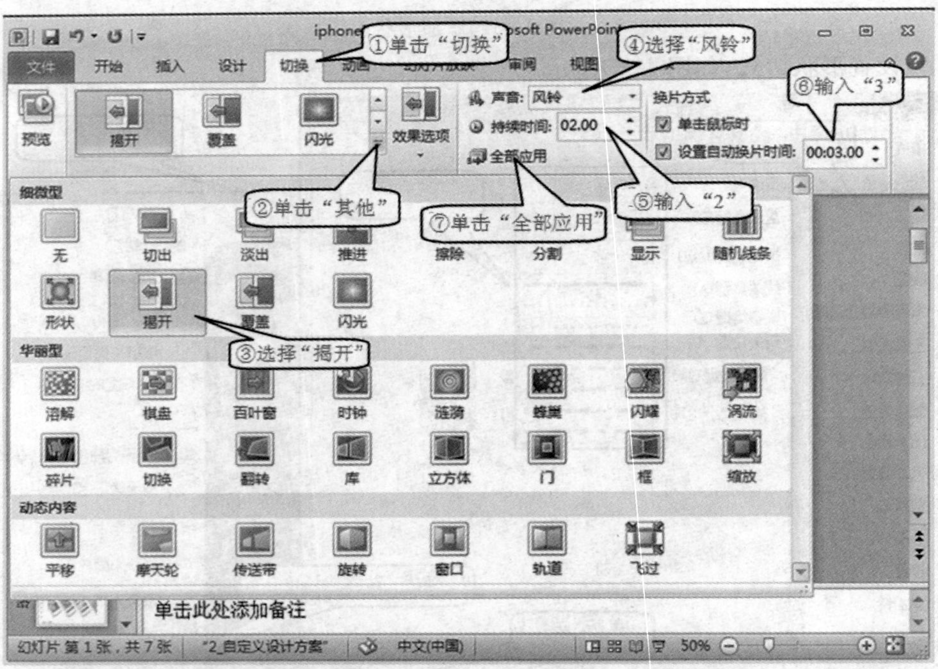

图 4-99　设置幻灯片切换效果

步骤 5. 设置排练计时。

(1)设置排练计时,如图 4-100 所示。

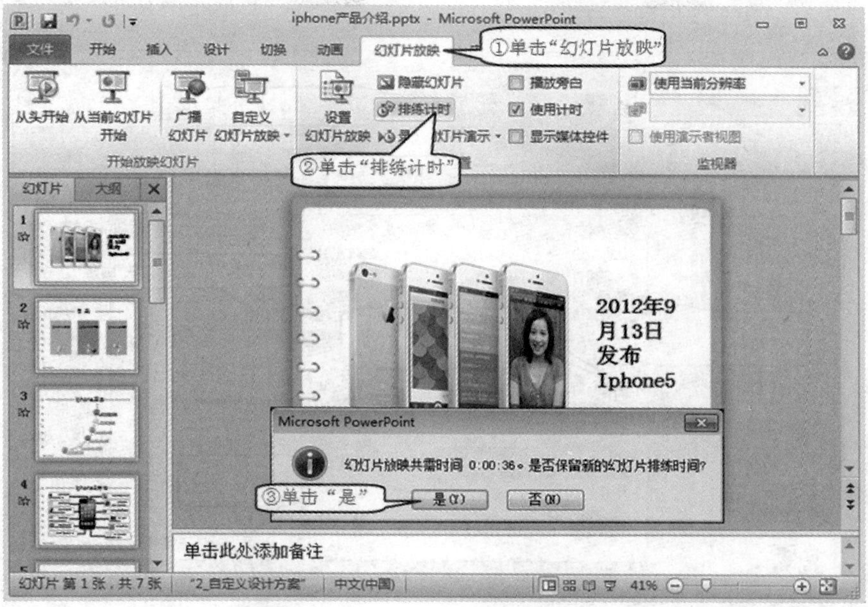

图 4-100 设置排练计时

(2)启动幻灯片放映。

步骤 6. 自定义幻灯片放映。

自定义幻灯片放映,如图 4-101 所示。

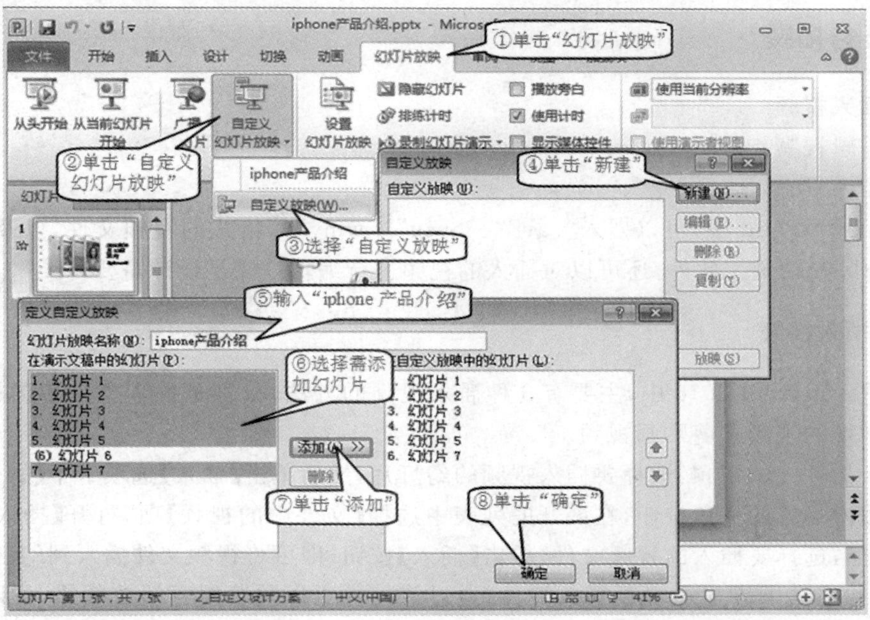

图 4-101 自定义幻灯片放映

步骤 7. 设置幻灯片放映方式。

(1)设置放映方式,如图 4-102 所示。

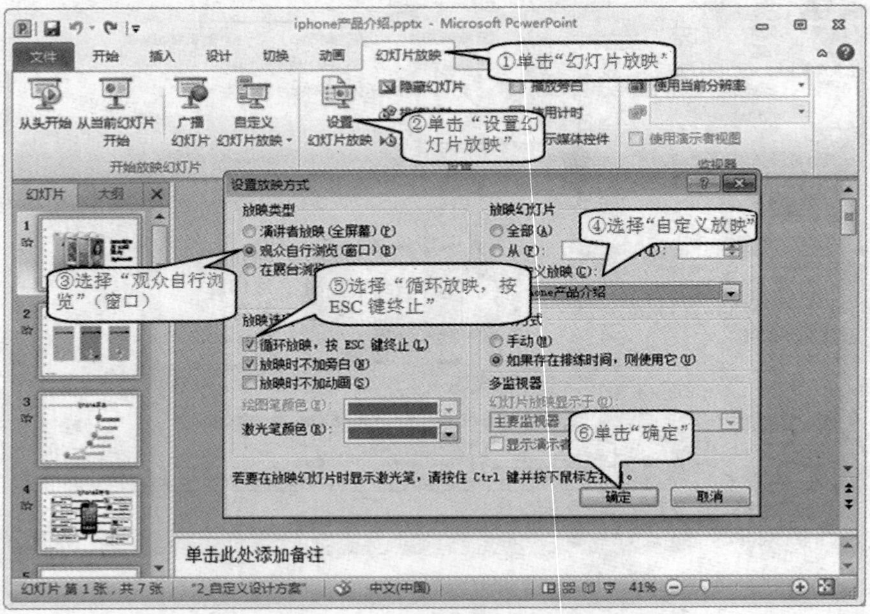

图 4-102　设置幻灯片放映方式

(2)隐藏第 6 张幻灯片。

任务拓展

◇插入视频

◇编辑视频

◇插入 Flash 动画

在 PowerPoint 中,可以插入". avi"". mpeg"". wmv"等格式的视频文件,以及". swf"格式的 Flash 动画。此外,还可以对插入的视频进行编辑以满足设计需要。

一、插入视频

在 PowerPoint 2010 中,主要有 3 种插入视频的方法,分别是插入文件中的视频、插入来自网站的视频和剪贴画视频。

插入文件中的视频:选择要插入视频的幻灯片,然后单击【插入】选项卡中【媒体】组的【视频】按钮下方的三角按钮,在展开的列表中选择【文件中的视频】项,打开【插入视频文件】对话框,选择要插入的视频文件,单击【插入】按钮,即可将视频文件插入到幻灯片的中心位置,并在其下方显示视频播放控件,通过该控件可以预览视频播放效果,如图 4-103 所示。

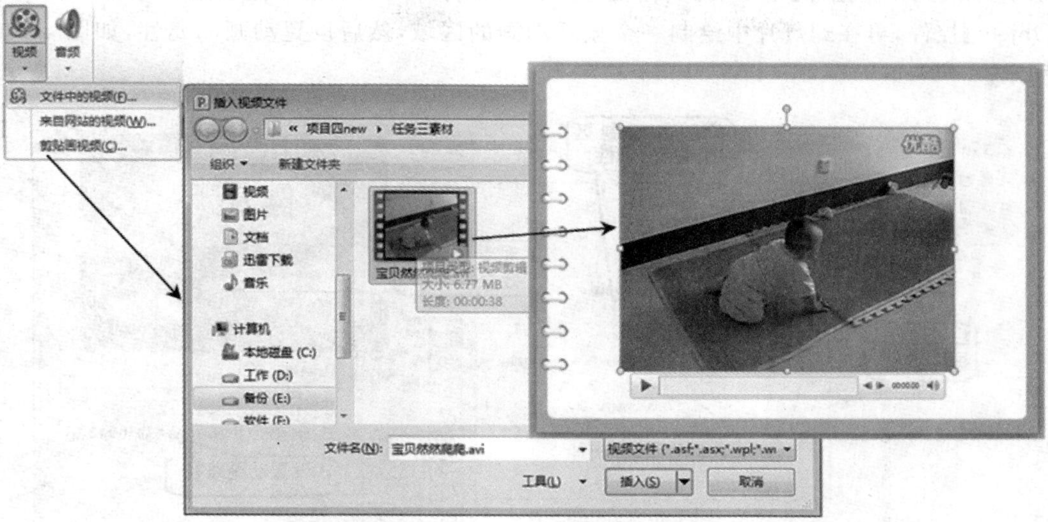

图 4-103 插入视频

二、编辑视频

将视频文件插入到幻灯片并选中后，可以像编辑图片一样调整视频的大小和位置，还可利用【视频工具】选项卡的【格式】子选项卡设置视频的亮度、颜色、视觉样式、形状、边框和效果等，设置方法与设置图片相似，如图 4-104 所示。

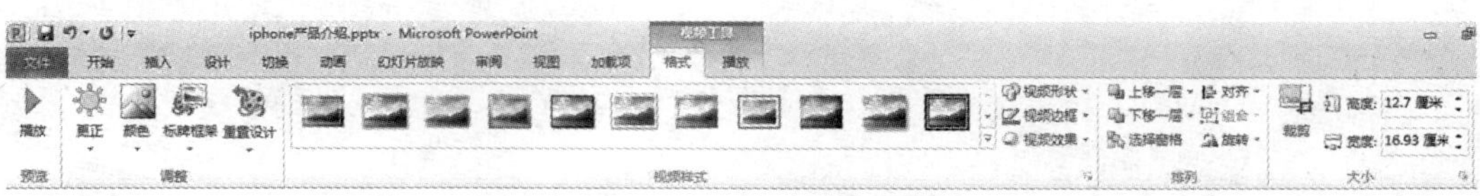

图 4-104 【格式】选项卡

此外，利用【视频工具】选项卡的【播放】子选项卡可以设置视频的开始播放方式，以及是否循环播放、是否全屏播放等，设置方法与设置音频相似，如图 4-105 所示。

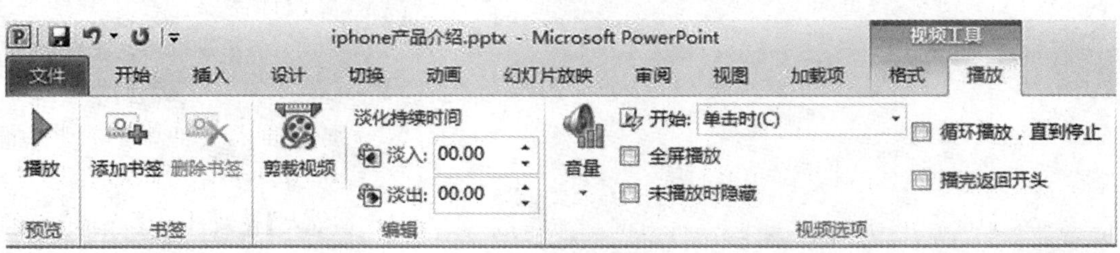

图 4-105 【播放】选项卡

三、插入 Flash 动画

要在幻灯片中插入“.swf”格式的 Flash 动画，首先要在功能区中显示【开发工具】选项卡，然后单击【控件】组中的【其他控件】按钮，在打开的对话框中选择【Shockwave Flash Object】控件，再在幻灯片中绘制一个显示动画的区域，然后设置动画的属性，如图 4-106 所示。

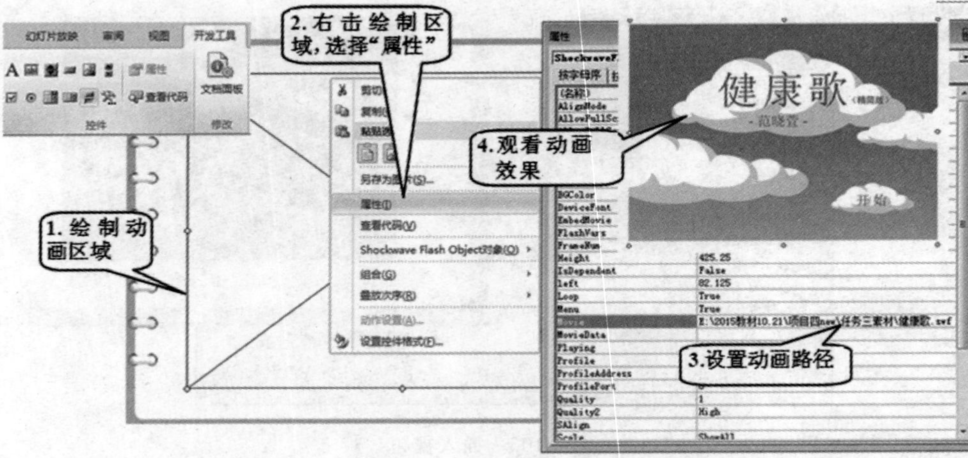

图 4-106　幻灯片中插入 Flash 动画

项目五　Photoshop 图形、图像处理

项目综合任务

随着电子设备的普及，我们在日常的工作、学习、生活中经常会用到图像，有时现有的图像不能满足我们的要求，就需要对图像进行处理，例如改变图像的大小和尺寸，抠取图像中的一部分，修改图像中不需要的部分等，这些问题在 Photoshop（简称“PS”）中都可以轻松解决。本项目通过修改图像、抠取图像、修复图像等几个任务，教会大家如何对图像进行日常简单处理。

职业素质与技能分析

1. 职业素质

随着计算机及网络技术的飞速发展，图像越来越成为人们日常工作娱乐中不可缺少的一部分。想要随心所欲的应用图像，就需要对图像进行处理。能够掌握一款图像处理软件的应用，按照需求对照片进行修改、调整已成为每个人所必备的技能。

2. 技能分析

通过本项目的学习，能够运用 PS，根据不同需求来改变图像大小、抠取图像中需要的部分、修复图像中不需要的部分。

项目实施

任务一　改　图

任务描述

学习 PS 首先要熟悉它的界面，掌握工具的运用及各种浮动面板的功能，在此基础上，学习改变图像、画布的大小尺寸等。

任务目标

(1)掌握 PS 的界面组成。

(2)学会基本工具的使用方法。

(3)能够灵活改变图像及画布的大小、方向。

任务知识

◇PS 界面组成

◇修改图像大小和分辨率

◇修改画布大小

◇裁切图像

一、PS 界面组成

PS 界面分为五大部分:主菜单、工具选项栏、工具箱、工作区、浮动面板等,如图 5-1 所示。

图 5-1　PS 窗口界面

(一)主菜单

主菜单包括文件、编辑、图像、图层、选择等 10 个菜单选项,每个菜单选项中都包含着相关的子选项。

(二)工具箱

工具箱是集合了 PS 中的所有工具的区域,利用这些工具可以进行创建选区、绘画、绘图等重要操作,还具有更改前景色和背景色、使用不同的图像显示模式等功能。

灰色线条将工具箱分割为几个功能区域,由上至下,分别为选择、移动工具区、绘图修饰工具区、矢量工具区、辅助工具区、颜色设定区，如图 5-2 所示。

在工具箱中选择工具时，在工具箱的下方即工具选项栏中就会自动显示当前选择工具的相关选项，方便使用者进行设定。

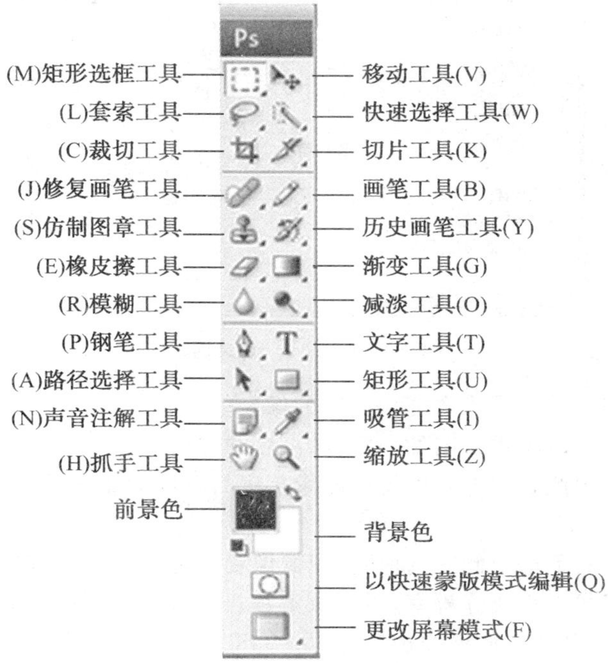

图 5-2 工具箱

（三）浮动面板

在界面右侧，有许多的浮动面板，可方便进行图像的各种编辑和操作。浮动面板可以在屏幕上随意移动，也可以随时关闭或打开各种面板，还可以对它们任意组合或拆分。

（四）文件区域

在 PS 中，打开或新建的文档都会在文件区域内显示。在区域的下方有两个显示栏，左侧显示的是文件当前的显示比例，可以通过键盘输入对文档的显示大小进行调整。

二、修改图像大小和分辨率

一幅图像的质量好坏跟图像的分辨率和尺寸大小是息息相关的，同样大小的图像，其分辨率越高，图像越清晰。当固定尺寸而增加分辨率时，必须在图像中增加像素数目；反之，当固定尺寸而减少分辨率时，则会删除部分像素。这时 PS 就会在图像中重新取样，以便在失真最少的情况下增减图像中的像素数目。

通过增减像素数目的方法改变图像大小、分辨率：单击【图像】菜单下的【图像大小】命令，或直接在图像标题栏单击右键，选择【图像大小】命令，打开【图像大小】对话框，如图 5-3 所示，在该对话框中可以设置以下内容。

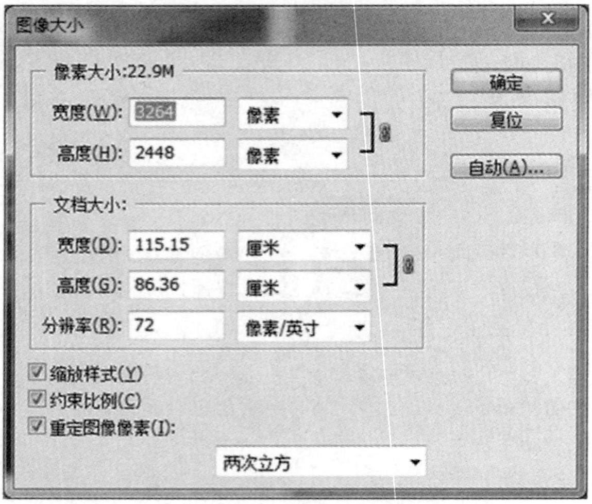

图 5-3 【图像大小】对话框

【像素大小】:用于显示图像宽度和高度的像素值。

【文档大小】:用于设置更改图像的宽度、高度和分辨率。

【约束比例】:选中此复选框可以约束图像高度与宽度的比例,即改变宽度的同时高度也随之改变。

【重定图像像素】:不选中此复选框时,图像像素固定不变,可以改大小和分辨率;选中此复选框时,改变图像大小或分辨率,图像像素数目会随之改变,所以需要在重定图像像素下拉列表中选择一种插补像素的选择方式。即在增加或删减像素数目时,在图像中插入像素的方式,主要有 3 种:

(1)【两次立方】:选择此选项,在插补时会依据插入点像素颜色转变的情况插入中间色。

(2)【邻近】:用这种方式插补像素时,会以邻近的像素颜色插入,其结果较不精确。

(3)【两次线性】:此方式介于上述两者之间,若图像放大的倍数不高,其效果与 Bicubic 相似。

【自动】单击此按钮可以打开自动分辨率对话框,如图 5-4 所示,在【挂网】文本框中,用户可以设置输出设备的网点频率。在【品质】选项组中可以设置印刷的质量:设置为“草图”时,产生的分辨率与网点频率相同(不低于每英寸 72 像素);设置为“好”时,产生的分辨率是网点频率的 1.5 倍;设置为“最好”时,产生的分辨率是网点频率的 2 倍。

图 5-4 【自动分辨率】对话框

提示：在【图像大小】对话框中，若按住【Alt】键，则取消按钮会变成【复位】按钮，单击可以使对话框各选项的内容恢复为在打开对话框之前的设置。

三、修改画布大小

画布是指绘制和编辑图像的工作区域，也就是图像显示区域。调整画布大小可以在图像四边增加空白区域，或裁切掉不需要的图像边缘。

调整画布大小的方法：单击【图像】菜单下的【画布大小】命令，或直接在图像标题栏单击右键，选择【画布大小】命令，打开【画布大小】对话框，如图 5-5 所示，输入修改的数值即可改变画布大小。

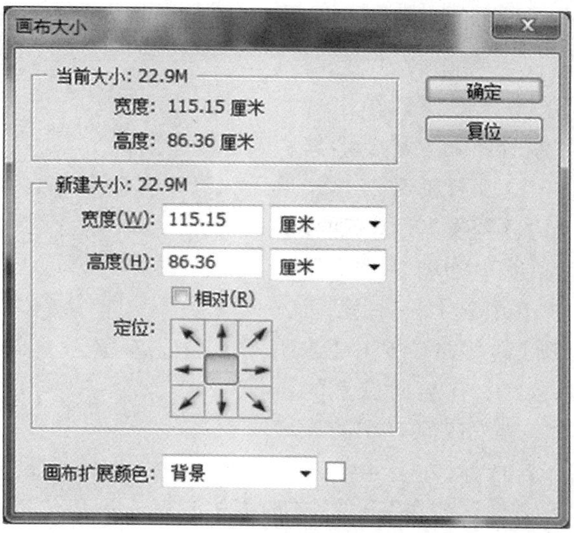

图 5-5 【画布大小】对话框

提示：【画布大小】不同于【图像大小】命令，使用【图像大小】命令可以改变图像尺寸，但它不会改变图像的模样，只是改变图像尺寸，而【画布大小】命令不但会改变图像尺寸，还会改变图像的模样。

四、裁切图像

（一）裁　切

裁切就是将图像四周没有用的部分去掉，只留下中间有用的部分，并不是简单地删除图像内容，所以裁切后图像的尺寸将变小。在 PS 中，提供了一个既方便又好用的工具——裁切工具“”。使用裁切工具不但可以自由控制裁切的大小和位置，而且可以在裁切的同时对图像进行旋转、变形，以及改变图像分辨率等操作。

如果要确定一个更准确的裁切范围，则必须在选取裁切范围之前，先设置裁切工具的参数，如图 5-6 所示。

图 5-6 【裁切工具】选项栏

【宽度】、【高度】、【分辨率】：这 3 个文本框分别设置裁切范围的宽度、高度和分辨率。

【前面的图像】：单击此按钮可以显示当前图像的实际高度、宽度及分辨率。

【清除】：单击此按钮可清除在宽度、高度和分辨率文本框中设置的数值。

若按下【Shift】键拖动，则可选取正方形的裁切范围；若按下【Alt】键拖动，则可选取以开始点为中心点的裁切范围；若按下【Shift＋Alt】键拖动，则可选取以开始点为中心点的正方形裁切范围。

PS 提供了一个与裁切工具功能相同的命令，【图像】菜单下的【裁剪】命令。使用该命令也可以方便、准确地裁切图像。方法是先用选取工具（选框工具、套索工具或魔棒工具等）在图像中选取一个选择区域，然后单击【图像】菜单下的【裁剪】命令。

（二）裁切图像空白边缘

PS 还提供了一种较为特殊的方法，即裁切图像空白边缘。也就是当图像四周出现空白内容而要将它裁切掉时，可以直接将其去除，而不必像使用裁切工具那样需要经过选取裁切范围才能裁切。单击【图像】菜单下的【裁切】命令，打开“裁切”对话框，如图 5-7 所示。

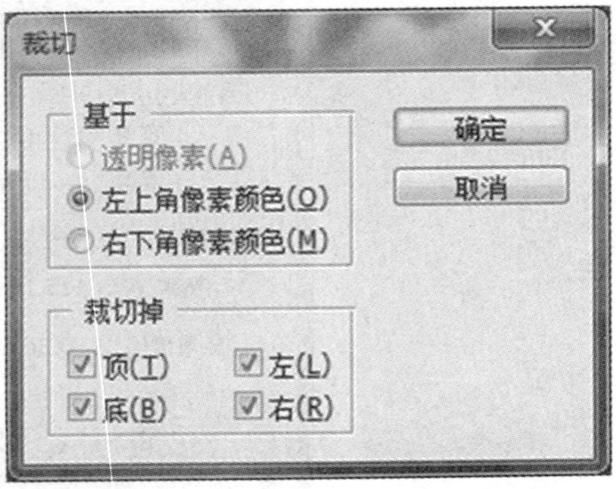

图 5-7 【裁切】对话框

【基于】：在该选项组中选择一种裁切方式，是基于某个位置进行裁切。若选中【透明像素】单选按钮，则按图像中有透明像素的位置为基准进行裁切（该单选按钮只有在图像中没有背景图层时有效）；若选择【左上角像素颜色】单选按钮，则按图像左上角位置为基准进行裁切；若选择【右下角像素颜色】单选按钮，则按图像右下角位置为基准进行裁切。

【裁切掉】：在该选项组中选择裁切的区域，是在图像的顶部、左边、底部，还有右边。如果选中所有复选框，则裁切四周空白边缘。

任务实施

一、新建、保存文件

步骤 1. 单击【开始菜单】按钮，在【所有程序】中找到 Adobe Photoshop，单击打开 PS，进入 PS 的界面。

步骤 2. 选择菜单【文件】→【新建】（或【Ctrl＋N】键）命令，弹出【新建】对话框。如图 5-8 所示，在对话框中将文件名称改为“练习 1”，在预设中选择【默认 Photoshop 大小】，分辨率保持默认的 72 像素/英寸，颜色模式为 RGB。设定完毕，单击【确定】按钮，新建一个 PS 文档。

步骤 3. 选择菜单【文件】→【保存】命令（或【Ctrl＋S】键），弹出【存储为】对话框，如图 5-9 所示，设置好保存位置和文件名，即可保存为 PSD 格式的文件，也就是 PS 的默认格式文件，还可以在【格式】列表中选择其他的格式文件，例如 TIF、BMP、JPEG/JPG/JPE、GIF 等格式。

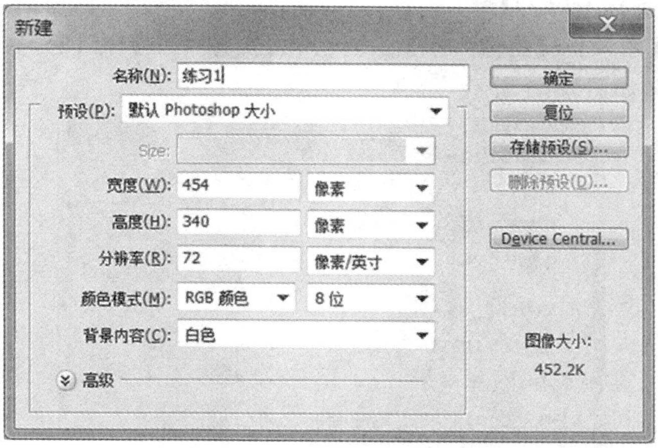

图 5-8 【新建】对话框

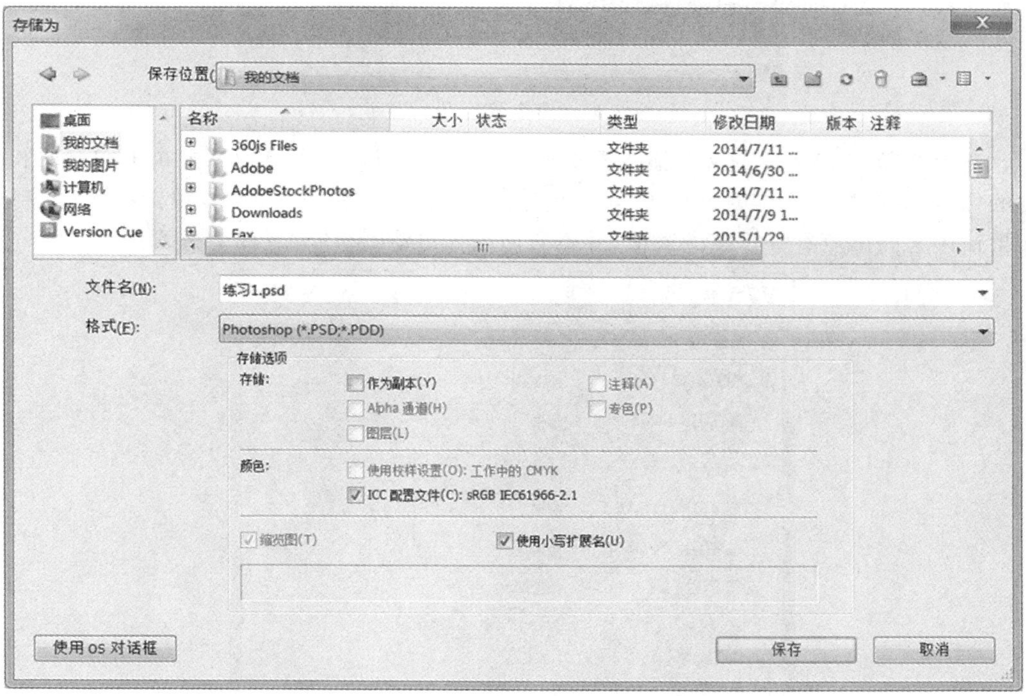

图 5-9 【存储为】对话框

二、改变图像大小与尺寸

步骤 1. 打开 PS，打开自己准备的照片或本例所提供的素材“1.jpg”。

打开文件的 3 种方法：

(1)选择菜单【文件】→【打开】命令。

(2)双击 PS 界面的空白部分。

(3)使用快捷键【Ctrl+O】。

步骤 2. 选择【图像】→【图像大小】命令，弹出【图像大小】对话框，显示当前图像的大小、像素和分辨率，如图 5-10 所示。

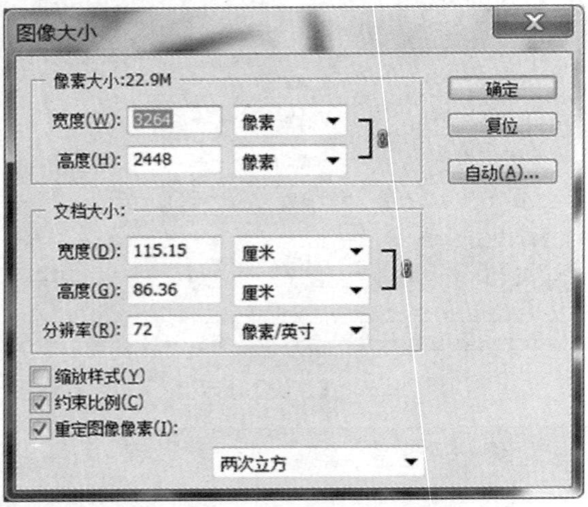

图 5-10　图像原始大小信息

步骤 3. 在分辨率后的文本输入框中输入 32，这时对话框上方像素大小中的宽度和高度的像素值同时变小，同时文件的大小也发生了变化，如图 5-11 所示，单击【确定】按钮。如果输入了高出原有分辨率的数值，并不会使图像更清晰，图像反而会失真。

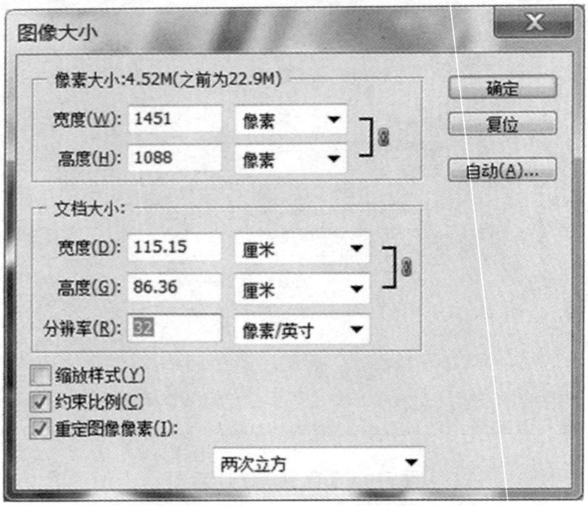

图 5-11　修改后的图像大小信息

步骤 4. 可以发现图像比原来的图像变小了，分辨率降低导致像素数量减少，因此在屏幕上的显示也会随之改变。这样改变的是屏幕上显示的像素尺寸，文档尺寸并没有发生变化，也就是说打印时图像的实际大小没有变化，只是由于分辨率的降低而导致清晰度降低了。

步骤 5. 选择【文件】→【存储为】命令，在【存储为】对话框中，选择 JPG 格式，单击【确定】。

步骤 6. 在弹出的【JPEG 选项】对话框中，如图 5-12 所示，可以设定图像品质。如果希望节省空间，减小文件大小，可以将品质的数值调低。

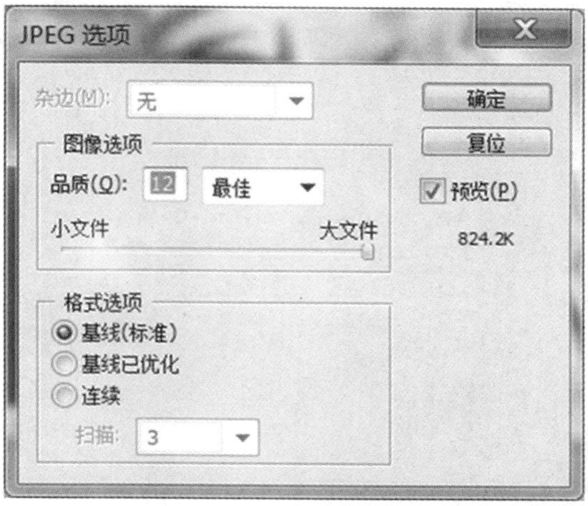

图 5-12 【JPEG 选项】对话框

三、改变画布大小和方向

步骤 1. 打开 PS，打开自己准备的照片或本例所提供的素材“2.jpg”，如图 5-13 所示。

图 5-13 素材 2

步骤 2. 选择【图像】→【旋转画布】→【90 度(逆时针)】命令，将画布旋转 90 度，如图 5-14所示。

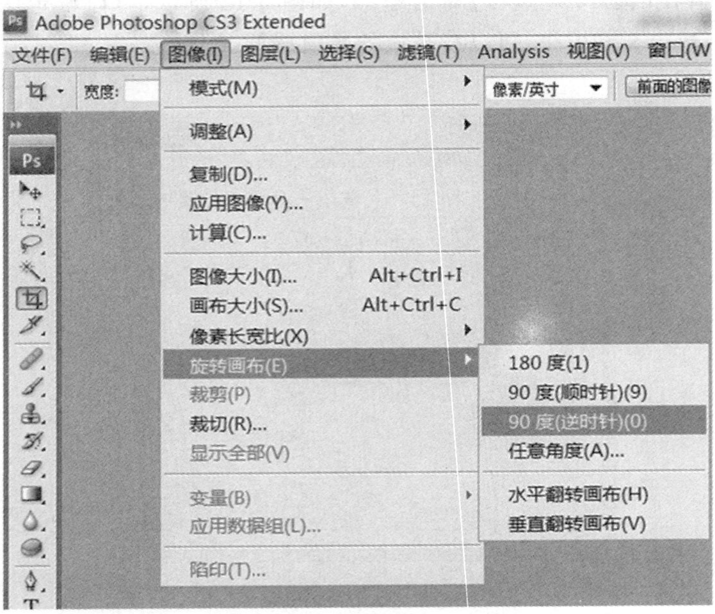

图 5-14 【旋转画布】命令

步骤 3. 为改变画布的大小，选择【图像】→【画布大小】命令。弹出【图像大小】对话框，如图 5-15 所示，显示当前画布的大小。当前大小就是文档的实际尺寸。

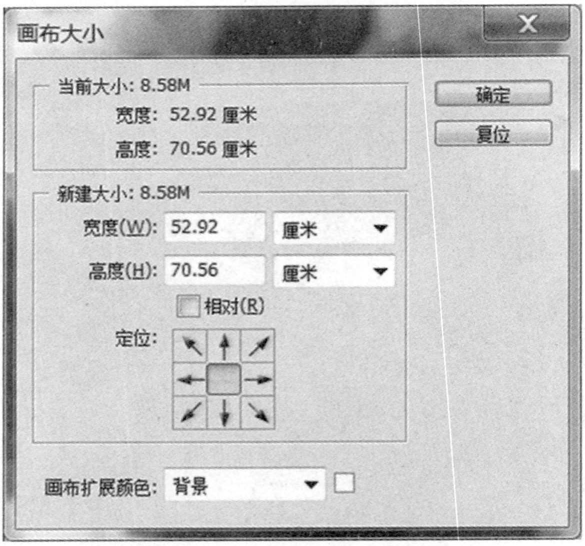

图 5-15 当前画布大小信息

步骤 4. 在宽度后的文本输入框中输入新的数值 60，并在定位一栏中，选中最左边中间的小方格，如图 5-16 所示，单击【确定】按钮。

步骤 5. 选择【图像】→【旋转画布】→【90 度(顺时针)】命令，将画布旋转 90 度。最终效果如图 5-17 所示，在【存储】对话框中，选择 JPG 格式，单击【确定】。

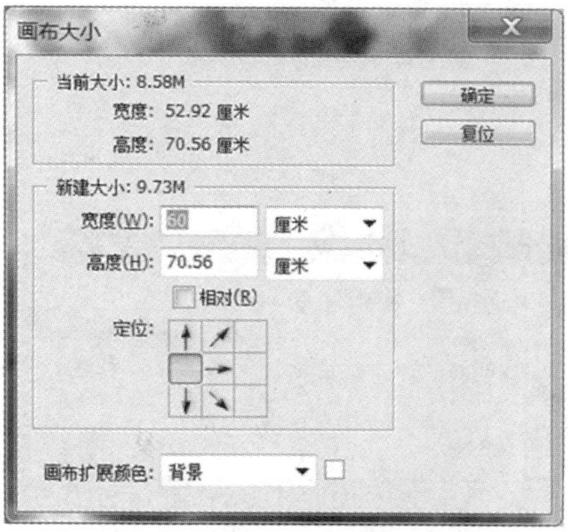

图 5-16　修改画布大小信息

图 5-17　最终效果图

四、裁切图像

日常生活、工作中，经常会用到一些有倾斜角度的照片，如何将倾斜照片裁切到正常角度。下面以素材 3 为例，讲解如何修改图片的倾斜角度。

步骤 1. 打开 PS，打开自己准备的照片或本例所提供的素材“3. jpg”，如图 5-18 所示。

步骤 2. 选择标尺工具。标尺工具可以测量图像中的长度、角度。按住工具箱中的吸管工具，可以显示隐藏的标尺工具，如图 5-19 所示。

图 5-18　素材 3

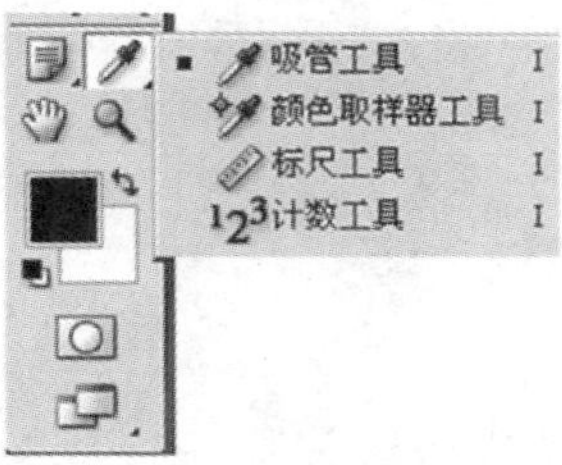

图 5-19　标尺工具

步骤 3. 使用标尺工具测量照片中墙的倾斜角度。在右上角起点处单击并拖动，到合适位置后松开鼠标，如图 5-20 所示。

步骤 4. 在信息面板可以查看测量的结果。可以看到倾斜的角度是“-6.4”，如图 5-21 所示。

图 5-20　标尺在图片中的测量线

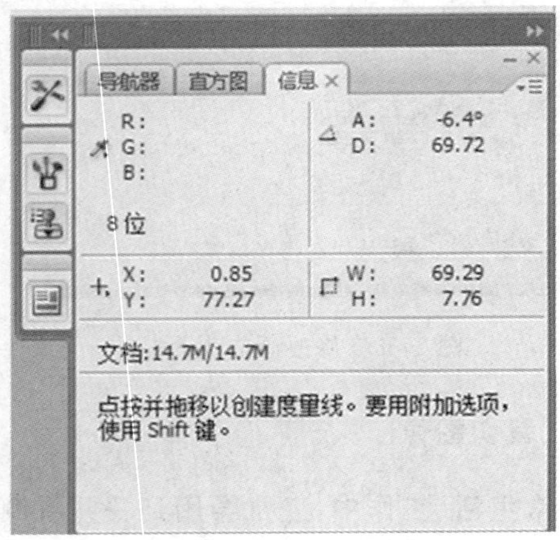

图 5-21　信息面板

步骤 5. 选择【图像】→【旋转画布】→【任意角度】命令，在弹出的对话框中可以看到刚刚测量的倾斜度已经自动填写好了，选择逆时针方向，单击【确定】。可以看到图像的倾斜角度已被校正。但是旋转后出现了空白边缘，大大影响图像的效果，如图 5-22 所示。

步骤 6. 选择工具箱中的裁切工具，在图像上单击并拖动，制作一个裁切区域。调整裁切区域使裁切区域内没有空白底色。双击裁切区域内部或按【Enter】键，完成裁切，如图 5-23 所示，最后保存即可。

图 5-22　自由旋转后的效果图

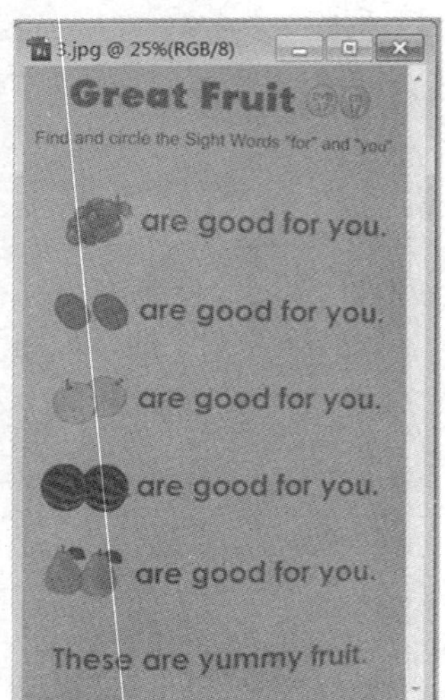

图 5-23　最终效果图

任务拓展

◎像素与分辨率
◎矢量图与位图
◎常用图像文件存储格式
◎图像颜色模式

一、像素与分辨率

像素与像素大小：位图图像是由一个个点组成的，每一个点就是一个像素；像素大小就是指位图图像在高度和宽度上的像素数量。

图像大小：是指图像的高度和宽度。

图像分辨率：是指显示或打印图像时，在每个单位上显示或打印的像素数，通常以"像素/英寸"来衡量。

二、矢量图与位图

（一）矢量图

矢量图被称为"图形"，是由设计软件通过数学公式计算产生的，与分辨率无关，也无法通过扫描获得，它的文件所占的容量较小，也可以很容易地进行放大、缩小或旋转等操作，并且不会失真。但这种图像有一个缺点，即不易制作色调丰富或色彩变化太多的图像，制作矢量式图像的软件有 FreeHand、Illustrator、CorelDRAW、AutoCAD 等。美工插图与工程绘图多数在矢量式软件上进行。

（二）位　图

位图被称为"图像"，它由很多色块组成，每个色块显示一种颜色，是构成图像的最小单位。它能够制作出颜色和色调变化丰富的图像，可以逼真地表现自然界的景观，同时也可以很容易地在不同软件之间交换文件，但是位图图像在缩放和旋转时会产生失真现象，同时文件较大，对内存和硬盘空间容量的需求也较高。

Adobe Photoshop 属于位图式的图像软件，用它保存的图像都为位图式图像，但它能够与其他矢量图像软件交换文件，且可以打开矢量式图像。在制作 PS 图像时，像素的数目和密度越高，图像就越逼真。

三、常用图像文件存储格式

PSD 文件格式是 PS 的默认存储格式，它支持所有的 PS 功能，并且可以保留图层、通道、路径等信息以便再次编辑，文件较大。

TIF 文件格式是一种支持跨平台的文件格式，常见于印刷用图，支持部分 PS 功能，文件较大。

JPG 文件格式是目前应用最广泛的数字图像格式，文件较小，色彩逼真，缺点是不支持透明。

GIF 格式是网络应用最广泛的图像格式，文件非常小，色彩数量少，常用于网页

Logo、页面元素、网页缩微图像，支持透明。

四、图像颜色模式

颜色模式，是将某种颜色表现为数字形式的模型，或说是一种记录图像颜色的方式。在 PS 中，常用的颜色模式有 RGB 模式、CMYK 模式、Lab 模式、位图模式、灰度模式、索引模式、双色调模式、多通道模式等。

(一)RGB 模式

RGB 模式是 PS 中最常用的一种颜色模式。不管是扫描输入的图像，还是绘制的图像，几乎都是以 RGB 的模式存储的。这是因为在 RGB 模式下处理图像较为方便，而且 RGB 的图像比 CMYK 图像文件要小得多，可以节省内存和存储空间。在 RGB 模式下，用户能够使用 PS 中所有的命令和滤镜。

(二)CMYK 模式

CMYK 模式是一种印刷的模式。它由分色印刷的 4 种颜色组成，在本质上与 RGB 模式没什么区别。但它们产生色彩的方式不同，RGB 模式产生色彩的方式称为“加色法”，而 CMYK 模式产生色彩的方式称为“减色法”。例如显示器采用了 RGB 模式，这是因为显示器可以用电子光束轰击荧光屏上的磷质材料发出光亮从而产生颜色，当没有光时为黑色，光线加到极限时为白色。假如采用了 RGB 颜色模式去打印一份作品，将不会产生颜色效果，因为打印油墨不会自己发光。因而只有采用一些能够吸收特定的光波而靠反射其他光波产生颜色的油墨，也就是说当所有的油墨加在一起时是纯黑色，油墨减少时才开始出现色彩，当没有油墨时就成为了白色，这样就产生了颜色，所以这种生成色彩的方式就是减色法。

(三)Lab 模式

Lab 模式是一种较为少见的颜色模式，由 3 种分量来表示颜色。此模式下的图像由三通道组成，每像素有 24 位的分辨率。通常情况下不会用到此模式，但使用 PS 编辑图像时，事实上就已经使用了这种模式，因为 Lab 模式是 PS 内部的颜色模式。例如，要将 RGB 模式的图像转换成 CMYK 模式的图像，PS 会先将 RGB 模式转换成 Lab 模式，然后由 Lab 模式转换成 CMYK 模式，只不过这一操作是在内部进行而已。因此，Lab 模式是目前所有模式中包含色彩范围最广泛的模式，它能毫无偏差地在不同系统和平台之间进行交换。

(四)位图模式

位图模式只有黑色和白色两种颜色。它的每一个像素只包含 1 位数据，占用的磁盘空间最少。因此，在该模式下不能制作出色调丰富的图像，只能制作一些黑白两色的图像。当要将一幅彩图转换成黑白图像时，必须转换成灰度模式的图像，然后再转换成只有黑白两色的图像，即位图模式图像。

(五)灰度模式

灰度模式的图像可以表现出丰富的色调，表现出自然界物体的生动形态和景观。但它始终是一幅黑白的图像，就像我们通常看到的黑白电视和黑白照片一样。灰度模式中的像素是由 8 位的位分辨率来记录的，因此能够表现出 256 种色调。利用 256 种色调，就可以使黑白图像表现得相当完美。

(六)索引模式

索引模式在印刷中很少使用,但在制作多媒体或网页上却十分实用。因为这种模式的图像比 RGB 模式的图像小得多,大概只有 RGB 模式的 1/3,所以可以大大减少文件所占的磁盘空间。当一个图像转换成索引色模式后,就会激活 Image/Mode/Color Table 命令,以便编辑图像的“颜色表”。

RGB 和 CMYK 模式的图像可以表现出完整的各种颜色使图像完美无缺,而索引模式则不能完美地表现出色彩丰富的图像,因为它只能表现 256 种颜色,因此会有图像失真的现象,这是索引模式的不足之处。索引模式是根据图像中的像素统计颜色的,然后将统计后的颜色定义成一个“颜色表”。

任务二 抠 图

任务描述

将物体与背景分离的技术,称之为抠图。抠图是 PS 中最基础的一环,也是在日常生活及应聘考核时常见的问题。抠图的方法有很多种,每种方法都有其针对性,在抠图时应选择合适的方法以达到最快最好地完成任务。颜色单一的背景常用魔棒工具,外形不太复杂的常用多边形套索、钢笔工具,边缘较复杂的使用通道。这些都需要掌握几种基本选择工具的具体使用方法,并灵活运用。

任务目标

(1)掌握矩形、椭圆选框工具和魔棒工具的应用。

(2)掌握多边形套索工具、钢笔工具的应用。

(3)灵活综合运用各种选取工具进行抠图。

任务知识

◇选框工具

◇魔棒工具

◇套索工具

◇路径

一、选框工具

选框工具包括矩形、椭圆、单行、单列选框工具。按【Shift+M】键可以在矩形和椭圆之间切换。使用时,单击选中工具,然后在页面上直接拖动操作即可绘制。如果按【Shift】键则可以画正方形或正圆,按【Alt】键可以从中心点绘制矩形或圆,按【Alt+Shift】则可以从中心点绘制正方形或正圆的选框。想取消选框工具,可以单击【选择】→【取消选区】命令,或按【Ctrl+D】组合键。

选择矩形和椭圆选框工具后,工具属性栏如图 5-24 所示,其中样式包括 3 种,分别为:

【正常】:默认设置下的选择方式。这种方式最为常用,可以选择不同大小、形状的长方形和椭圆。

【约束长宽比】:在这种方式下,可以设定选取范围的宽和高的比例。默认值为 1∶1,此时可选择不同大小的正方形或圆。若设置宽和高比例为 2∶1 时,产生的矩形选取范围的宽是高的两倍,而椭圆选取范围的长轴是短轴的两倍。

【固定大小】:在这种方式下,选取范围的尺寸由【宽度】和【高度】文本框中输入的数值决定。此时在图像中单击即可获得选取范围,并且该选取范围的大小是固定不变的。

图 5-24　选框工具属性栏

二、魔棒工具

魔棒工具的主要功能是用来选取范围。在进行选取时,魔棒工具能够选择出颜色相同或相近的区域。使用魔棒选取时,用户还可以通过工具属性栏(见图 5-25)设定颜色值的近似范围。

图 5-25　魔棒工具属性栏

魔棒工具属性栏的属性包括:

【容差】:在此文本框可以输入 0～255 之间的数值来确定选取范围的。输入的值越小,则选取的颜色范围越近似,选取范围也就越小。

【消除锯齿】:设定所选取范围域是否具备消除锯齿的功能。

【连续】:选中该复选框,表示只能选中单击处邻近区域中的相同像素;而取消选中该复选框,则能够选中符合该像素要求的所有区域。在默认情况下,该复选框总是被选中的。

【对所有图层取样】:该复选框用于具有多个图层的图像。未选中它时,魔棒只对当前选中的层起作用,若选中它则对所有层起作用,即可以选取所有层中相近的颜色区域。

三、套索工具

套索工具是一种常用的范围选取工具。工具箱中包含了 3 种类型的套索工具:曲线套索工具、多边形套索工具和磁性套索工具,如图 5-26 所示。

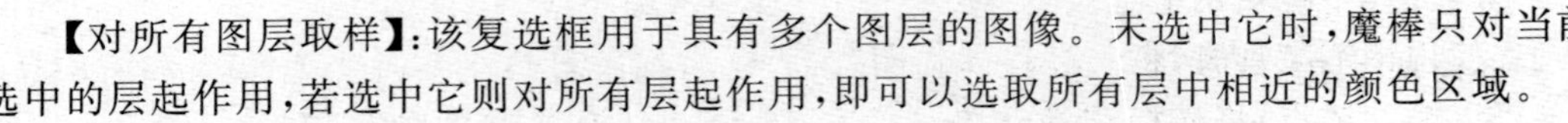

图 5-26　套索工具属性栏

套索工具可以选取不规则形状的曲线区域，也可以设定消除锯齿和羽化边缘。多边形套索工具可以选择不规则形状的多边形，如三角形、梯形和五角星等区域。

磁性套索工具是一个新型的、具有选取功能的套索工具。该工具具有方便、准确、快速选取的特点，是任何一个选框工具和其他套索工具无法相比的。若在选取时按下【Esc】或【Ctrl＋.】组合键，则可取消当前选定。按下【Delete】键可删除最后一个节点，重新绘制。

磁性套索工具属性栏(见图 5-27)中的属性如下：

【羽化】：可以设定选取范围的羽化值。设定了羽化值后，在选取范围的边缘部分，会产生晕开的柔和效果。其值在 0～250 像素之间。

【消除锯齿】：设定所选取范围是否具备消除锯齿的功能。选中后，这时进行填充或删除选取范围中的图像，都不会出现锯齿，从而使边缘较为平顺。

【宽度】：此选项用于设置磁性套索工具在选取时，指定检测的边缘宽度，其值在 1～40 像素之间，值越小检测越精确。

【边对比度】：用于设定选取时的边缘反差(范围在 1%～100%之间)。值越大反差越大，选取的范围越精确。

【频率】：用于设置选取时的定点数。

【光笔】：用于设定绘图板的光笔压力。该选项只有安装了绘图板及其驱动程序时才有效。

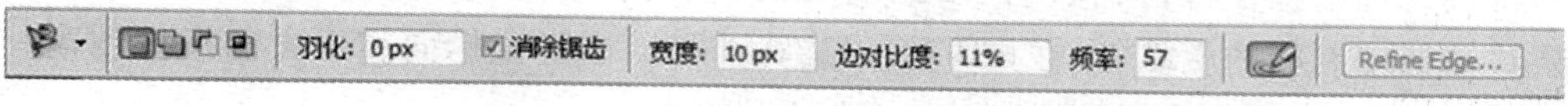

图 5-27　磁性套索工具属性栏

四、路　径

路径是矢量图形，具有任意放大而不失真的特点，由锚点和线段组成。锚点又分为角点和平滑点，角点两边的线段为直线，平滑点两边的是曲线。创建路径也是建立选区的一种方式，在路径面板中可以方便地将路径转换位选区，因为路径创建后能够按照需要更好地进行调整，所以利用路径建立选区也是种很好的选择。

(一)钢笔工具

钢笔工具中包括钢笔工具、自由钢笔工具、添加锚点工具、删除锚点工具、转换点工具。在使用钢笔工具时，将光标移动到锚点上，这时钢笔工具将临时变为删除锚点工具，单击可以删除锚点；将光标移动到路径的线段上，这时钢笔工具将临时变为添加锚点工具，单击可以增加新的锚点；按下【Alt】键，钢笔工具将临时变为转换点工具，在锚点上单击会将锚点变为角点，在锚点上拖动会将锚点变为平滑点；按下【Ctrl】键，钢笔工具将临时切换到直接选择工具，可以用来移动锚点。

在绘制路径线条时，可以配合该工具的属性栏进行操作，如图 5-28 所示。选中钢笔工具后，工具栏上将显示有关钢笔工具的属性。

图 5-28　钢笔工具属性栏

【形状图层】:选择此按钮创建路径时,会在绘制出路径的同时,建立一个形状图层,即路径内的区域将被填入前景色。

【路径】:选择此按钮创建路径时,只能绘制出工作路径,而不会同时创建一个形状图层。

【填充像素】:选择此按钮时,直接在路径内的区域填入前景色。

【自动添加/删除】:移动钢笔工具鼠标指针到已有路径上单击,可以增加一个锚点,而移动钢笔工具鼠标指针到路径的锚点上单击则可删除锚点。

选中钢笔工具,在工具属性栏中单击路径图标,这时钢笔工具将绘制路径。

1.绘制直线路径

将钢笔工具放在要绘制直线的开始点上,单击确定起始锚点,移动钢笔工具到另外的位置,再次单击,两个锚点之间就会以直线相连。在单击的同时按下【Shift】键可生成水平直线、垂直直线、45°倍数的直线。结束一条开放路径,可按下【Ctrl】键并单击路径以外任意地方。要封闭一条路径,单击起始锚点即可。

2.绘制曲线

首先将钢笔工具放在绘制曲线的起始点,按住鼠标进行拖拉,可生成一个带有控制棒的锚点。控制棒的角度和长度决定了路径线段的弧度。将钢笔工具移动到另外的位置,沿相反的方向拖动鼠标,得到一段弧线,如图 5-29 所示。

继续之前的操作可得到如图 5-30 所示的波浪线。若要改变控制棒的方向,将鼠标放在要移动的控制棒的端点上,在按下【Ctrl】键的同时,按下鼠标向相反方向拖拉创建一条弧线,沿相同方向拖动鼠标可以创建一条"S"形曲线。

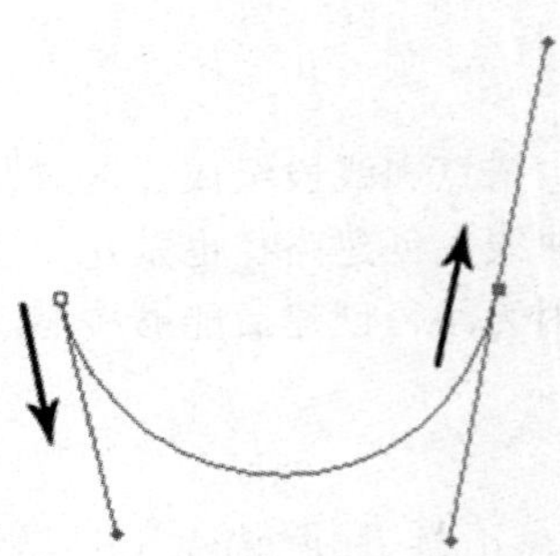

图 5-29 利用钢笔工具绘制的弧线

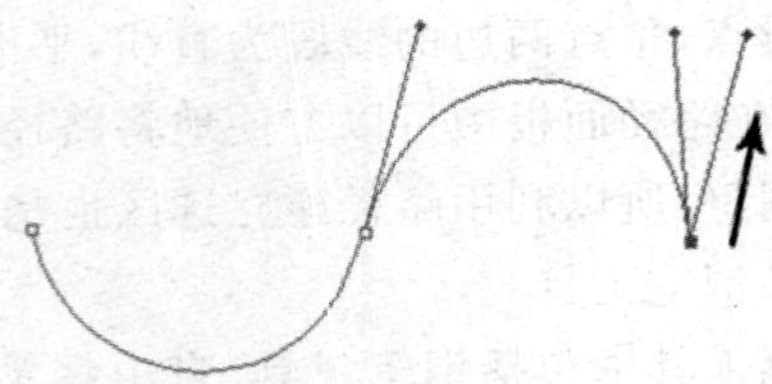

图 5-30 利用钢笔工具绘制的波浪线

(二)路径面板

在 PS 中绘制的路径都会存放在路径面板的路径层中,在路径面板的底部有一系列按钮,如图 5-31 所示,用来实现对路径的控制。从左到右分别是:从前景色填充路径;用画笔描边路径;将路径作为选区载入(Ctrl+Enter);从选区建立工作路径;创建新路径;删除当前路径。

绘制路径的要点:用最少的锚点来实现最精确的路径;使用拖动创建平滑点的方法绘制路径,尽量减少后期修改,以提高效率。

图 5-31　路径浮动面板

任务实施

日常生活、工作中，经常会遇到只使用图像中某一部分的问题，或修改证件照片的背景等，其中精确建立选区是非常重要的一步。下面以素材 4 为例，讲解如何抠取图像中的一部分。

打开 PS，打开自己准备的照片或本例所提供的素材“4.jpg”，如图 5-32 所示。

图 5-32　素材 4

案例分析：本例中要抠取的花朵部分跟背景差别较大，可以采用两种方法快速完成任务：一种是用磁性套索工具，另一种是利用钢笔工具建立路径。

方法 1：利用磁性套索工具抠图

步骤 1. 选择磁性套索工具，定义一个起点，沿花朵的边缘拖动鼠标，在花朵的边缘会自动生成一条选取线，并产生多个吸附点，吸附点的多少取决于工具属性栏上的频率值。

步骤 2. 当鼠标移动到花瓣与花瓣的交接处时，可以用单击左键的形式手动定位吸附点，以便于准确选取图像的边缘。

步骤 3. 当自动产生的吸附点偏离了扣取图像的边缘时，可以单击【Delete】键删除上一个吸附点，然后手动生成吸附点即可。

步骤 4. 当选取线完全包裹住整个花朵时，在起点处单击，或直接双击即可选中要扣取的图像，如图 5-33 所示。

步骤 5. 建立选区后，直接用移动工具即可将扣取的部分移动到所需的文件中，或执行复制、粘贴命令，则会在图层浮动面板中产生一个名称为“图层 1”的花朵图层，如图 5-34 所示。

步骤 6. 选中背景图层，利用【Alt＋Delete】键用前景色填充，此时花朵已被完美地抠取出来，如图 5-35 所示。

步骤 7. 如果想要边缘和新的背景能够更好地融合在一起，在选择磁性套索工具后，设置工具属性栏中的羽化值即可。或利用工具属性栏中的模糊工具，如图 5-36 所示，选中扣取图像所在的图层后，调整好笔头大小在图像的边缘来回涂抹即可达到需要的效果。

图 5-33　利用磁性套索工具产生的选区

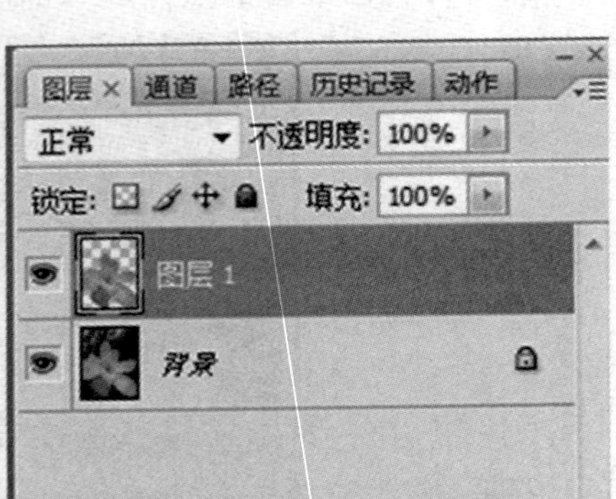

图 5-34　图层浮动面板中的花朵图层

图 5-35 最终效果图

图 5-36 模糊工具

方法 2:利用钢笔工具生成路径进行抠图

步骤 1.选择钢笔工具,在工具属性栏上选择【路径】选项,定义一个起点,在花朵的边缘用尽量少的锚点生成一个封闭的路径,如图 5-37 所示。

步骤 2.选择钢笔工具组的转换点工具"",调整路径形状,调整后路径形状如图 5-38所示。

图 5-37 用钢笔工具创建的直线路径

图 5-38 用装换点工具调整后的路径

步骤 3.打开路径浮动面板,在创建路径的同时在此面板上生成新的工作路径,如图 5-39 所示,在路径浮动面板的底端,单击【将路径作为选区载入】按钮,将路径转换为选区,如图 5-40 所示。

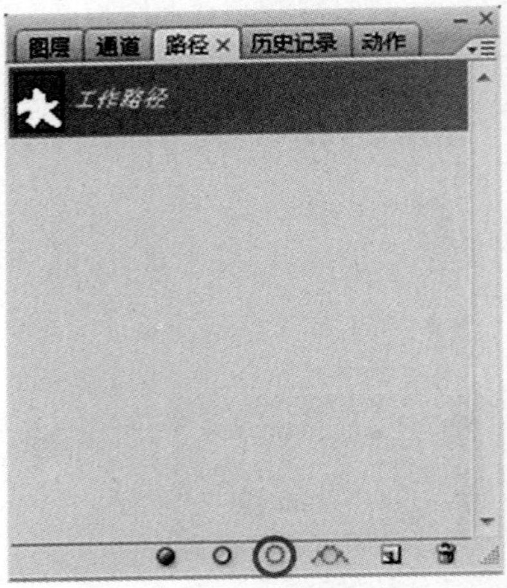

图 5-39　路径浮动面板

图 5-40　生成选区

步骤 4. 重复方法 1 中的步骤 5～7 即可。因路径可以调整修改，所以用创建路径生成选区的方法更快速一些，在具体的应用中可根据实际情况选择创建选区的方式。

任务拓展

◇移动选取范围
◇增减选取范围
◇修改选取范围

当选取了一个图像区域后，可能因它的位置大小不合适而需要进行移动和改变，也可能需要增加或删减选取范围，以及对选取范围进行旋转、翻转和自由变换等（注：本章介绍的缩放、旋转、翻转和自由变换只针对于选取范围，而不针对选取范围中的图像）。

一、移动选取范围

在 PS 中，用户可以任意移动选取范围，而不影响图像的任何内容。移动选取范围的两种方法：

（1）用鼠标来移动，移动时只需将鼠标指针移到选取范围内，此时指针形状会变成“”，然后按下左键并拖动即可（不是用移动工具操作的，而是选择属性栏上的“新选区”）。

（2）有时用鼠标很难准确地移动到相应的位置，所以在移动时需要用键盘来辅助操作。用键盘的上、下、左、右 4 个方向键能够非常精确地移动选取范围，按一下可以移动一个像素点的距离。

二、增减选取范围

在实际工作中经常会碰到这样的问题，要将某一个图像中的某几块部分内容进行复制或移动。

(一)选区相加

如果要在已经建立的选区之外,再添加其他的选择范围,可以在选择工具的选项栏中单击相加图标,或在按住【Shift】键的同时,此时所用工具的右下角便出现“+”符号,用选择工具创建选区,最后所得的结果是两个选择范围的相加。

(二)选区相减

对已经存在的选区可以利用选择工具将原有选区减去一部分。选好选择工具,然后在选框工具的选项栏中单击相减图标,或在按住【Alt】键的同时,用选择工具创建选区。再用选框工具拖拉出一个选区,此时所用工具的右下角便出现“-”符号,松开鼠标后所得的结果是第二个选区将第一个选区剪掉一个缺口。

(三)选区相交

交集运算的结果将会保留两个选择范围重叠的部分。在选择工具的选项栏中单击相交图标,或在按住【Alt】键和【Shift】键的同时,再用选择工具做出一个选区,此时所用工具的右下角便出现“×”号,松开鼠标后所得的结果是两个选区的交集。

(四)利用选区工具属性栏上的 4 个按钮进行选区调整

在增减选取范围时,也可以不使用【Shift】或【Alt】键,而使用工具属性栏上的相应按钮来完成。不论使用哪一种选取工具,工具栏上都会出现 4 个按钮“”。

【新选区】按钮:选中任一种选取工具后的默认状态,此时即可选取新的范围。

【添加到选区】按钮:当选中此按钮后,新选中的区域跟以前的选取范围合成一个选取范围。与按下 Shift 键增加选取范围的功能相同。

【从选区减去】按钮:当选中此按钮后进行选取操作时,不会选取新的范围,这将发生两种情况:要选择的新区域跟以前的选取范围没有重叠部分,则选取范围不发生任何变化;新选中的区域若跟以前的选取范围有重叠的部分,重叠的部分将从以前的选取范围中减掉。与按下【Alt】键增加选取范围的功能相同。

【与选区交叉】按钮:当选中此按钮后进行选取操作时,会在新选取范围与原选取范围的重叠部分(即相交的区域),产生一个新选取范围,而两者不重叠的范围则被删减;如果选取时在原有选取范围之外的区域选取,则会出现一个警告对话框。单击【OK】按钮后,将取消所有的选取范围。与按下【Shift+Alt】键选取范围的功能相同。

三、修改选取范围

【修改】菜单如图 5-41 所示。

边界:执行该命令可以将原有的选取范围变成带状的边框,边框以原选取范围为边缘,往外延伸的宽度可以在对话框中设定,范围在 1~64 像素之间。

平滑:执行此命令可以将选取范围变得较连续而且平滑。此命令一般用于修正使用魔棒选择的区域。用魔棒选择时,选取范围很不连续,而且会选中一些主颜色区域之外的零星的像素,用此命令就能解决这一问题。

扩展:放大选取范围。

收缩:缩小选取范围。

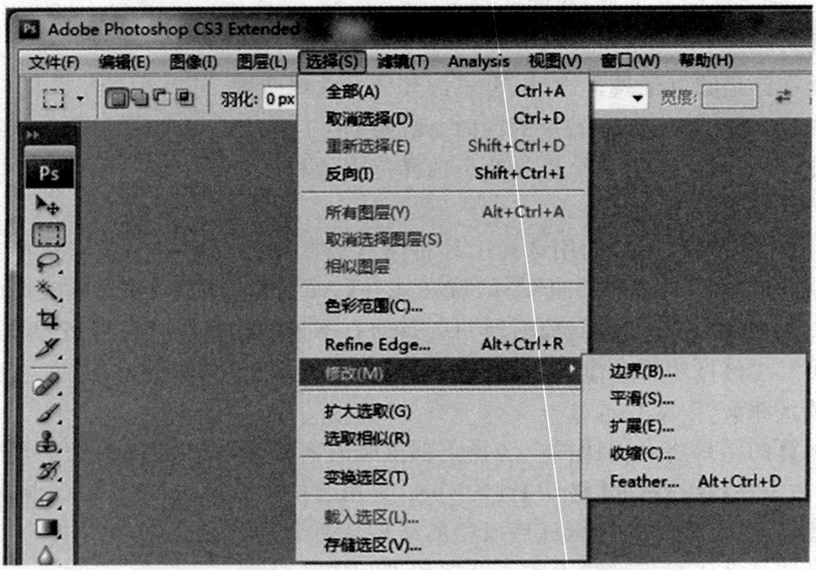

图 5-41 【修改】菜单

任务三 修 图

任务描述

在后期图片处理中，修复照片局部，对于我们来说是比较常见的。方法也很简单，就是使用工具箱中的仿制图章工具、污点修复画笔工具、修复画笔工具、修补工具等。需要注意的是，在作图时一定要小心谨慎，避免被看出人为处理过的痕迹。

任务目标

(1)掌握仿制图章工具的使用。

(2)掌握污点修复画笔工具、修复画笔工具、修补工具的使用。

(3)灵活综合运用多种修复工具修复图像。

任务知识

◎仿制图章工具

◎污点修复画笔工具、修复画笔工具、修补工具、红眼工具

一、仿制图章工具

仿制图章工具“ ”主要用来复制取样的图像，使用方便，是最常用的修复图像工具，它可以将一幅图像的全部或部分复制到同一幅图像或另一幅打开的图像中。使用时，在

工具箱中选取仿制图章工具，然后把鼠标放到要被复制的图像的窗口上，按住【Alt】键，单击一下鼠标进行定点选样，然后到目标位置涂抹即可。具体步骤为：

(1)选择仿制图章工具。

(2)在工具属性栏中，如图 5-42 所示，设置画笔笔尖大小并调整好混合模式、不透明度和流量等选项。

图 5-42　仿制图章工具属性栏

【画笔】：仿制图章工具其实是一枝画笔，可以设置主直径和硬度。

【模式】：可以设置多种混合模式。

【不透明度】、【流量】：可以设置不透明度和流量。

【对齐】：勾选，复制出的图像是规则的，多次单击或拖动鼠标，最终只能按照一个指定的位置复制出一个完整的图像。若想再次复制一个相同的图像，必须重新取样。

不勾选，复制出的图像是不规则的，即多次单击或拖动鼠标时，每次都会在相应位置复制一个新的图像。

【Sample(样本)】：用于设置取样的图层。选择 Current Layer(当前图层)选项时，只能在当前图层中取样；选择 Current&Below(当前和下方图层)选项时，可以从当前和下方图层中的所有可见图层中取样；选择 All Layer(所有图层)选项时，可以从所有可见图层中取样。

【忽略调整图层】按钮“ ”：将会在调整图层以外的可见图层中取样。选择【当前图层】选项时，此按钮不可用。

(3)确定想要对齐样本像素的方式。在选项栏中选择【对齐】，会对像素连续取样，而不会丢失当前的取样点，即使松开按键时也是如此。如果取消选择【对齐】，则会在每次停止并重新开始绘画时使用初始取样点中的样本像素。

(4)通过在任意打开的图像中定位指针，然后按住【Alt】键并点按【Windows】或按住【Option】键并点按【Mac OS】来设置取样点。

(5)在要修复的图像部分上拖移即可。

二、污点修复画笔工具、修复画笔工具、修补工具、红眼工具

PS 的修复画笔工具内含有 4 个工具，分别是污点修复画笔工具、修复画笔工具、修补工具、红眼工具，如图 5-43 所示。

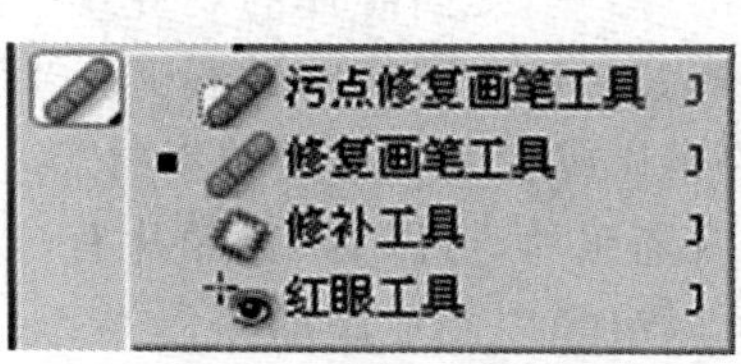

图 5-43　修复画笔工具

（一）修复画笔工具

（1）选择修复画笔工具。

（2）在工具属性栏（见图 5-44）中设置画笔笔尖，并在弹出式调板中设置画笔选项，直径、硬度、间距等。在【模式】菜单中选取混合模式。

图 5-44　修复画笔工具属性栏

选取用于修复像素的源：【取样】可以使用当前图像的像素，而【图案】可以使用某个图案的像素。如果选取了【图案】，请从【图案】弹出式调板中选择一个图案。

（3）在选项栏中选择【对齐】，会对像素连续取样，而不会丢失当前的取样点，即使您松开按键时也是如此。如果取消选择【对齐】，则会在每次停止并重新开始绘画时使用初始取样点中的样本像素。

（4）Sample（样本）设置同前。

（5）对于处于取样模式中的修复画笔工具，可以这样来设置取样点：将鼠标置于任何打开的图像中，然后按住【Alt】键并单击。

（6）在图像中拖移。每次释放鼠标按钮时，样本像素都会与现有像素混合。检查状态栏可以看到混合过程的状态。

（二）污点修复画笔工具

污点修复画笔工具可以快速移去照片中的污点和其他不理想部分。污点修复画笔的工作方式与修复画笔类似：它使用图像或图案中的样本像素进行绘画，并将样本像素的纹理、光照、透明度和阴影与所修复的像素相匹配。与修复画笔不同，污点修复画笔不要求指定样本点，污点修复画笔将自动从所修饰区域的周围取样。

（三）修补工具

通过使用修补工具，可以用其他区域或图案中的像素来修复选中的区域。它跟修复画笔工具一样，会将样本像素的纹理、光照和阴影与源像素进行匹配，还可以使用修补工具来仿制图像的隔离区域。

（四）红眼工具

红眼工具功能比较单一，就是用来移去用闪光灯拍摄的人物照片中的红眼，也可以移去用闪光灯拍摄的动物照片中的白、绿色反光。

任务实施

修图，是指对照片进行修饰、修整，提高照片的观赏效果，避免因照片瑕疵带来的负面影响。下面以素材 5 为例，讲解如何修复图像中的瑕疵。步骤如下：

打开 PS，打开自己准备的照片或本例所提供的素材“5.jpg”，如图 5-45 所示。

案例分析：本例是一张黑白老照片，可以看出，照片有一条明显的折痕，并有污点，首先来消除折痕、去除污点，也可以给黑白照片添加颜色。

步骤 1. 使用缩放工具将图像放大，放大后的图像在修改时会更加精细，按住空格键时鼠标会变成抓手形状，可以随时调整图像的显示位置，松开空格键，即可恢复原来的样子。

步骤 2. 选择修复画笔工具，调整好画笔笔尖大小，在修复过程中可按键盘上的【[】和【]】键放大和缩小笔尖大小。先来修复人物背景和脸部的折痕，在折痕边缘按住【Alt】键，选择修复源，变换修复位置时，要及时改变修复源，修复后的效果如图 5-46 所示。

图 5-45　素材 5

图 5-46　部分修复后效果

步骤 3. 选择仿制图章工具，调整好画笔笔尖大小，将图像放大。需要缩小图像时，只需在选择缩放工具后，按住键盘上的【Alt】键，或从工具属性栏中选择【缩小】按钮即可。修复头发的折痕，在折痕边缘按住【Alt】键，选择修复源，变换修复位置时，要及时改变修复源，修复后的效果如图 5-47 所示。

步骤 4. 选择污点修复画笔工具，调整好画笔笔尖大小，将图像放大。修复身体上的污点，直接在污点处单击即可，用此工具可以直接消除人物面部的斑点等。图像基本修复完毕，如图 5-48 所示。

图 5-47　部分修复后效果

图 5-48　最终效果

任务拓展

◈PS 图层

PS 图层

图层是 PS 中最基本也是最重要的概念之一。一幅作品往往是由许多元素组成的，在创作的过程中希望能够对这些元素单独进行修改和编辑，而不影响其他元素，为了实现这一需求，PS 引入了图层的概念。

图层可以理解为一张张上下顺序叠起来的透明纸，没有绘制内容的区域是透明的，透过透明区域可看到下面图层的内容，而每个图层上绘制的内容叠加起来就构成了完整的图像。

PS 的图层可以被分成多种类型，主要有普通图层、背景图层、文本图层、调整图层、形状图层和填充图层等。不同的图层，其应用场合和实现的功能也有所差别，操作使用方法各有不同。

(一)普通图层

普通图层是指用一般方法建立的图层，是一种最常用的图层，几乎所有的功能都可以在这种图层上得到应用。

(二)背景图层

背景图层是一种不透明的图层，用于图像的背景。

背景图层的特点有：

(1)背景图层是一个不透明的图层，它有一个以背景色为底色的颜色。

(2)背景图层不能进行图层不透明度和色彩混合模式的控制。

(3)背景图层的图层名称始终以背景为名，在图层面板的底层。

(4)用户无法移动背景图层的叠放次序，无法对背景进行锁定操作。

如果一定要更改背景图层的不透明度和色彩混合模式，则可以选将它转换成普通图层。双击背景图层或单击【图层】→【新建】→【背景图层】命令。

(三)调整图层

调整图层是一种比较特殊的图层。这种类型的图层主要用来控制色调和色彩的调整。

(四)文本图层

文本图层就是用文本工具建立的图层。一旦在图像中输入文字，就会自动产生一个文本图层。

文本图层的特点有：

(1)文本图层含有文字内容和文字格式，可以单独保存在文件中，并且可以反复修改和编辑。

(2)文本图层的名称默认以当前输入的文本作为图层名称，以便于辨识。

(3)在文本图层上不能使用众多的工具来着色和绘图，如喷枪、画笔、历史记录画笔、铅笔等。

(4)PS 中的许多命令都不能直接在文本图层上应用。

(五)填充图层

填充图层可以在当前图层中填入一种颜色(纯色或渐变色)或图案,并结合图层蒙板的功能,从而产生一种遮盖特效。图层蒙板的作用不仅仅在于遮盖图像不需要的区域,它还有更大的作用,即可以对图层蒙板做各样的编辑,因此借助图层蒙板,可以在图层中产生许多特殊效果。

(六)形状图层

当使用矩形工具、圆角矩形工具、椭圆工具、多边形工具、直线工具或自由形状工具等形状工具在图像中绘制图形时,就会在图层面板中自动产生一个形状图层,并自动命名为“形状 1”。

主要参考文献

[1]王移芝,罗四维.大学计算机基础教程.北京:高等教育出版社,2004
[2]杨振山,龚沛曾.大学计算机基础(第四版).北京:高等教育出版社,2004
[3]冯博琴,大学计算机基础.北京:高等教育出版社,2004
[4]李秀等,计算机文化基础(第5版).北京:清华大学出版社,2005
[5]June jamrich Parsons,Dan Oja.计算机文化.北京:机械工业出版社,2001